数 学 ガ ー ル

Mathematical Girls

結城 浩

Hiroshi Yuki

SoftBank
Creative

●ホームページのお知らせ

本書に関する最新情報は、以下の URL から入手することができます。

http://www.hyuki.com/girl/

この URL は、著者が個人的に運営しているホームページの一部です。

あなたへ

　この本の中には、小学生にもわかるものから、大学生にも難しいものまで、さまざまな問題が出てきます。

　登場人物たちの考える道すじは、言葉や図で示されることもありますが、数式を使って語られることもあります。

　もしも、数式の意味がよくわからないときには、数式はながめるだけにして、まずは物語を追ってください。テトラちゃんが、あなたと共に歩んでくれるでしょう。

　数学が得意な方は、物語だけではなく、ぜひ数式も合わせて追ってください。そうすれば、物語の奥に隠された別のおもしろさが味わえるでしょう。

C O N T E N T S

プロローグ

記憶するだけではいけないのだろう。
思い出さなくてはいけないのだろう。
——小林秀雄

僕は忘れない。

高校時代、数学を通して関わった彼女たちを、僕は決して忘れない。

エレガントな解法で僕を打ちのめす才媛、ミルカさん。

真剣に問いを投げかけてくる元気少女、テトラちゃん。

あのころを思い出すと、数式が心に浮かび、みずみずしいアイディアが広がる。数式は、時のへだたりにも色あせることなく、数学者のひらめきを僕に示す。ユークリッド、ガウス、そしてオイラー。

——数学は、時を越える。

数式を読みながら、古_{いにしえ}の数学者が感じた感動を、僕も味わう。たとえ、何百年前に証明済みでもかまわない。いま、論理をたどりながら抱く思いは、まちがいなく僕のものだ。

——数学で、時を越える。

深い森に分け入り、隠された宝物を探し出す。数学は、わくわくするゲームだ。知力を競い、最強の解法を目指す。数学は、どきどきするバトルだ。

あのころ、僕は数学という名の武器を使い始めようとしていた。けれど、その武器はあまりにも巨大で、扱いかねることのほうが多かった。ちょう

ど、自分の若さを扱いかねていたように。彼女たちへの思いを扱いかねてい
たように。

　記憶するだけではいけないのだろう。

　思い出さなくてはいけないのだろう。

　はじまりは、高校一年の春だった──。

第1章
数列とパターン

> ひとつ、ふたつ、みっつ。みっつがひとつ。
> ひとつ、ふたつ、みっつ。みっつがふたつ。
> ──大島弓子『綿の国星』

1.1 桜の木の下で

　──高校一年の春。

　入学式はよく晴れていた。

　美しい桜が開き──みなさんの新しい門出にあたって──伝統あるこの学舎で──勉学にスポーツにと励み──少年老い易く──。

　校長のありがたい言葉は果てしない眠りを誘う。僕は眼鏡を直すふりをしてあくびをかみ殺す。

　入学式が終わって、教室に戻る途中、僕はそっと校舎を抜け出した。裏の桜並木に足を踏み入れ、ゆっくり歩く。周りには誰もいない。

　僕はいま 15 歳。$15, 16, 17, \ldots$ 卒業するときには 18 歳だ。4 乗数が一つ、素数が一つ。

$$15 = 3 \cdot 5$$
$$16 = 2 \cdot 2 \cdot 2 \cdot 2 = 2^4 \qquad\qquad \text{4 乗数}$$
$$17 = 17 \qquad\qquad\qquad\qquad \text{素数}$$
$$18 = 2 \cdot 3 \cdot 3 = 2 \cdot 3^2$$

いまごろ、教室では自己紹介をしているに違いない。自己紹介は苦手だ。いったい自分の何を話す？

「数学が好きです。趣味は数式の展開です。どうぞよろしく」

間が抜けている。

まあ、いいや。中学時代と同じく、静かに授業をやり過ごし、誰も来ない図書室で、数式を展開する三年間になるのだろう。

前にひときわ大きな桜が見えた。

少女が一人、その桜を見上げて立っている。

新入生だろうか。僕と同じように抜け出してきたのかな。

僕も、桜の木を見上げる。ぼんやりとした色が空を覆っている。

風が吹く。桜の花が舞い、少女を包む。

少女は僕を見る。

すらりと伸びた背、長い黒髪。

口を結んだ真面目な顔にメタルフレームの眼鏡。

彼女は、くっきりした発音でこう言った。

「いち、いち、に、さん」

1　1　2　3

四つの数を唱えると、少女は口を閉じ、僕を指さした。まるで《はい、そこのきみ、次の数を答えたまえ》と言わんばかりに。

僕は、自分を指さす。（僕に答えろと？）

彼女は無言のまま 頷く。人差し指は僕に向けたままだ。

なんなんだ、いったい。桜並木を歩いていて、どうしていきなり数当て
ゲームをしなくちゃいけないんだ。ええと、何だって？

《1, 1, 2, 3, . . .》

ふむ。なるほど。わかったぞ。

「1, 1, 2, 3, の後に続くのは 5 だ。それから 8 だ。次は 13 で、その次は 21
になる。それから……」

彼女は、僕に手のひらを向ける。ストップの合図。

今度は別の問題だ。また四つの数。

$$1 \quad 4 \quad 27 \quad 256$$

彼女はあらためて、僕を指さす。

テストなのか、これは。

《1, 4, 27, 256, . . .》

一瞬でルールを見つけた。

「1, 4, 27, 256 の次は 3125 かな。その次は、……暗算じゃ無理」

彼女は、《暗算じゃ無理》という僕の答えに顔を曇らせ、二三度首を振り、
答えを教えてくれる。

「1, 4, 27, 256, 3125, 46656, . . .」よく通る声だ。

そこで彼女は目を閉じる。そのまま、桜の木を見上げるように、少し首を
上に向ける。すっと空中に向けた人差し指をとん、とん、とん、と振る。

この少女は、まだ数字しか口にしていない。淡々と数を並べ、わずかな
ジェスチャをするだけ。でも、僕はこの変わった女の子から目を離せない。
いったい彼女はどんなつもりで――。

彼女がこちらを見た。

$$6 \quad 15 \quad 35 \quad 77$$

また四つの数だ。

《6, 15, 35, 77, . . .》

これは難しいな。僕は頭をフル回転させる。6 と 15 は 3 の倍数だな。でも、35 は違う。35 と 77 は 7 の倍数か……。紙に書けばすぐ解けそうだけれど。

ちらっと彼女をうかがうと、桜の下の少女は、まっすぐ立ったまま、僕を真剣な顔で見ている。髪についた桜を払おうともしない。この真剣さ、やっぱり試験なのか。

「わかった」

僕がそう言うと、彼女は目を輝かせ、ほんの少しだけ微笑んだ。初めての笑顔だ。

「6, 15, 35, 77 の次は、133」思わず声が大きくなる。

彼女は、やれやれ、という顔をして首を振る。長い髪が揺れる。花びらが舞い落ちる。

「計算ミス」彼女は指で眼鏡に触れた。

計算ミス……うっ。確かにそうだ。$11 \times 13 = 143$ だった。133 じゃない。

彼女は続ける。次の問題だ。

$$6 \quad 2 \quad 8 \quad 2 \quad 10 \quad 18$$

今度は六つの数。僕はしばらく考える。最後が 18 なのが痛いな。これが 2 だったらいいのに。でたらめな数字みたいだけれど……いや、全部偶数か。……わかった！

「続きは 4, 12, 10, 6, ... これはひどい問題だよ」と僕。

「そう？ でも、わかったじゃない、きみ」

彼女はすました顔で言うと、僕に近寄って手を伸ばした。彼女の指は長くて細い。

（握手？）

僕はわけがわからないまま、彼女の手を握る。やわらかく、とてもあたたかい手。

「私はミルカ。よろしく」

これが、ミルカさんとの出会いだった。

1.2 自宅

夜。

僕は夜が好きだ。家族が寝静まり、自由な時間が前に広がっている。誰も入ってこない世界がある。そこで僕は一人で過ごす。本を広げ、世界を探索する。数学を考え、深い森に分け入る。珍しい動物や、驚くほど澄んだ湖や、見上げるほど大きな木を発見する。思いがけず美しい花に出会う。

ミルカさん。

初対面なのにあんな話をするとは変わった子だな。きっと数学が好きなんだろう。前置きも説明もなしで、いきなり数列クイズか。まるで試験だ。僕は合格したのかな。握手。やわらかい手。かすかな香り。ほんとうにかすかな——女の子の香り。

女の子。

僕は眼鏡を机に置いて目を閉じ、ミルカさんとの対話を思い出す。

始めの問題、1, 1, 2, 3, 5, 8, 13, ... はフィボナッチ数列だ。1, 1 の後、二つ

の数を加えたものが次の数になる。

$$1, \; 1, \; 1 + 1 = 2, \; 1 + 2 = 3, \; 2 + 3 = 5, \; 3 + 5 = 8, \; 5 + 8 = 13, \; \ldots$$

次の問題。$1, 4, 27, 256, 3125, 46656, \ldots$ は、

$$1^1, \quad 2^2, \quad 3^3, \quad 4^4, \quad 5^5, \quad 6^6, \quad \ldots$$

という数列だ。つまり、一般項(いっぱんこう)は n^n という形をしている。4^4 や 5^5 までならまだしも、暗算じゃ 6^6 なんて計算できないぞ。

次の問題。$6, 15, 35, 77, 143, \ldots$ は、

$$2 \times 3, \quad 3 \times 5, \quad 5 \times 7, \quad 7 \times 11, \quad 11 \times 13, \quad \ldots$$

つまり、《素数 × 次の素数》という形だ。11×13 を計算ミスしたのは痛かったな。ミルカさんは切れ味のよい口調で《計算ミス》と言った。

最後の問題、$6, 2, 8, 2, 10, 18, 4, 12, 10, 6, \ldots$ はひどかった。何しろ十進展開した**円周率**(バイ)π の各桁を 2 倍した数列なのだから。

$$\pi = 3.141592653\cdots \qquad\qquad\qquad 円周率$$

$$\rightarrow \quad 3, 1, 4, 1, 5, 9, 2, 6, 5, 3, \ldots \qquad\qquad 各桁$$

$$\rightarrow \quad 6, 2, 8, 2, 10, 18, 4, 12, 10, 6, \ldots \qquad 各桁を 2 倍$$

この問題は、円周率 $3.141592653\cdots$ の各桁を覚えていなければ解けない。パターンが記憶になければ解けない。

記憶。

僕は数学が好きだ。覚えることよりも、考えることを優先するからだ。古い記憶をたどるのが数学ではなく、新しい発見をするのが数学だ。暗記ものなら覚えるしかない。人名を覚え、地名を覚え、単語を覚え、元素記号を覚える。問答無用。でも数学は違う。問題の条件が与えられたら、材料も道具も、すべてテーブルに並んでいる。記憶の勝負ではなく、思考の勝負だ。

……僕は、そんなふうに思っていた。

でも、そう単純ではないのかもしれない。

そこで僕は気がついた。どうしてミルカさんが「6, 2, 8, 2 問題」を出すときに、6, 2, 8, 2 だけではなく、6, 2, 8, 2, 10, 18 まで言ったのか。6, 2, 8, 2 だけでは、π の各桁を 2 倍したと見なす必然性がないからだ。他の、もっとシンプルな解がありえる。たとえばもし、6, 2, 8, 2, 10, . . . が問題なら、次のような数列と考えるのが自然だろう。つまり、一つおきに 2 が入る偶数列だ。

$$6, \underline{2}, 8, \underline{2}, 10, \underline{2}, 12, \underline{2}, \ldots$$

ミルカさんはそこまで考えてあの問題を出していたのだな。

《でも、わかったじゃない、きみ》

彼女は、僕が解くことを見越していた。すました顔が心に浮かぶ。

ミルカさん。

春の光と桜色の風にいながら、そこにとけ込むことなく立つ彼女。ゆれる黒い髪。指揮者のように動く細い指。あたたかい手。かすかな香り。

僕は何だか、ミルカさんのことばかり考えている。

1.3　数列クイズに正解なし

「ねえ、ミルカさん。あのとき、どうして数列クイズを出した？」と僕は言った。

「あのとき？」彼女は計算の手を止めて顔を上げた。

ここは図書室。開けられた窓からは気持ちの良い風が入ってくる。外にはプラタナスの緑が見えている。遠くのグラウンドから、野球部の練習の音がかすかに聞こえてくる——。

五月だ。

新しい学校、新しい教室、新しいクラスメイトの珍しさも少しずつ薄れ、当たり前の毎日が流れ始めていた。

僕は、どの部にも所属しなかった。いわゆる帰宅部だ。といっても、放課後すぐに家に帰るわけじゃない。ホームルームが済むと、たいていは図書室に移動した。数式を展開するために。

　中学校のときと同じだ。部活は不参加。放課後は図書室（中学では図書ルームと呼んでいた）。本を読んだり、窓の外の緑を見たり、授業の予習や復習をしたり。

　一番好きなのは、数式の展開だ。授業に出た公式をノートに再構成する。与えられた定義を元にして、そこから導ける公式を作り出す。定義を変形する。具体例を考える。定理の変化を楽しむ。証明を考える。……そんなことを、ノートに書いていくのが好きだ。

　スポーツは苦手だったし、遊びにいく友達もいなかった。僕の楽しみは、一人でノートに向かうことだった。数式を書くのは自分だけれど、思い通りに数式を書けるわけじゃない。そこにはルールがある。ルールあるところに、ゲームあり。この上なく厳密で、しかも自由。歴史的な数学者たちがチャレンジしてきたゲームだ。シャープペンとノートと自分の頭脳があればできるゲーム。僕は数学に夢中になっていた。

　だから、高校生になっても、自分一人で図書室通いを楽しもうと思っていた。

　しかし、その目論見はちょっと外れた。

　図書室に通う生徒が自分だけではなかったからだ。

　ミルカさん。

　彼女は、僕と同じクラスだった。そして彼女は、三日に一度は放課後を図書室で過ごしていた。

　僕が一人で計算していると、彼女は、僕の手からシャープペンを取り上げる。そしてノートに勝手に書き込みを始める。言っておくが、書き込む先は僕のノートだ。傍若無人というか自由気ままというか……。

　でも、僕は、それが嫌いではなかった。彼女が語る数学は、難しいけれど面白く、刺激的だった。それに——

　「あのときって、いつのことかな？」ミルカさんはシャープペン（僕のだ）をこめかみに軽く当てて聞いた。

　「初めて会ったとき。あの——桜の木の下で」

　「ああ、あれ？　数学の問題を出すのに理由なんかない。思いついただけ。何でまた急に、そんなことを聞く？」

　「いや、ふと思い出したから」

「ああいうクイズ、好き？」

「まあ、嫌いじゃない」

「ふうん。……《数列クイズに正解なし》って知っているかな」

「どういうこと？」

「たとえば、$1, 2, 3, 4,$ の次は何だと思う？」ミルカさんは言った。

「もちろん 5 だろう。$1, 2, 3, 4, 5, \ldots$ と続く」

「でも、そうとは限らない。たとえば $1, 2, 3, 4,$ ここで急に増えて $10, 20, 30, 40,$ さらに増えて $100, 200, 300, 400, \ldots$ という数列があってもよい」

「そんなの、ずるいよ。始めの四個の数だけ示しておいて、その次から《ここで急に増えて》なんていうのは。$1, 2, 3, 4$ の後に 10 が来るなんて予想できるはずがない」と僕は言った。

「そう？ それなら、何個まで見ればよい？ 数列が**無限**に続くとしたら、何個まで見れば残りがわかる？」

「……《数列クイズに正解なし》っていうのはそういう意味か。提示された次の数からパターンが大きく変わるかもしれない、と。でも、$1, 2, 3, 4$ の次がいきなり 10 というのは、問題としてつまらない」

「世の中のことって、たいていそうじゃないかな。次に何が起こるかわからない。予想がはずれる。——ところで、この数列の一般項はわかるかな」

ミルカさんはそう言って、ノートに数列を書いた。

$$1, \quad 2, \quad 3, \quad 4, \quad 6, \quad 9, \quad 8, \quad 12, \quad 18, \quad 27, \quad \ldots$$

「うーん、わかるようなわからないような……」と僕は言った。

「$1, 2, 3, 4,$ と来たら、次は 5 だと思うよね。でも違う。5 じゃなくて 6 だ。少ないサンプルでは、ルールは姿を現さない。本当のパターンは見えてこないんだ」

「ふむ」

「$1, 2, 3, 4, 6, 9$ と来て、次も大きくなると思うよね。でも違う。9 の次は小

さくなって 8 だ。だんだん大きくなっていくと思っていたのに、急に逆転している。このパターンは見抜けるかな」

「うーん。始めの 1 を除けば、出てくるのは 2 の倍数と 3 の倍数だけだね。でも、小さくなるのがよくわからないな」

「たとえばこんな答えがありえる。

$$2^0 3^0, \ 2^1 3^0, \ 2^0 3^1, \ 2^2 3^0, \ 2^1 3^1, \ 2^0 3^2, \ 2^3 3^0, \ 2^2 3^1, \ 2^1 3^2, \ 2^0 3^3, \ \ldots$$

……このように 2 と 3 の指数を考えれば、構造が浮かび上がる」

「え？ よくわからないな。0 乗は 1 だから、

$$2^0 3^0 = 1, \ 2^1 3^0 = 2, \ 2^0 3^1 = 3, \ \ldots$$

と確かに与えられた数列になっているようだけれど……」

「ふうん。指数を書いてもわからないのか。じゃ、こうまとめよう」

$$\underbrace{2^0 3^0}_{\text{指数の和は } 0}, \ \underbrace{2^1 3^0, \ 2^0 3^1}_{\text{指数の和は } 1}, \ \underbrace{2^2 3^0, \ 2^1 3^1, \ 2^0 3^2}_{\text{指数の和は } 2}, \ \underbrace{2^3 3^0, \ 2^2 3^1, \ 2^1 3^2, \ 2^0 3^3}_{\text{指数の和は } 3}, \ \ldots$$

「……なるほど」

「2 と 3 の倍数といえばね——」とミルカさんが言いかけた。

そのとき、図書室の入り口から大声が聞こえた。

「なあ、そろそろ弾かへんか！」

「あ、今日は練習の日だったか」

ミルカさんは、シャープペンを僕に返すと、入り口に立っている女の子のところへ向かう。図書室から出る寸前、彼女はこちらを振り向いて言った。

「いつか、《世界に素数が二つだけなら》というおもしろい話をしてあげよう」

彼女が出ていき、図書館に一人残る僕。

世界に素数が二つだけなら？

いったい、どういうこと？

第 2 章

数式という名のラブレター

> わたしのこころは あなたのことばかり
> ——萩尾望都『ラーギニー』

2.1 校門で

高校二年になった。でも、学年章が I から II に変わるだけ。昨日と同じ今日が続くだけ——と僕は今朝まで思っていた。

「こ、これ、読んでくださいっ！」

曇り空の四月末。二年に進級して一か月が過ぎようとしていたある朝、僕は校門で女の子に呼び止められた。

両手で白い封筒を持ち、僕に向けて突き出している。僕はわけがわからないまま、手紙を受け取る。その子はお辞儀をして、たたっと校舎のほうへ走っていった。

背は僕よりもずいぶん低い。あまり見かけない子だから、このあいだ入学した新入生かな。僕は手紙を急いでポケットに入れると、教室に向かった。

女の子から手紙をもらうなんて、小学校以来だ。風邪で休んだときに、ク

ラス委員の女の子が宿題プリントと一緒に「みんな待っています。はやく元気になって学校に来てください」という手紙を持ってきた……って、それは単なる連絡メモだな。

　以前ミルカさんが《次に何が起こるかわからない》と言っていた通りだ。昨日と同じ今日が続くとは限らない。

　ポケットの中にある封筒は、授業中ずっとくすぐったかった。

2.2　暗算クイズ

　「暗算クイズだよ。1024 の約数は何個ある？」

　昼休み。女の子からもらった手紙を出そうとしたとき、キットカットをかじりながらミルカさんが僕の席にやってきて言った。クラス替えがないので、高校二年になってもミルカさんは同じクラスだ。

　「暗算で？」僕は手紙をポケットに戻した。

　「私が 10 と言うまでに答えること。0, 1, 2, 3, . . .」

　ちょっと待った。1024 の約数……1024 を割り切る数か。1 だろ、2 だろ、3 は無理だ。1024 は 3 で割り切れない。4 なら割れる。あ、そうか、1024 は 2^{10} だから……。僕はあわてて数える。

　「. . . , 9, 10. タイムアップ。はい何個？」

　「11 個。1024 の約数は 11 個」

　「正解。どうやって計算した？」ミルカさんはチョコの付いた指をぺろりと舐めて僕の答えを待つ。

　「1024 を素因数分解すると 2 の 10 乗だ。つまり、1024 はこういう姿をしている」と僕は言った。

$$1024 = 2^{10} = \underbrace{2 \times 2 \times 2 \times 2 \times 2 \times 2 \times 2 \times 2 \times 2 \times 2}_{2 \text{ が } 10 \text{ 個}}$$

　僕は続ける。「1024 の約数は 1024 を割り切る。つまり約数は必ず 2^n という形になる。n は 0〜10 だ。したがって、1024 の約数は、次の 11 個に

なる」

$$2^0, \quad 2^1, \quad 2^2, \quad 2^3, \quad 2^4, \quad 2^5, \quad 2^6, \quad 2^7, \quad 2^8, \quad 2^9, \quad 2^{10}$$

僕の答えにミルカさんは 頷 いた。「そうだね。じゃ、次の問題だよ。1024 の約数をすべて加えたとする。その和は——」

「ミルカさん、ごめん。昼は用事があるんだ。またあとで……」僕はそう言って席を立った。

言葉を中断されてあからさまに不機嫌な顔をしている彼女を後に、僕は教室を出る。

出題をさえぎったのはまずかったな。1024 の約数の和か。僕は屋上に向かいながら考える。

2.3 手紙

屋上は、昼休みでも人が少なかった。天気が良くないせいだろう。

封筒には白い便箋の手紙が入っている。万年筆で横書き。きれいな字だ。

私は、この春に入学したテトラと申します。先輩と同じ中学校出身で、一年後輩になります。先輩に数学の勉強についてご相談したくて、お手紙しました。

数学に興味があるのですが、中学のときから授業が苦手です。高校に入って、数学が本格的になると聞いて、苦手意識を何とかしたいと思っています。

お忙しいところ、すみませんが、一度ご相談にのっていただけないでしょうか。本日の放課後、階段教室でお待ちしています。

テトラ

僕はその手紙を四回読み返した。

そうか、あの子はテトラちゃんという名前なのか。モノ・ディ・トリ・テ

トラ。同じ中学校。一年後輩。さっぱり覚えてない。数学が苦手という生徒は確かに多いな。新入生ならなおさらだろう。

　……それはさておき、この手紙も、連絡メモみたいなもんだな。ちょっぴり拍子抜け。ま、別に、いいんだけどね。

　放課後、階段教室か。

2.4　放課後

「——いくらになる？」

　一日の授業が終わって、階段教室に向かおうとした僕に向かって、ミルカさんがいきなり問いかけてきた。

「2047」僕は即答する。1024 のすべての約数の和は、2047 になる。

「考える時間がたっぷりあったからね」

「まあね。……じゃ」

「図書室？」ミルカさんの眼鏡が光った。

「いや、今日はたぶん行かない。ちょっと急ぎの用事」

「ふうん……それなら、宿題を上げよう」

> **ミルカさんからの宿題**
> 正の整数 n が与えられたとき、n の「約数の和」を求める方法を示せ。

「これは n を使った式で約数の和を表せということ？」と僕は言った。

「いや、求める手順を示せばいい」

2.5 階段教室

「す、すみませんでした。お呼び立てして……あの……」

階段教室に入ると、緊張した面持ちの女の子、テトラちゃんが一人で待っていた。ノートとペンケースを胸に抱いている。

「せ、先輩に相談したくて、でもどうしてよいかわからなくて、友達に聞いて、この教室なら話がしやすいって聞いて、あの」

階段教室。メインの校舎から小さな中庭をぐるっと回ってたどり着く教室で、主に物理や化学の授業で使われる。教室全体が階段状になっていて、一番下に教壇がある。教師の模範実験が見やすいような配置だ。

僕とテトラちゃんは、一番後ろにある長机に座る。僕はポケットから今朝の手紙を取り出した。

「これ読んだよ。でも悪いけど、きみのこと、あまり覚えていないんだ」

彼女は顔の前で右手をぶんぶんと振る。

「もちろんです。ええ、覚えていらっしゃらないと思います」

「ところで、そもそも、僕のことをどうして知っているの──中学で僕はそんなに目立ってなかったと思うんだけれど」部活に参加せず、放課後、図書ルームに通うだけの男子が目立つわけない。

「あ、ええと、いえ、先輩は有名でしたよ──あたし、あの……」

「まあ、いいけどね。……それで、数学が苦手だから相談がある、と。詳しく話を聞いてもいい？」

「あ、はい。ありがとうございます。……あたし、小学校のころは、算数の計算や問題をおもしろいと思っていました。でも、中学校に入ってから次第に、授業を聞いても教科書を読んでも、自分が《ちゃんとわかっていないんじゃないか》って感じることが多くなってきたんです。高校に入って、数学は大事だからちゃんと勉強するんだぞと先生に言われました。あたしも、がんばろうとはしています。でも、この《わかっていない感じ》を何とかできないかなって思うんです」

「なるほど。ところで、きみの言う《わかっていない感じ》のせいで、テス

トの点はあまり良くない？」

「いえ、そういうわけでは……」

テトラちゃんは、親指の爪を唇にあてて考えている。短めの髪、くるくるとよく動く大きな目。元気のいい小動物——たとえばリス。それとも子猫？そんなイメージかな。

「……定期試験みたいに範囲がわかっているなら、テストはそれなりに解けます。でも、実力試験では、ひどい点を取ることもあります。すごく落差があります」

「授業はどう。授業はわかる？」

「授業はですね……内容はわかっているつもりなんですけど……」

「本当には、わかっていない感じ？」

「そうなんです。わかっていない感じ。問題は解ける——そこそこ解ける。授業もわかる——そこそこわかる。でも、本当にはわかっていない」

2.5.1　素数の定義

「もう少し具体的に聞こうか。きみは、素数は知っている？」

「——ええ、知っていると思います」

「思います、か。それではね、素数の定義を言ってごらん。《素数とは何か》という問いに答えてほしい。数式を使わず、日本語でいいから」

「素数とは何か。ええと、5とか7とか……ですか？」

「うん。5も7も素数だ。それは正しいよ。でもね、5や7というのは素数の例に過ぎない。《例示》は《定義》じゃない。素数とは何？」

「あ、はい。素数とは……《1とそれ自身だけで割り切れる数》ですね。これは数学の先生から必ず暗記するようにって言われたので覚えています」頷くテトラちゃん。

「すると、きみは、次の定義が正しいと思うんだね」

《正の整数 p が、1と p のみで割り切れるとき、p を素数という》（？）

「はい、正しいと思います」

「いや、この定義は間違い」

「え！ でも、たとえば 5 は素数で、1 と 5 だけで割り切れますよ」

「うん、5 が素数というのは正しい。でも、この定義では、1 も素数になってしまうんだ。なぜなら、p が 1 に等しいとき、p は 1 と p のみで割り切れるから。でも、1 は素数に含めないのが正しい。もっとも小さい素数は 2 だ。素数を小さい順に並べたら、次のように 2 から始まる」

$$2, \quad 3, \quad 5, \quad 7, \quad 11, \quad 13, \quad 17, \quad 19, \quad \ldots$$

　僕は続ける。「だから上の定義は誤り。素数の正しい定義は次のようにただし書きを付けたものになる」

《正の整数 p が、1 と p のみで割り切れるとき、p を素数という。ただし 1 は除く》

「あるいは、始めに条件を付けて定義してもよい」

《1 より大きな整数 p が、1 と p のみで割り切れるとき、p を素数という》

「条件を数式の形で書いてもよい」

《整数 $p > 1$ が、1 と p のみで割り切れるとき、p を素数という》

「1 は素数じゃないんですね……確かにそう習ったのを思い出しました。先輩が書いてくださった定義もわかりました。でも……」

　そこでテトラちゃんは、ぐいっと顔を上げた。

「素数には 1 は含まれない。それはわかりました。でも——まだ納得してません。どうして素数に 1 を含めないんですか。含めてはいけないんですか。素数に 1 を含めない rationale がわかりません」

「ラショナル？」

「正当な理由、原理的説明、理論的根拠——です」

　へえ、この子は——この女の子は、納得することの重要さをわかっているんだ。

「……先輩？」

「あ、ごめん。素数になぜ 1 を含めないか。簡単だよ。**素因数分解の一意性**のためだ」

「素因数分解の一意性——いちいせいって何ですか」

「素因数分解の一意性っていうのは、ある正の整数 n の素因数分解は一通りしかない、という性質のことだ。たとえば、24 の素因数分解といったら 2 × 2 × 2 × 3 の一通りに決まる。あ、素因数の順序は考えないよ。2 × 2 × 3 × 2 や 3 × 2 × 2 × 2 などは、素因数の順序が違うだけだから同じ素因数分解とみなす。素因数分解の一意性は、数学にとってとても重要なので、この性質を守るために、1 は素数に含めないと定義される」

「素因数分解の一意性を守るために？　そんな勝手な定義でいいんですか？」

「いいんだよ。勝手というと言い過ぎだけれどね……。数学者は、数学の世界を組み立てるために有用な数学的概念を見つけ出す。そして、それに名前を付ける。それが定義だよ。その概念をはっきりと規定していれば、少なくとも定義としては合格だ。だから、きみが言うように、素数に 1 を含めるという定義も可能は可能だ。でも、定義が可能であることと、その定義が有用であることとは別だ。素数に 1 を含めたきみの定義では、素因数分解の一意性は使えないことになる。ところで、素因数分解の一意性は理解した？」

「はい、理解した——と思います」

「うーん、どうして《と思います》になっちゃうかなあ……。自分が理解したことは自分自身で確かめなくちゃ」僕は《自分自身》を強調して言う。

「理解したかどうかを自分自身で確かめる——とは？」

「たとえば、適切な例を作ることで理解を確かめよう。《例示は理解の試金石》だ。例示は定義じゃないけれど、適切な例を作るのは良い練習だよ」

《1 を素数に含めると、素因数分解の一意性が崩れることを例示せよ》

「こういうことですか。1 を素数に含めてしまうと、24 の素因数分解が、こんなふうに、たくさんできてしまう……」

$$2 \times 2 \times 2 \times 3$$
$$1 \times 2 \times 2 \times 2 \times 3$$
$$1 \times 1 \times 2 \times 2 \times 2 \times 3$$
$$\vdots$$

「うん、そうだね。それは素因数分解の一意性が崩れることの例になる」

僕の言葉にテトラちゃんはほっとする。

「ただし、《たくさん》できるという表現より、《複数個》あるいは《2 個以上》できるという表現のほうがよい。なぜかというと、そのほうが──」

「──厳密になるから?」テトラちゃんがすかさず言う。

「その通り。《たくさん》という表現は厳密じゃない。何個以上ならたくさんなのか、はっきりしないからね」

「先輩……何だかあたし、頭の掃除をしていただいているみたいです。《定義》のこと。《例示》のこと。《素数》《素因数分解》《一意性》……そして、厳密に言葉を使うこと。数学って言葉が大事なんですね」

「その通り! きみは賢いね。数学は言葉を大事にする。できるだけ誤解が生じないようにするために、数学は言葉を厳密に使うんだ。そして──厳密な言葉の最たるものが数式だ」

「数式……」

「数学の言葉、数式の話に入ろう。黒板使いたいから下に行こうか」

僕は階段教室を先に降りていく。テトラちゃんは後からついてくる。二三歩降りたところで「きゃっ」という声がした。その直後、背中に強烈な衝撃がやってきた。

「うわっ!」

「す、すみません!」

テトラちゃんが階段でこけて、僕に体当たりしてきた。あやうく二人で転げ落ちるところだったが、何とか踏みとどまった。危ないなあ。

2.5.2　絶対値の定義

「……さて、と。**絶対値**ってわかる？」僕たちは教壇の黒板に向かい、並んで立つ。

「え、ええ、わかると思います。5 の絶対値は 5 だし、−5 の絶対値も 5 です。マイナスを取ればいいんですよね」

「うーん……じゃ、x の絶対値の定義を数式で書くけれど、これ、納得できる？」僕は黒板に数式を書く。

> **x の絶対値 $|x|$ の定義**
>
> $$|x| = \begin{cases} x & (x \geqq 0 \text{ の場合}) \\ -x & (x < 0 \text{ の場合}) \end{cases}$$

「あ……。そういえば、これ、疑問に思ったのを覚えています。x の絶対値って、マイナスを取るはずなのにどうして −x が出るのかなって」

「《マイナスを取る》というのは数学的には曖昧。気持ちはわかるし、おおむね合っているけれどね」

「じゃ、《マイナスをプラスにする》ではどうですか」

「それも曖昧だ。たとえばね、−x の絶対値は何になる？」僕は黒板に書く。

$$|-x|$$

「マイナスを取るから、x ですよね。つまり $|-x| = x$ です」

「違う。たとえば x = −3 だったらどうなる？」

「え？ x が −3 だったら……」テトラちゃんも黒板に書く。

$$|-x| = |-(-3)| \qquad x = -3 \text{ なので}$$
$$= |3| \qquad -(-3) = 3 \text{ なので}$$
$$= 3 \qquad |3| = 3 \text{ なので}$$

「きみが言ったように $|-x| = x$ だとするなら、$x = -3$ のとき $|-x| = -3$ にならなきゃいけない。でも実際には $|-x| = 3$ になる。これは $|-x| = -x$ だということだね」

僕の説明を聞き、式を見て、テトラちゃんはじっくり考える。

「……あ、そっか。そうですね。x がもともとマイナスの場合には、マイナスを新たに付けてやらなくちゃプラスになれないのですね。何だか x っていうと 3 とか 5 とか、プラスの数が入るものだと無意識のうちに思っていました」

「そうだね。x という文字の前には符号が付いていない。だから x が -3 に等しいかもしれないって普通は思わない。でもそこは重要。わざわざ x のように文字を使うのは、具体的にたくさんの数を使って例示しなくても、x の絶対値というものを定義できるからだ。《マイナスを取るのが絶対値》というのは大ざっぱ過ぎるね。もっと注意深く条件をチェックしなくちゃいけない。へたをすると意地悪に見えるくらい厳しく考える必要があるんだ。厳密さに慣れてくると、数式に——そして数学にも慣れてくるんじゃないかな」

ここでテトラちゃんは、最前列に並んだ椅子の一つに、ぺたんと腰を下ろした。手にしたノートの角を指でいじりながら、黙って何かを考えている。

僕は、彼女の言葉を待つ。

「……あたし、もったいない中学時代を過ごしたんでしょうか」

「どういうこと？」

「あたし、いちおう勉強はしてきました。でも……教科書に出てくる定義や数式を、それほど厳密には読んできませんでした。……あたしの数学は、ゆるゆるで、あまあまなんですね、きっと」

彼女はそこで、大きく息を吐いた。がっかりした様子がこちらまで伝わってくる。

「……ねえ」と僕は言った。

「え？」テトラちゃんが僕を見る。

「もしきみがそう思うんだったら、これからきっちりやればいい。過去はもう過ぎた。きみは現在に生きている。いま気づいたことを、未来に生かせばいい」

テトラちゃんは、はっとしたように目を開き、そしてすぐに立ち上がる。

「……そ、そうですねっ！　過ぎたことを悔やんでもしょうがないですものね。未来に生かす——本当にそうですね、先輩」

「うん。……ところで、今日はそろそろ終わりにしよう。だいぶ暗くなってきた。続きはまた今度」

「続き？」

「うん。僕は放課後はたいてい図書室にいるから、聞きたいことがあったら、声をかけてくれればいいよ、テトラちゃん」

彼女は一瞬、目を輝かせ、うれしそうに微笑んだ。

「はいっ！」

2.6　帰り道

「あっちゃあ……降ってきちゃった」

昇降口を出たところで、テトラちゃんは空を見上げる。雲が広がり、雨が降り始めていた。

「傘ないの？」

「朝、出がけにあわてちゃって、忘れたんです。天気予報見てたんですけど……。でも、大丈夫です。小降りですから、走っていけば！」

「駅まで行くうちに濡れちゃうよ。どうせ同じ方向なんだから、いっしょに行こう。僕の傘、大きいし」

「すみません……ありがとうございます」

女の子といっしょの傘で歩くなんて、もしかしたら初めてかな。春の雨はやわらかい。僕たちはゆっくり歩く。しばらくはぎこちなかったけれど、僕が彼女のペースに合わせて、だいぶ落ち着いた。静かな道だ。町のざわめき

が雨に吸い込まれているのかもしれない。

今日は彼女と長い時間話したけれど、なかなか楽しかった。こんなふうに慕ってくる後輩は可愛いもんだな。テトラちゃんは話しやすい。表情がはっきりしていて、いま理解しているのかどうかが、すぐわかるからだ。

「先輩は、どうしてすぐわかるんですか？」

「何がっ?!」

「いえ、あの……？ 今日お話ししていて、あたしがわからないところがどうして先輩にわかるのかなと思ったんです」

ああ、びっくりした。テレパスかと思った。

「今日の話——素数の話や、絶対値の話は、僕自身が疑問に思ったことだからね。数学を勉強していて、わからないことがあると悩む。何日も考えたり、本を読んだりして、あるとき《ああ、こういうことか》ってわかる。それはすごく嬉しい体験なんだ。そしてそのような体験を積み重ねていくと、数学がだんだん好きになり、得意になっていく。——あ、この角はこっちに曲がるよ」

「曲がり角——"The Bend in the Road" ですね。……こっちからも駅に行けるんですか」

「うん、この角で曲がって住宅地を抜けていったほうが、駅にずっと早く着く」

「早く着いちゃうんですか？」

「そう。朝もここを抜けたほうが早いよ」

おっと。急にテトラちゃんのスピードが落ちた。歩くの、速すぎたかな。ペースを合わせるのは難しい。

駅に着いた。

「じゃ、僕はこれから本屋さんに寄っていくから、ここでね。そうだ、傘を貸しておくよ」

「あ、ここで……？ えっと……あの……」

「ん？」

「いえ……何でもないです。傘、お借りします。明日お返しします。今日はありがとうございました」

テトラちゃんは両手を前にそろえ、深々とお辞儀をした。

2.7　自宅

夜。

僕は自室で、今日のテトラちゃんとのやりとりを振り返る。彼女は素直で、しかも意欲がある。これから伸びるんじゃないだろうか。数式の楽しさを彼女も知ってくれるといいな。

テトラちゃんと話すときは、僕が彼女に教えてやるスタンスになる。これは、ミルカさんと話すときとはずいぶん違う。ミルカさんは僕を終始ひっぱり回す。どちらかといえば、僕が教えてもらう。

ミルカさんといえば「宿題」が出てたっけ。クラスメイトから宿題とはね……。

ミルカさんからの宿題
正の整数 n が与えられたとき、n の「約数の和」を求める方法を示せ。

この問題は、n の約数を全部求めればもちろん解決する。約数を全部求めて、全部加えれば「約数の和」になる。――でも、そんな答えではつまらないな。もう一歩、進んだ答えを考えてみよう。……うん、整数 n を素因数分解してみよう。

昼休みの問題では $1024 = 2^{10}$ について考えた。これを少し一般化して――たとえば n が次のように素数の冪乗（べきじょう）で表せる場合を考えるとしよう。

$$n = p^m \qquad p \text{ は素数、} m \text{ は正の整数}$$

$n = 1024$ は、上の式で $p = 2, m = 10$ という特殊な場合に相当する。1024 の約数を列挙したときと同じように考えれば、n の約数は次の通り。

$$1, p, p^2, p^3, \ldots, p^m$$

だから、$n = p^m$ の場合、n の「約数の和」は、次のようにして求められる。

$$(n \text{ の約数の和}) = 1 + p + p^2 + p^3 + \cdots + p^m$$

以上で、$n = p^m$ という構造をした整数 n については答えがわかった。

あとはもっと一般化して考えればいいんだな……そうか、それほど難しくない。素因数分解を一般的に書けばいいんだ。

正の整数 n は、一般に次のように素因数分解できる。$p, q, r, \ldots$ を素数とし、$a, b, c, \ldots$ を正の整数とする。

$$n = p^a \times q^b \times r^c \times \cdots \times \text{ちょっと待った!}$$

ちょっと待った。アルファベットだとうまく一般的に表現できない。指数のところに $a, b, c, \ldots$ を使ってしまったら、すぐに $p, q, r, \ldots$ に達してしまう。これでは数式が混乱してしまう。

$2^3 \times 3^1 \times 7^4 \times \cdots \times 13^3$ のような形、つまり 素数^{正の整数} の積の形に書きたい。

——よし、こうしよう。素数を $p_0, p_1, p_2, \ldots, p_m$ で表す。そして指数を $a_0, a_1, a_2, \ldots, a_m$ で表す。このように添字として $0, 1, 2, \ldots, m$ を使えば、数式はごちゃごちゃするけれど、一般的に書ける。ここで $m + 1$ は《n を素因数分解したときの素因数の個数》になっている。では仕切り直して……。

正の整数 n は、一般に次のように素因数分解できる。ただし、$p_0, p_1, p_2, \ldots, p_m$ を素数とし、$a_0, a_1, a_2, \ldots, a_m$ を正の整数とする。

$$n = p_0^{a_0} \times p_1^{a_1} \times p_2^{a_2} \times \cdots \times p_m^{a_m}$$

n がこのような構造を持っているとき、n の約数は、次のような形をしている。

$$p_0^{b_0} \times p_1^{b_1} \times p_2^{b_2} \times \cdots \times p_m^{b_m}$$

ただし、$b_0, b_1, b_2, \ldots, b_m$ は、次のような整数とする。

$$b_0 = 0, 1, 2, 3, \ldots, a_0 \quad \text{のいずれか}$$
$$b_1 = 0, 1, 2, 3, \ldots, a_1 \quad \text{のいずれか}$$
$$b_2 = 0, 1, 2, 3, \ldots, a_2 \quad \text{のいずれか}$$
$$\vdots$$
$$b_m = 0, 1, 2, 3, \ldots, a_m \quad \text{のいずれか}$$

……うーん、ちゃんと書こうとすると、ややこしく見えるなあ。要するに、素因数はそのままで、指数を $0, 1, 2, \ldots$ のように動かしたものが約数になるって言いたいだけなのに。一般化すると文字が多くなる、というパターンにはまっている。

もっとも、ここまで一般化すると、あとは簡単。約数の和は、約数を全部足せばよい。

$$
\begin{aligned}
(n \text{ の約数の和}) = {} & 1 + p_0 + p_0^2 + p_0^3 + \cdots + p_0^{a_0} \\
& + 1 + p_1 + p_1^2 + p_1^3 + \cdots + p_1^{a_1} \\
& + 1 + p_2 + p_2^2 + p_2^3 + \cdots + p_2^{a_2} \\
& + \ldots \\
& + 1 + p_m + p_m^2 + p_m^3 + \cdots + p_m^{a_m} \qquad (?)
\end{aligned}
$$

ん……違う違う。これじゃ《すべての約数の和》になっていない。これは、約数のうち、素因数の冪乗の形になっているものだけの和だな。実際の約数は、次のような形をしているんだから……。

$$p_0^{b_0} \times p_1^{b_1} \times p_2^{b_2} \times \cdots \times p_m^{b_m}$$

……素因数の冪乗のすべての組み合わせを、ピックアップして、掛け合わせて、和を取る必要があるのか。日本語で書くとかえってわかりにくい。式の展開を利用して数式で書こう。

$$(n \text{ の約数の和}) = (1 + p_0 + p_0^2 + p_0^3 + \cdots + p_0^{a_0})$$
$$\times (1 + p_1 + p_1^2 + p_1^3 + \cdots + p_1^{a_1})$$
$$\times (1 + p_2 + p_2^2 + p_2^3 + \cdots + p_2^{a_2})$$
$$\times \cdots$$
$$\times (1 + p_m + p_m^2 + p_m^3 + \cdots + p_m^{a_m})$$

ミルカさんの宿題に対する僕の解答

正の整数 n を、次のように素因数分解する。

$$n = p_0^{a_0} \times p_1^{a_1} \times p_2^{a_2} \times \cdots \times p_m^{a_m}$$

ただし、$p_0, p_1, p_2, \ldots, p_m$ を素数、$a_0, a_1, a_2, \ldots, a_m$ を正の整数とする。

このとき、n の「約数の和」は次の式で求められる。

$$(n \text{ の約数の和}) = (1 + p_0 + p_0^2 + p_0^3 + \cdots + p_0^{a_0})$$
$$\times (1 + p_1 + p_1^2 + p_1^3 + \cdots + p_1^{a_1})$$
$$\times (1 + p_2 + p_2^2 + p_2^3 + \cdots + p_2^{a_2})$$
$$\times \cdots$$
$$\times (1 + p_m + p_m^2 + p_m^3 + \cdots + p_m^{a_m})$$

もっとすっきり書けないものかな。……うーん……そもそもこれで正しいのかな。

2.8　ミルカさんの解答

「正しいよ——ごちゃごちゃしてるけれどね」

次の日、ミルカさんは、僕の答えを見てあっさりそう言った。

「もっと簡単にならないんだろうか」と僕は言った。

「なる」とミルカさんは即答する。「まず、和の部分は次の式が使える。$1 - x \neq 0$ という仮定の下で……」ミルカさんは話しながら僕のノートに書き込み始めた。

$$1 + x + x^2 + x^3 + \cdots + x^n = \frac{1 - x^{n+1}}{1 - x}$$

「あ、そうか」と僕は言った。**等比数列の和**の公式じゃないか。

「証明は一瞬」とミルカさんは言った。

$$1 - x^{n+1} = 1 - x^{n+1} \qquad \text{両辺が同じ式}$$

$$(1 - x)(1 + x + x^2 + x^3 + \cdots + x^n) = 1 - x^{n+1} \qquad \text{左辺を因数分解した}$$

$$1 + x + x^2 + x^3 + \cdots + x^n = \frac{1 - x^{n+1}}{1 - x} \qquad \text{両辺を } 1 - x \text{ で割った}$$

「これを使えば、きみの書いた冪乗和はすべて分数になる。それから、積の部分は $\prod$ を使おう」

「$\prod$ って π の大文字だけど……」と僕は言った。

「そう。でも円周率とは何の関係もない。$\overset{\text{Product}}{\prod}$ は $\overset{\text{Sum}}{\sum}$ の掛け算バージョンだ。積 (Product) の頭文字 P をギリシア文字 $\prod$ にしただけ。ちょうど和 (Sum) の頭文字 S をギリシア文字 $\sum$ にしたのと同じようにね。$\prod$ の定義式はこうだ」とミルカさんは言った。

$$\prod_{k=0}^{m} f(k) = f(0) \times f(1) \times f(2) \times f(3) \times \cdots \times f(m) \qquad \text{定義式}$$

「∏ を駆使すれば、積の部分も簡単に書ける」と彼女は言った。

ミルカさんの解答

正の整数 n を、次のように素因数分解する。

$$n = \prod_{k=0}^{m} p_k^{a_k}$$

ただし、p_k を素数、a_k を正の整数とする。
このとき、n の「約数の和」は次の式で求められる。

$$(n \text{ の約数の和}) = \prod_{k=0}^{m} \frac{1 - p_k^{a_k+1}}{1 - p_k}$$

「なるほど。短くなるけれど文字が多くなるね。そういえば——ミルカさんは今日は図書室行くの？」と僕は言った。
「行かない。今日はエィエィのところで練習。新曲ができたって」

2.9　図書室

「先輩、見てください。中学校の数学の教科書から、定義を全部書き出しました。それから、その定義の例を自分で作ってみたんですよ」
　テトラちゃんは、図書室で計算をしていた僕のところにやってきて、にこにこしながらノートを広げてみせる。
「へえ……すごいね」しかも一晩で。
「あたし、こういうの好きなんです。単語帳作るみたいで……。改めて教科書を読んでて思ったんですけれど、算数と数学の大きな違いって、式の中に文字を使うかどうかかもしれませんね、先輩」

2.9.1 方程式と恒等式

「——じゃあ、文字と数式に関連した話題で、方程式と恒等式の話をしよう。テトラちゃんは、こういう**方程式**を解いたことがあるよね」

$$x - 1 = 0$$

「ええ、あります。$x = 1$ ですね」

「うん。$x - 1 = 0$ という方程式はそれで解けた。では、次の式は？」

$$2(x - 1) = 2x - 2$$

「はい、式を整理して解いてみます」

$$\begin{array}{ll} 2(x - 1) = 2x - 2 & \text{問題の式} \\ 2x - 2 = 2x - 2 & \text{左辺を展開した} \\ 2x - 2x - 2 + 2 = 0 & \text{右辺を左辺に移項した} \\ 0 = 0 & \text{左辺を計算した} \end{array}$$

「あれ？ $0 = 0$ になっちゃいました」

「実はこの $2(x - 1) = 2x - 2$ は方程式ではなくて恒等式なんだ。左辺 $2(x - 1)$ を展開すると、右辺 $2x - 2$ になるよね。つまり、この式はどんな数を x に代入しても成り立っている。恒に等しい式だから、これを**恒等式**という。厳密には x についての恒等式」

「方程式と恒等式とは違うんですか」

「違う。方程式は《ある数 を x に入れると、この式は成り立つ》と主張している。一方、恒等式は《どんな数 を x に入れても、この式は成り立つ》と主張している。ずいぶん違うよね。方程式から自然に出てくるのは「この式を成り立たせる《ある数》を求めよ」という問題だ。これは方程式を解く問題になる。一方、恒等式から自然に出てくるのは「この式が《どんな数》でも成り立つのは本当か？」という問題だ。これは恒等式を証明するという問題になる」

「な、なるほど……。そんな違い、意識してませんでした」

「うん。普通は意識しない。でも、意識したほうがいい。公式として出て
くる等式は、ほとんど恒等式だね」

「式を見れば、すぐに方程式か恒等式かはわかるんですか」

「すぐわかるときもあれば、わからないときもある。文脈から判断しなけ
ればならないときもある。つまり、この等式を書いた人は、どんなつもりで
——方程式と恒等式のどっちのつもりで——書いたのかを読み取る必要が
ある」

「書いた人……」

「式変形をするときには、恒等式を使う。次の式を見てごらん」

$$(x + 1)(x - 1) = (x + 1) \cdot x - (x + 1) \cdot 1$$
$$= x \cdot x + 1 \cdot x - (x + 1) \cdot 1$$
$$= x \cdot x + 1 \cdot x - x \cdot 1 - 1 \cdot 1$$
$$= x^2 + x - x - 1$$
$$= x^2 - 1$$

「イコールでずっとつながっているよね。これは、どんな x についてもこ
の等式は成り立ちますよ、と主張している。つまり、恒等式の連鎖になって
いるんだ。一歩一歩確かめながら進み、最終的に次の式が恒等式であること
を示している」

$$(x + 1)(x - 1) = x^2 - 1$$

「はい」

「恒等式の連鎖は、式変形の途中経過をスローモーションで見せるのが目
的だ。だから《わ、式がいっぱいある》と後ろ向きの気持ちになってはい
けない。一歩一歩読んでいけばよい。——それに対して次の数式はどうだ
ろう」

$$x^2 - 5x + 6 = (x - 2)(x - 3)$$
$$= 0$$

「2個ある等号のうち、最初の等号は恒等式を作っている。つまり、《$x^2 - 5x + 6 = (x - 2)(x - 3)$ はどんな x についても成り立つ》ということを主張している。一方、2個目の等号は方程式を作っている。だから、上の数式は全体として、《$x^2 - 5x + 6 = 0$ という方程式を解く代わりに、恒等式で変換した $(x - 2)(x - 3) = 0$ という方程式を解くよ》——ということを主張しているんだ」

「へえ……そんなふうに読み取れるんですか……」

「方程式と恒等式の他に、**定義式**（ていぎしき）というのもある。複雑な式が出てきたときに、それにちょいと名前を付けておいて、式を簡単にする。名前を付けるときにイコールを使う。定義式は方程式のように解くわけじゃないし、恒等式のように証明する必要もない。自分が便利なように決めていい」

「定義式というのはたとえばどういうものですか」

「たとえば、s（エス）という名前を、ちょっと複雑な式 α（アルファ）$+ \beta$（ベータ）という式に付けたとしよう。この名前付け——つまり定義——を次のように書く」

$$s = \alpha + \beta \qquad\qquad 定義式の例$$

「はい、質問です！」

テトラちゃんが元気よく手を挙げた。目の前にいるんだから、わざわざ挙手なんかしなくてもいいのに。楽しい子だなあ。

「先輩、ここでもう、あたし、アウトです。なんで、s（エス）なんでしょう」

「別に、何でもいいんだよ。名前として使うだけだから。s でも t でも。いったん $s = \alpha + \beta$ だよ、と定義しておけば、その後の説明でいちいち $\alpha + \beta$ と書く代わりに s と書くだけでいい。うまく自分で定義できるようになると、読みやすくわかりやすい数式を書けるようになる」

「はい。あ、それから、α や β というのは何ですか」

「うん、それは、どこか別のところで定義されている文字だとする。定義式を $s = \alpha + \beta$ のように書いたら、左辺に書かれた文字で、右辺の数式に名前を付けたことにするのが一般的だ。すでにどこかで定義されている α と β を使って作られた数式に、s という文字で名前を付けたことになる」

「定義式で使う名前は、何でもいいんですか」

「うん。名前は基本的に何でもいい。といっても、他の意味で定義した名前と同じものを使っちゃだめだね。たとえば、ある場所で $s = \alpha + \beta$ と定義しているのに、すぐ後で $s = \alpha\beta$ と定義したら、読んでいる人が混乱してしまう」

「それはそうですね。名前の意味がなくなりますからね」

「それから、円周率を π と書いたり、虚数単位を i と書くのは、非常に一般的だからわざわざ別の名前にするのは変だね。数式を読んでいて新しい文字が出てきたときには、あわてないで《あ、これは定義式なのかな》と考えるのもいいね。説明文の中で《s を次のように定義する》や、《$\alpha + \beta$ を s とおく》などと書いてあったら間違いなく定義式だよ」

「へえ……」

「そうだ、テトラちゃん。今度は、数学の本に出ている文字を含んだ等式を調べてごらんよ。方程式か、恒等式か、定義式か、あるいはそれ以外か……」

「はい、やってみます」

「数学の本には数式がたくさん出てくるよね。その数式はすべて、誰かが自分の考えを伝えるために書いたものだ。僕たちにメッセージを送っている書き手が、数式の向こう側に必ずいるんだよ」

「メッセージを送っている書き手……」

2.9.2 積の形と和の形

「さて、数式を読むときには、数式が全体としてどんな形をしているのかに注目するのが大事だ」

「全体の形といいますと？」

「たとえば次のような式——これは方程式——を考えよう」

$$(x - \alpha)(x - \beta) = 0$$

この式の左辺は、掛け算の形、すなわち**積の形**をしている。一般に、積を構成している一つ一つの式を**因数**または**因子**という。

$$\underbrace{(x - \alpha)}_{\text{因子}} \underbrace{(x - \beta)}_{\text{因子}} = 0$$

「因数や因子というのは、因数分解と関係ありますか」

「うん、あるよ。因数分解は、積の形に分解すること。素因数分解なら、素数の積の形に分解することだ。掛け算の印 × は省略するのが普通だから、以下の 3 個の数式はどれも同じ意味だ。ここでは、すべて同じ方程式だよ」

$$(x - \alpha) \times (x - \beta) = 0 \qquad \text{× を使った場合}$$

$$(x - \alpha) \cdot (x - \beta) = 0 \qquad \text{· を使った場合}$$

$$(x - \alpha)(x - \beta) = 0 \qquad \text{省略した場合}$$

「はい」

「ところで、$(x - \alpha)(x - \beta) = 0$ なら、2 個ある因子のうち、少なくとも一つは 0 に等しくなる。そう言えるのは、積の形になっているからだ」

「はい、わかります。二つの数を掛けた結果が 0 なので、片方が 0 のはずということですね」

「言葉で表現するなら、《片方が 0》よりも《少なくとも片方は 0 に等しい》のほうがいい。2 個ある因子の両方とも 0 に等しいかもしれないから」

「あっ、《少なくとも》っていうのも厳密な表現というわけですか」

「そう。さて、少なくとも片方の因子が 0 に等しいということは、$x - \alpha = 0$ または $x - \beta = 0$ が成り立つということ。言い換えれば、$x = \alpha, \beta$ がこの積の形の方程式の解になるということだ」

「はい」

「さて次だ。ここで $(x - \alpha)(x - \beta)$ という式を展開してみよう。次の式は、方程式かな？」

$$(x - \alpha)(x - \beta) = x^2 - \alpha x - \beta x + \alpha \beta$$

「いえいえ、恒等式です」

「うん。で、展開は積を和にすることだ。左辺は積の形で 2 個の因子がある。右辺は和の形で 4 個の項がある」

「こう？」

「和を構成している一つ一つの式を**項**という。わかりやすく括弧を付けて説明すると、次のようになる」

$$\underbrace{(x - \alpha)}_{因子}\underbrace{(x - \beta)}_{因子} \xrightarrow{展開} = \underbrace{(x^2)}_{項} + \underbrace{(-\alpha x)}_{項} + \underbrace{(-\beta x)}_{項} + \underbrace{(\alpha\beta)}_{項}$$

$$\xleftarrow{\quad 因数分解 \quad}$$

「ところで、次の式はまだ整理されていない。落ち着かない形だ。どうすれば整理される？」

$$x^2 - \alpha x - \beta x + \alpha\beta$$

「はい。$-\alpha x$ や $-\beta x$ のように x が付いているものを——」

「《もの》じゃなくて《項》って呼ぼうね。それから $-\alpha x$ や $-\beta x$ のように x を 1 個だけ含む項のことは《x についての一次の項》あるいは単に《一次の項》と呼ぼう」

「はい。《x についての一次の項》をまとめると整理されます。こうですよね」

$$x^2 + \underbrace{(-\alpha - \beta)x}_{一次の項をまとめた} + \alpha\beta$$

「その通り。項の説明としてこれは正しい。でも、普通はもう少し進めて、マイナスを外に出す」

$$x^2 - (\alpha + \beta)x + \alpha\beta$$

「テトラちゃんは、以上のような式変形を《同類項をまとめる》と呼ぶって知ってるね？」

「はい。《同類項をまとめる》というのは知っています。でも、今までそれほど意識していませんでしたけれど」

「では、ここでクイズを出そう。次の式は恒等式かな、方程式かな」

$$(x - \alpha)(x - \beta) = x^2 - (\alpha + \beta)x + \alpha\beta$$

「展開して同類項をまとめたものですね。どんな x についても成り立つから——恒等式です」

「はい正解！ ……さて、話を進めよう。始めに次のような方程式を考えた。これは**積の形**をしている」

$$(x - \alpha)(x - \beta) = 0 \qquad 積の形の方程式$$

「いまの恒等式を使うと、この方程式は次のように書ける。こちらはいわば**和の形の方程式**だ」

$$x^2 - (\alpha + \beta)x + \alpha\beta = 0 \qquad 和の形の方程式$$

「この二つの方程式は、形は違うけれど同じ方程式だ。恒等式を使って左辺の形を変えただけだからね」

「はい」

「僕たちは積の形を見たときに、あ、この方程式の解は x = α, β だとわかる。ということは、和の形の方程式の解も、x = α, β だ。同じ方程式なんだから」

$$(x - \alpha)(x - \beta) = 0 \qquad 積の形の方程式（解は x = \alpha, \beta）$$

$$\Updownarrow$$

$$x^2 - (\alpha + \beta)x + \alpha\beta = 0 \qquad 和の形の方程式（同じく解は x = \alpha, \beta）$$

「簡単な二次方程式は、見ただけで解けることがある。たとえば、次の二つの方程式を見比べてみよう。形がとても似ている」

$$x^2 - (\alpha + \beta)x + \alpha\beta = 0 \qquad （解は x = \alpha, \beta）$$

$$x^2 - 5x + 6 = 0$$

「確かに似ていますね。α + β が 5 に相当して、αβ が 6 に相当します」

「そう。つまり $x^2 - 5x + 6 = 0$ を解くには、加えて 5 になり、掛けて 6 に

なる、二つの数を探せばいいことになる。つまり、x = 2, 3 が解になる」

「確かにそうですね」

「積の形、和の形というのは、数式の形の一例だよ。**和の形 = 0** では解は
わかりにくい。でも **積の形 = 0** なら一目瞭然だ」

「……あっ、何だか《わかった感じ》がします。《方程式を解く》というの
と、《積の形を作る》というのとは深い関係があるんですね」

2.10　数式の向こうにいるのは、誰？

「学校の先生は、どうして先輩のようにていねいに教えてくれないんで
しょうか……」

「きみと僕とはいま、対話をしているよね。きみは疑問を抱いたらすぐに
僕に聞く。僕はそれに答える。だからわかりやすいと感じるんじゃないか
な。一歩一歩確かめながら進む感じがするんだね、きっと。先生の授業を聴
くだけじゃなく、わからないところを先生に聞いたらいいのかもしれない
よ……もっとも、答える先生の力量によるけれどね」

テトラちゃんは真面目な顔で僕の話を聞いている。そして、ふと、思いつ
いたように言った。

「先輩は、本を読んでいて、もしもわからないところがあったらどうしま
すか」

「うーん、よく読んでも、どうしてもわからなかったら、本のその場所に
印を付けておく。そして先に進む。しばらく先にいったら、印を付けたとこ
ろに戻ってきてもう一度読む。わからなかったら、もっと先まで読む。他の
本も読む。そして、何度も戻ってくる。以前、本の中にどうしても理解でき
ない数式の展開があったんだ。四日間ずっと考えた末、絶対に間違っている
と思って出版社に問い合わせた。そしたら誤植だった」

「すごいですね……。でも、そんなふうにじっくり勉強していたら、時間
がかかるんじゃないでしょうか」

「うん、時間はかかる。とてもかかる。でも、それは、あたりまえだ。考
えてごらん。数式の背後には歴史がある。数式を読むとき、僕たちは無数の

数学者の仕事と格闘しているんだ。理解するのに時間がかかるのは当然だ。一つの式展開のあいだに、僕たちは何百年もの時を駆け抜ける。数式に向かうとき、僕たちは誰でも小さな数学者だ」

「小さな数学者——？」

「そう。数学者になったつもりで、数式をじっくり読む。読むだけじゃなく、自分の手を動かして書く。僕は、自分がほんとうに理解しているのか、いつも心配なんだ。だから自分で書いて確かめる」

テトラちゃんは、小刻みに頷き、興奮気味に話し出した。

「先輩がおっしゃっていた《数式は言葉》というのは、あたしにとって発見でした。数式の向こうには、あたしにメッセージを伝えようとしている書き手が必ずいる。その書き手は学校の先生かもしれないし、教科書を書いた人かもしれない。あるいは数百年前の数学者かもしれないですね……何だか、もっともっと数学を勉強したくなってきました」

テトラちゃんは夢見るように言った。

そういえば、テトラちゃんは《相談にのってほしい》という言葉を僕に伝えるために、校門で僕を呼び止めたんだな。

彼女は「うーん」と言いながら背伸びをする。そして、独り言のようにつぶやいた。

「ああ、ほんとうに、あたしの心は先輩のことば……」

彼女はそこまで言いかけて、あわてて両手で口を押さえる。

「僕の言葉？」

「いえっ、あのっ、何でもないです……」

テトラちゃんは、顔を赤らめてうつむいた。

第 3 章
ωのワルツ

数学の本質は自由にあり。
——カントール

3.1 図書室にて

夏になった。

期末試験が終わった日、がらんとした図書室で数式をいじっていると、ミルカさんが入ってきた。彼女は、まっすぐに僕のそばまでやってくる。

「回転？」彼女は、立ったまま僕のノートをのぞき込む。

「うん」

ミルカさんの眼鏡はメタルフレームだ。レンズは薄いブルーがかっている。僕は、その奥にある静かな瞳を意識する。

「軸上の単位ヴェクタがどこに移るかを考えればすぐにわかる。覚える必要なんかないでしょ」

ミルカさんは僕を見て言った。ミルカさんの言葉遣いはストレートで、ちょっと変わっている。ベクトルのことをいつもヴェクタと言う。

「いいんだよ、練習しているだけなんだから」

「数式いじりが好きなら、θ の回転を 2 回やってみると楽しいよ」ミルカさんは、隣の席にすっと座り、耳に口を寄せてささやく。彼女は θ を theta と英語読みする。舌と歯の間をすり抜ける乾いた音が耳をくすぐる。

「θ の回転を 2 回。そして式を展開する。それから、《θ の回転を 2 回行うのは 2θ の回転に等しい》と考える。すると、二つの等式ができる。θ に関する恒等式だ」

ミルカさんは僕の手からシャープペンを取り、ノートの右端に小さな字で二つの式を書いた。ミルカさんの手が僕の手に触れる。

$$\cos 2\theta = \cos^2 \theta - \sin^2 \theta$$
$$\sin 2\theta = 2 \sin \theta \cos \theta$$

「ほら、これは何？」

ノートの式を見ながら、僕は心の中で（倍角公式）と答える。でも、声には出さない。

「わからない？　倍角公式でしょ」

ミルカさんは体を起こす。かすかに柑橘系の香りがした。

講義口調になった彼女は、僕の返事を待たずに話を進める。まあ、いつものことだ。

「角 θ の回転は次の行列で表される」とミルカさんは言った。

◎　　◎　　◎

角 θ の回転は次の行列で表される。

$$\begin{pmatrix} \cos \theta & -\sin \theta \\ \sin \theta & \cos \theta \end{pmatrix}$$

《角 θ の回転を 2 回繰り返す》のは、この行列を 2 乗することに相当する。

$$\begin{pmatrix} \cos \theta & -\sin \theta \\ \sin \theta & \cos \theta \end{pmatrix}^2 = \begin{pmatrix} \cos^2 \theta - \sin^2 \theta & -2 \sin \theta \cos \theta \\ 2 \sin \theta \cos \theta & \cos^2 \theta - \sin^2 \theta \end{pmatrix}$$

ところで、《角 θ の回転を 2 回繰り返す》のは、《角 2θ の回転を行う》と見なせる。したがって、上の行列は、次の行列に等しい。

$$\begin{pmatrix} \cos 2\theta & -\sin 2\theta \\ \sin 2\theta & \cos 2\theta \end{pmatrix}$$

ここで行列の要素同士を比較すると、以下の二つの等式を導くことができる。

$$\cos 2\theta = \cos^2 \theta - \sin^2 \theta$$
$$\sin 2\theta = 2\sin \theta \cos \theta$$

すなわち、$\cos 2\theta$ と $\sin 2\theta$ を、$\cos \theta$ と $\sin \theta$ を使って表現したことになる。2θ を θ で表している式——つまり**倍角公式**だ。回転を行列で表現し、その意味を解釈し直して、倍角公式を導き出したことになる。

《2θ の回転を 1 回》と《θ の回転を 2 回》。等号を使って両者が等しいと主張する。二つの姿が、実は一つのものであると気づく。すると、とても素敵なことが起こる。

◎　　◎　　◎

ミルカさんの声を聞きながら、僕は、別のことを考えていた。賢い女の子。美しい女の子。その二つの姿が、実は一人のものであると気づいたなら、どんな素敵なことが起こるんだろう。

でも、僕は何も言わず、黙ってミルカさんの話を聞いていた。

3.2　振動と回転

行列はさておき——と言いながら、ミルカさんは僕のノートにこんな問題を書いた。

問題 3-1

以下の数列の一般項 a_n を n で表せ。

n	0	1	2	3	4	5	6	7	...
a_n	1	0	−1	0	1	0	−1	0	...

「解けるかな」とミルカさんが言った。

「簡単だよ。1, 0, −1 を往復する数列だね。振動するといったほうがよい
かな」と僕は言った。

「ふうん。きみは、この数列をそう捉えたんだね」

「違うの？」

「いや、きみの考えは間違いじゃない。では……その《振動》を一般項で
表現してほしいな」

「一般項……つまり、a_n を n を使って表せばいいんだな。うーん、場合分
けすればすぐできる」

$$a_n = \begin{cases} 1 & (n = 0, 4, 8, \ldots, 4k, \ldots) \\ 0 & (n = 1, 3, 5, 7, \ldots, 2k+1, \ldots) \\ -1 & (n = 2, 6, 10, \ldots, 4k+2, \ldots) \end{cases}$$

「ふうん。確かに間違いじゃない。でも振動らしく見えない」

ここでミルカさんは目を閉じて、人差し指をくるくる回す。

「じゃあ、今度は、こういう問題を考えてみよう。一般項はどうなるか」彼
女は目を開けて言った。

問題 3-2

以下の数列の一般項 b_n を n で表せ。

n	0	1	2	3	4	5	6	7	...
b_n	1	i	-1	$-i$	1	i	-1	$-i$	...

「i は $\sqrt{-1}$ のこと？」と僕が言った。

「虚数単位以外に、どんなアイがあるの？」

「いや、まあ……。それはともかく、この数列 b_n は、n が偶数なら $+1$ または -1 が来て、n が奇数なら $+i$ または $-i$ が来る。これも振動みたいなものか」

「それも間違いじゃない。きみはこの数列も振動だと捉えたんだね」

「それ以外にどんな捉え方があるっていうんだい？」僕は言った。

ミルカさんは、一瞬だけ目を閉じてから答えた。

「複素平面で考えてみよう。複素平面、つまり、x 軸を実数軸とし、y 軸を虚数軸とした座標平面を考える。そうすると、すべての複素数はこの平面上の一点で表現できる」

$$複素数 \quad \longleftrightarrow \quad 点$$
$$x + yi \quad \longleftrightarrow \quad (x, y)$$

問題 3-2 の数列 b_n を複素数の列として考える。1 は $1 + 0i$ だし、i は $0 + 1i$ だから……。

$$1 + 0i, \quad 0 + 1i, \quad -1 + 0i, \quad 0 - 1i, \quad 1 + 0i, \quad 0 + 1i, \quad -1 + 0i, \quad 0 - 1i, \quad ...$$

この数列 b_n を複素平面上の点列と見なし、図に描いてみよう。

$$(1, 0), \quad (0, 1), \quad (-1, 0), \quad (0, -1), \quad (1, 0), \quad (0, 1), \quad (-1, 0), \quad (0, -1), \quad ...$$

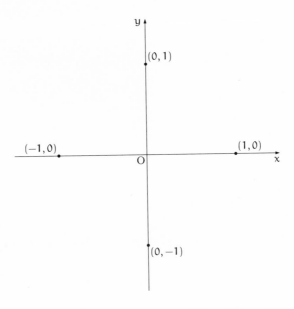

「ははあ、なるほど。菱形——というか正方形の頂点の移動になるのか」
僕はそう言って、図に線を書き入れる。

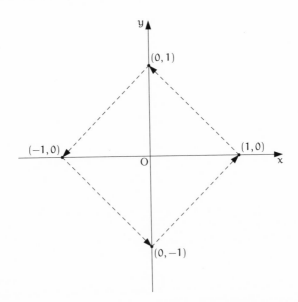

「ふうん。きみは、この点列をそういう図形と捉えたんだね。確かにそれも間違いじゃない」

「正方形以外にどんな図形がある？」と僕は言う。

「きみ、意外に頭が固いな。これならどうかな」とミルカさんが答えた。

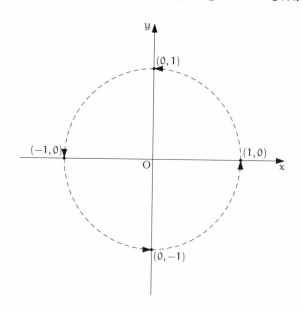

「円——か」

「そう。円だよ。半径 1 の円——**単位円**。複素平面上、原点を中心にした単位円だ。複素数の列を、単位円上の点列として捉える」

「単位円……」

「一般に単位円上の点は、次の複素数で表せる」

$$\cos\theta + i\sin\theta$$

「ええと、θ は……そうか、単位ベクトル $(1, 0)$ の回転角か」

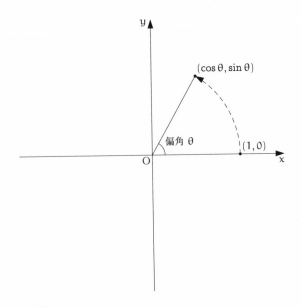

「そう。θを**偏角**という。複素数と点との対応関係はこうだよ」

$$\begin{array}{ccc} 複素数 & \longleftrightarrow & 点 \\ \cos\theta + i\sin\theta & \longleftrightarrow & (\cos\theta, \sin\theta) \end{array}$$

「問題 3-2 の数列 b_n を、正方形——ではなく、円周を 4 等分した**円分点**として捉えたとしよう。4 等分した点は、どんな複素数で表せるだろうか」ミルカさんが僕を見て言う。

「θ を 90 度……つまり $\frac{\pi}{2}$ ラジアンずつ増やしていけばよいから、偏角は $\theta = 0, \frac{\pi}{2}, \pi, \frac{3\pi}{2}, \ldots$ だ。つまり、以下の 4 個の複素数が円周の 4 分点になる」と僕は答えた。

$$\cos 0 \cdot \frac{\pi}{2} + i \sin 0 \cdot \frac{\pi}{2}$$

$$\cos 1 \cdot \frac{\pi}{2} + i \sin 1 \cdot \frac{\pi}{2}$$

$$\cos 2 \cdot \frac{\pi}{2} + i \sin 2 \cdot \frac{\pi}{2}$$

$$\cos 3 \cdot \frac{\pi}{2} + i \sin 3 \cdot \frac{\pi}{2}$$

「そう。そうすると、数列の一般項 b_n は、次の形で表せる」とミルカさんが言った。

解答 3-2

$$b_n = \cos n \cdot \frac{\pi}{2} + i \sin n \cdot \frac{\pi}{2} \qquad (n = 0, 1, 2, 3, \ldots)$$

「ここで問題 3-1 の a_n に戻ってみよう」

$$\langle a_n \rangle = \langle 1, \quad 0, \quad -1, \quad 0, \quad 1, \quad 0, \quad -1, \quad 0, \quad \ldots \rangle$$

「きみは a_n のことを $1, 0, -1$ の「振動」と言ったよね。あの問題も、実は同じように考えることができる」

解答 3-1

$$a_n = \cos n \cdot \frac{\pi}{2} \qquad (n = 0, 1, 2, 3, \ldots)$$

「え……なぜ、かな」

「図形的に考える。さっきの 4 分点 b_n の**実軸への影**を考える。すると、振動が現れる。つまり《振動は回転の影》なんだ」

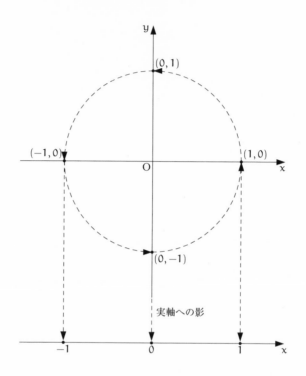

実軸への影

「数列 a_n はいくつかの視点で見ることができる。《整数が単に並んでいる》と見る視点。それから、《実数の数直線上で点が振動している》と見る視点。そしてさらに《複素平面上で点が回転している》と見る視点。自分が見ているのは一次元への影に過ぎないと気がつけば、二次元の円という構造を見出す。自分が見ているものは影に過ぎないと気がつけば、背後に隠れた高次元の構造を見出すことができるんだ。しかし一般には、影に隠れた構造を見抜くのは難しい」

「……」

「整数から実数の数直線へ、数直線から複素平面へと、より高次元な世界を考える。すると、表現がシンプルになる。シンプルになったほうが、より

よく《理解》したと言えるかな。数列の一部が与えられ、次の数を考えるっていうのは、単なるクイズじゃない。一般項を探すというのは、隠された構造を見抜くことなんだ」

僕は何も言えない。

「必要なのは目だ。でも、この目じゃない」

ミルカさんはそう言って、自分の瞳を指さした。

「構造を見抜く、心の目が必要なんだ」

3.3 ωのワルツ

「それでは、次の問題」とミルカさんは言った。

問題 3-3

以下の数列の一般項 c_n を n で表せ。

n	0	1	2	3	4	5	$\cdots$
c_n	1	$\dfrac{-1+\sqrt{3}i}{2}$	$\dfrac{-1-\sqrt{3}i}{2}$	1	$\dfrac{-1+\sqrt{3}i}{2}$	$\dfrac{-1-\sqrt{3}i}{2}$	$\cdots$

「何、この数列」と僕は言った。

「ふうん、きみ、まだ知らないのか」

こういうとき、彼女は軽蔑する口調にはならない。ただただ彼女は素朴に驚くのだ。《きみは、自分の右手に指が5本あることを知らないのか》そういうニュアンスの驚き。

彼女が驚くと、僕は恥ずかしくなる。でも僕は、自分の感情を流し、なんとか数学に話を戻す。

「《1, $\dfrac{-1+\sqrt{3}i}{2}$, $\dfrac{-1-\sqrt{3}i}{2}$ という3個の数が繰り返して現れる》ってい

うのは、つまらない答え、なんだろう——な」僕は彼女の表情をちらちらうかがいながら言う。

「つまらない答えだね。謎を解いていない、構造を捉えていない、本質を捕まえていない」彼女は一蹴する。

「……で、この数列の本質とは？」

「本質は、$1,\ \dfrac{-1+\sqrt{3}\,i}{2},\ \dfrac{-1-\sqrt{3}\,i}{2}$ という 3 つの数は何か、ということだよ。むろん。でも、きみはこの 3 数を知らない。それなら、数列を調べる常套手段を使うんだね」ミルカさんは言う。

「数列を調べる常套手段……階差数列を作ってみようか」僕はノートに書き始める。

数列 $\langle c_n \rangle$ に対して、以下のような数列 $\langle d_n \rangle$ を考えよう。

$$d_n = c_{n+1} - c_n \qquad (n = 0, 1, 2, \ldots)$$

$$
\begin{array}{ccccccc}
c_0 & c_1 & c_2 & c_3 & c_4 & c_5 & \ldots \\
& d_0 & d_1 & d_2 & d_3 & d_4 &
\end{array}
$$

$c_1 - c_0,\ c_2 - c_1,\ c_3 - c_2,\ \ldots$ を順に計算して $\langle d_n \rangle$ を求める。

n	0	1	2	3	4	5	$\ldots$
d_n	$\dfrac{-3+\sqrt{3}\,i}{2}$	$-\sqrt{3}i$	$\dfrac{3+\sqrt{3}\,i}{2}$	$\dfrac{-3+\sqrt{3}\,i}{2}$	$-\sqrt{3}i$	$\dfrac{3+\sqrt{3}\,i}{2}$	$\ldots$

うーん、いまひとつわからないな。

「どうかな」とミルカさんが言った。こういうときのミルカさんは不思議なほど辛抱強い。解決までの道のりが明らかになっているときには、せっかちに先を急ぐのだけれど、道を探索している最中では、急がないしあわてない。

「……わからないな、まだ」僕は正直に答える。

「きみは数列を調べる武器として階差しか持っていないのかな」彼女はにこにこしながら言う。

「あとは、2 項の差じゃなくて比を取るくらいかな……」と僕は言う。

「じゃ、早くやるんだね」

はいはいっと……。今度は $e_n = \frac{c_{n+1}}{c_n}$ という数列 $\langle e_n \rangle$ を考える。c_n は 0 にならないから、ゼロ割の心配はない。計算してみると……。

n	0	1	2	3	4	5	...
e_n	$\frac{-1+\sqrt{3}\,i}{2}$	$\frac{-1+\sqrt{3}\,i}{2}$	$\frac{-1+\sqrt{3}\,i}{2}$	$\frac{-1+\sqrt{3}\,i}{2}$	$\frac{-1+\sqrt{3}\,i}{2}$	$\frac{-1+\sqrt{3}\,i}{2}$	...

「おっと！」$\frac{-1+\sqrt{3}\,i}{2}$ という同じ数が並んで、僕はぎょっとする。

「何を驚いているのかな」

「だって、比を取ると同じ数が並んで……」

「だね。数列 $\langle c_n \rangle$ は、初項 $c_0 = 1$ で公比 $\frac{-1+\sqrt{3}\,i}{2}$ の等比数列なんだ。実はね、1, $\frac{-1+\sqrt{3}\,i}{2}$, $\frac{-1-\sqrt{3}\,i}{2}$ という 3 個の数は、どれも 3 乗すると 1 になる数なんだよ。つまり、この 3 数は、いずれも三次方程式

$$x^3 = 1$$

を満たしている」

「$x^3 = 1$ を満たしている……」

「そう。$x^3 = 1$ は三次だから、これを満たす複素数は 3 個ある。この方程式、解き方はわかる？」とミルカさんが言った。

「ん、できると思う。$x = 1$ が方程式を満たすことはわかるから、$(x-1)$ を使って因数分解すればよい」と僕は言った。

$$x^3 = 1 \qquad \text{与えられた方程式}$$

$$x^3 - 1 = 0 \qquad \text{1 を左辺に移項して、右辺を 0 にした}$$

$$(x-1)(x^2 + x + 1) = 0 \qquad \text{左辺を因数分解した}$$

「それから？」とミルカさんが言った。

「それから $x^2 + x + 1 = 0$ は、二次方程式 $ax^2 + bx + c = 0$ の解の公式 $x = \frac{-b \pm \sqrt{b^2 - 4ac}}{2a}$ を普通に使えばいい」と僕は言って計算する。

$$x = 1, \quad \frac{-1 + \sqrt{3}\,i}{2}, \quad \frac{-1 - \sqrt{3}\,i}{2}$$

僕の説明に、ミルカさんは軽く頷く。

「そうだね。さて、いま、複素数 $\frac{-1+\sqrt{3}\,i}{2}$ を $\overset{\text{オメガ}}{\omega}$ とおく」

$$\omega = \frac{-1 + \sqrt{3}\,i}{2}$$

「ω^2 は $\frac{-1-\sqrt{3}\,i}{2}$ に等しい」

$$\begin{aligned}
\omega^2 &= \left(\frac{-1 + \sqrt{3}\,i}{2} \right)^2 \\
&= \frac{(-1 + \sqrt{3}\,i)^2}{2^2} \\
&= \frac{(-1)^2 - 2\sqrt{3}\,i + (\sqrt{3}\,i)^2}{4} \\
&= \frac{1 - 2\sqrt{3}\,i - 3}{4} \\
&= \frac{-2 - 2\sqrt{3}\,i}{4} \\
&= \frac{-1 - \sqrt{3}\,i}{2}
\end{aligned}$$

「1 に ω を何個も掛けていくと、次のような数列ができる」ミルカさんはノートに書き進める。

$$1, \quad \omega, \quad \omega^2, \quad \omega^3, \quad \omega^4, \quad \omega^5, \quad \dots$$

「$\omega^3 = 1$ だから、この数列は次のように書ける」

$$1, \quad \omega, \quad \omega^2, \quad 1, \quad \omega, \quad \omega^2, \quad \dots$$

「要するに、この数列 $1, \ \omega, \ \omega^2, \ 1, \ \omega, \ \omega^2, \ \dots$ は $\langle c_n \rangle$ そのもの

なんだ。さあ、この 3 数 $(1, \omega, \omega^2)$ を複素平面へプロットしよう。急げ急げ」

　ミルカさんは何て楽しそうに話すんだろう。

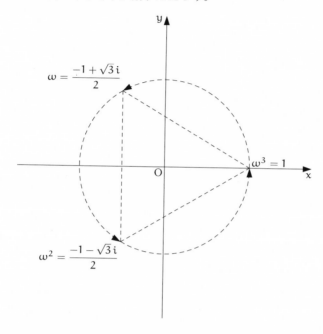

　「へえ……正三角形が出てくるのか」

　「周期性から円を連想するのは自然だ。繰り返しの源を円に求めるのは自然だ。実数の数直線しか見えない人は《振動》と表現するだろう。でも、複素数の複素平面が見える人は《回転》に気づく。隠れていた構造に気づく。違うかな？」

解答 3-3

$$c_n = \omega^n \qquad (n = 0, 1, 2, 3, \ldots)$$

ただし、$\omega = \dfrac{-1 + \sqrt{3}\,i}{2}$ とする。

ミルカさんは少し頬を紅潮させ、饒舌になっていく。

「ここまでで、4 分点と正方形、3 分点と正三角形の話をした。次はこれ を一般化した、n 分点と正 n 角形だ。これが**ド・モアブルの定理**へとつな がる」

ド・モアブルの定理

$$(\cos\theta + i\sin\theta)^n = \cos n\theta + i\sin n\theta$$

「ド・モアブルの定理は《複素数 $\cos\theta + i\sin\theta$ を n 乗すると複素数 $\cos n\theta + i\sin n\theta$ になる》と主張している。図形的な視点で見ると《単位円 上で θ の回転を n 回繰り返すのは、nθ の回転に等しい》という主張になる。 数式の向こうに、単位円上の点が回転しているのが見えるはずだ」ミルカさ んは僕を指さし、顔の前でゆっくり円を描く。

「ド・モアブルの定理で n = 2 とすると、すぐに倍角公式が得られる」

$$(\cos\theta + i\sin\theta)^n = \cos n\theta + i\sin n\theta \qquad \text{ド・モアブルの定理}$$

$$(\cos\theta + i\sin\theta)^2 = \cos 2\theta + i\sin 2\theta \qquad n = 2 \text{ とした}$$

$$\cos^2\theta + i\cdot 2\cos\theta\sin\theta - \sin^2\theta = \cos 2\theta + i\sin 2\theta \qquad \text{左辺を展開した}$$

$$(\cos^2\theta - \sin^2\theta) + i\cdot 2\cos\theta\sin\theta = \cos 2\theta + i\sin 2\theta \qquad \text{左辺を整理した}$$

「あとは、両辺の実部と虚部をそれぞれ等号で結ぶだけ」

$$\underbrace{(\cos^2\theta - \sin^2\theta)}_{\text{実部}} + i\cdot \underbrace{2\cos\theta\sin\theta}_{\text{虚部}} = \underbrace{\cos 2\theta}_{\text{実部}} + i\underbrace{\sin 2\theta}_{\text{虚部}}$$

「はい、倍角公式」とミルカさんが言った。

$$\cos^2\theta - \sin^2\theta = \cos 2\theta \qquad 実部$$

$$2\cos\theta\sin\theta = \sin 2\theta \qquad 虚部$$

「きみは、θ の回転行列で遊んでいたじゃないか。せっかく遊ぶなら、回転している点を、図形的に捉えたり、三角関数を使って捉えたり、複素数列として捉えたりしたほうが楽しい——よね？」

僕はミルカさんに圧倒されて、もう何も言えなくなっていた。

「きみは、$\omega^3 = 1$ から、単位円の 3 分点が見出せるかな。$\frac{2\pi}{3}$ という偏角、複素平面上の正三角形、そして ω が生み出す三拍子の回転が見えるかな。複素平面で $1, \omega, \omega^2$ の 3 人が踊っているのが見えるかな」

ミルカさんは一気にそこまで言うと、にっこり笑った。

「きみには、ω のワルツが見えているかな？」

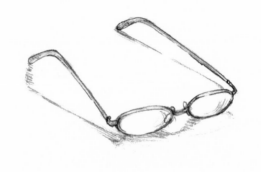

第4章

フィボナッチ数列と母関数

われわれが知る限りでは、数列を扱う最も強力な方法は、
対象となる数列を生成するような無限級数を操作することである。
——グラハム／クヌース／パタシュニク『コンピュータの数学』 [21]

4.1 図書室

高校二年の秋。僕は、放課後の図書室で後輩のテトラちゃんに数学を教え
ていた。簡単な式の展開だ。

$$(a+b)(a-b) = (a+b)a - (a+b)b$$
$$= aa + ba - ab - bb$$
$$= a^2 - b^2$$

僕は、式 $(a+b)(a-b)$ を $a^2 - b^2$ に展開してみせた後、《和と差の積は
2乗の差》と覚えればいいよと説明した。彼女は「よくわかりました。先輩
のお話を聞くと、ばらばらになっている知識が一つにまとめられていくよう
な気持ちになります」と言った。

ミルカさんが入ってきた。彼女は僕たちのところにまっすぐ近づいて、テ
トラちゃんの椅子を思いっきり蹴飛ばした。ものすごい音がして、図書室に

いた生徒が皆こちらを向く。テトラちゃんはびっくりして立ち上がり、ミルカさんをにらんでから図書室を出ていった。僕は立ち上がったまま、何も言えずにテトラちゃんを目で追う。

　ミルカさんは何事もなかったかのように椅子を整えて座り、ノートを見る。そして、立っている僕の袖をつんつん、と引っ張った。僕が腰を下ろすのを待ってミルカさんが言う。

　「式の展開？」

　後輩から質問されたから教えていたんだよ、と僕は答えた。

　ミルカさんは「ふうん」と言って、僕の手からシャープペンを取り上げ、くるっと回す。そして「ねえ、パターン探しをしよう」と言った。

4.1.1　パターン探し

　ねえ、パターン探しをしよう。スタートは、$(1+x)(1-x)$ の展開から。これは $(a+b)(a-b)$ の特殊な場合ね。

$$
\begin{aligned}
(1+x)(1-x) &= (1+x) \cdot 1 - (1+x) \cdot x \\
&= (1+x) - (x+x^2) \\
&= 1 + \underbrace{(x-x)}_{消える} - x^2 \\
&= 1 - x^2
\end{aligned}
$$

　次に、式 $(1+x)(1-x)$ の $(1+x)$ を、$(1+x+x^2)$ に代えてみる。

$$
\begin{aligned}
(1+x+x^2)(1-x) &= (1+x+x^2) \cdot 1 - (1+x+x^2) \cdot x \\
&= (1+x+x^2) - (x+x^2+x^3) \\
&= 1 + \underbrace{(x-x)}_{消える} + \underbrace{(x^2-x^2)}_{消える} - x^3 \\
&= 1 - x^3
\end{aligned}
$$

　パターンは明らか。左端と右端だけが残り、途中の項はすべてプラスと

マイナスでばっさり消える。筆算で書くともっとわかりやすいよ。たとえば、$(1 + x + x^2 + x^3)(1 - x)$ は次のようになる。両端だけが残る様子がわかるね。

$$
\begin{array}{r}
1 + x \ + x^2 + x^3 \\
\times \qquad\qquad 1 - x \\
\hline
- x - x^2 - x^3 - x^4 \\
1 + x + x^2 + x^3 \qquad\quad \\
\hline
1 \qquad\qquad\qquad - x^4
\end{array}
$$

一般的に書こう。n を 0 以上の整数として、次のようになる。

$$
\begin{aligned}
(1)\,(1 - x) &= 1 - x^1 \\
(1 + x)\,(1 - x) &= 1 - x^2 \\
(1 + x + x^2)\,(1 - x) &= 1 - x^3 \\
(1 + x + x^2 + x^3)\,(1 - x) &= 1 - x^4 \\
(1 + x + x^2 + x^3 + x^4)\,(1 - x) &= 1 - x^5 \\
&\vdots \\
(1 + x + x^2 + x^3 + x^4 + \cdots + x^n)\,(1 - x) &= 1 - x^{n+1}
\end{aligned}
$$

◎　　◎　　◎

……なるほど、と僕は思った。でも、それほどおもしろくはない。ありがちな式の展開と一般化だ。それよりも、さっき椅子を蹴飛ばされたテトラちゃんはどうしただろう、と僕は思う。ミルカさんは「ここまではありがちよね」と言って、先を続ける。

4.1.2　等比数列の和

ここまではありがちよね。次はどっちに進もうかな——さっきの式をもう一度書くよ。

$$
(1 + x + x^2 + x^3 + x^4 + \cdots + x^n)\,(1 - x) = 1 - x^{n+1}
$$

ここで、両辺を $1 - x$ で割る。0 で割らないように、$1 - x \neq 0$ と仮定する。

$$1 + x + x^2 + x^3 + x^4 + \cdots + x^n = \frac{1 - x^{n+1}}{1 - x}$$

さっきまでは「積を求める公式」めいていたけれど、今度は「和を求める公式」に見える。実際、これは等比数列の和の公式そのものだ。きちんと言えば、第 0 項が 1 で、公比が x の等比数列。つまり $\langle 1, x, x^2, x^3, \ldots, x^n, \ldots \rangle$ という数列の、第 0 項から第 n 項までの和だね。

さて、次はどこに進みたい？

◎   ◎   ◎

……僕は、等比数列の無限級数を考えるのが自然かな、と言う。第 n 項までの有限和でやめるのではなく、無限和にするんだ。ミルカさんはにっこり微笑んで「そうね」と答える。

4.1.3 無限級数へ

そうね。無限級数を考えよう。

無限級数 $1 + x + x^2 + x^3 + \cdots$ は、等比数列の部分和、

$$1 + x + x^2 + x^3 + \cdots + x^n = \frac{1 - x^{n+1}}{1 - x}$$

の極限として定義される。

x の絶対値が 1 より小さいとき、すなわち $|x| < 1$ のとき、$n \to \infty$ なら $x^{n+1} \to 0$ になるから、以下の式が成り立つ。

$$1 + x + x^2 + x^3 + \cdots = \frac{1}{1 - x}$$

これで無限級数が得られた。$|x| < 1$ という条件は、$n \to \infty$ のときに x^{n+1} が 0 につぶれるために必要になる。

等比数列の無限級数（等比級数の公式）

$$1 + x + x^2 + x^3 + \cdots = \frac{1}{1-x}$$

ただし、第 0 項が 1 で、公比を x とし、$|x| < 1$ とする。

ねえ、きみ、おもしろいと思わない？ 左辺は無限に続く数列の和、項は無数にあるんだから、すべての項を明示的に書くことはできない。それに対して、右辺は一つの分数だ。無数の項の和をたった一つの分数で表現するなんて、コンパクトでいいね。

◎　　◎　　◎

……もう窓の外はだいぶ暗い。図書室に残っているのも、僕とミルカさんだけだ。ミルカさんは調子が出てきたらしく、僕の反応も待たずに「ここから母関数へ進もう」と言った。

4.1.4　母関数へ

ここから母関数へ進もう。

今後は収束する条件は省略する。まず、さっきの等比数列の無限級数を x の関数として考える。

$$1 + x + x^2 + x^3 + \cdots$$

いま、この関数の n 次の係数に着目するため、係数を明示的に書こう。

$$\underline{1}x^0 + \underline{1}x^1 + \underline{1}x^2 + \underline{1}x^3 + \cdots$$

このように、各係数は $\langle 1, 1, 1, 1, \ldots \rangle$ という無限数列になっているね。そこで、次のような対応を考える。

$$\begin{array}{ccc} 数列 & \longleftrightarrow & 関数 \\ \langle 1,1,1,1,\dots \rangle & \longleftrightarrow & 1 + x + x^2 + x^3 + \cdots \end{array}$$

つまり、$\langle 1,1,1,1,\dots \rangle$ という数列と $1 + x + x^2 + x^3 + \cdots$ という関数を同一視するということ。$1 + x + x^2 + x^3 + \cdots = \dfrac{1}{1-x}$ だから、次のように言い換えてもよい。

$$\begin{array}{ccc} 数列 & \longleftrightarrow & 関数 \\ \langle 1,1,1,1,\dots \rangle & \longleftrightarrow & \dfrac{1}{1-x} \end{array}$$

このような数列と関数の対応付けは、次のように一般化できる。

$$\begin{array}{ccc} 数列 & \longleftrightarrow & 関数 \\ \langle a_0, a_1, a_2, a_3, \dots \rangle & \longleftrightarrow & a_0 + a_1 x + a_2 x^2 + a_3 x^3 + \cdots \end{array}$$

このようにして数列に対応付けられた関数を**母関数**という。ばらばらになっている無数の項を、一つの関数としてまとめたものだ。母関数は x の冪乗の無限和、すなわち冪級数として定義される。

◎　　◎　　◎

……そこでミルカさんは出し抜けに言葉を切った。黙ったまま、ちょっと眉間にしわを寄せて目を閉じる。ゆっくりと呼吸をして、何かを深く考えているようだ。

僕は邪魔をしないように、静かにミルカさんを見る。形のよい唇。数列と対応付けられた関数。メタルフレームの眼鏡。等比数列の無限級数——そして母関数。

ミルカさんが、目を開く。

「いま、与えられた数列に対応する母関数を考えた……よね？」とミルカさんは、優しい声で話し始める。「もし、母関数の閉じた式が求められるのなら、その閉じた式と数列も対応付けられる」

「でね、ちょっと考えたんだけれど……」と言いながら、ミルカさんの声はだんだん小さくなる。まるで、他人に知られてはならない宝物の場所でも

話し始めるかのように、顔を僕に近付ける。シトラスのかすかな匂い。

「これから、二つの国を渡り歩いてみようと思うんだ」とミルカさんはささやく。

僕は秘密の言葉を聞き逃さないように、真剣に耳をそばだてる。二つの国？

「私は数列を捕まえたい。でも直接捕まえるのは難しい。そんなとき、いったん《数列の国》から《母関数の国》へ渡る。次に《母関数の国》を通り抜ける。そして《数列の国》へ帰ってくる。そうすれば数列を捕まえられるんじゃないかな、と——」

「下校時間です」

大きな声がして、僕たちはびっくりした。顔を寄せて熱心に話し込んでいた僕たちは、後ろに司書の瑞谷女史が立っていることにまったく気づかなかったのだ。

数列と母関数の対応

$$\text{数列} \quad \longleftrightarrow \quad \text{母関数}$$
$$\langle a_0, a_1, a_2, \ldots \rangle \quad \longleftrightarrow \quad a_0 + a_1 x + a_2 x^2 + \cdots$$

4.2 フィボナッチ数列を捕まえる

僕たちは近くの喫茶店に移動し、注文もそこそこに数列の話を続ける。数列を捕まえるって、いったいどういうこと？ 二つの国っていったい何？ という僕の問いかけに、ミルカさんは眼鏡にちょっと触れてから「そうね」と話し始める。

4.2.1 フィボナッチ数列

　そうね。ちょっと比喩が飛躍しすぎたかな。《二つの国を渡り歩いて数列を捕まえる》というのは、《母関数を使って数列の一般項を求める》ということよ。

　いまから旅の地図を示そう。まず、数列に対応する母関数を得る。次に、その母関数を変形させて閉じた式を作る。そして、その閉じた式を冪級数に展開して数列の一般項を得る。つまり、母関数を経由して、数列の一般項を発見しようということなの。

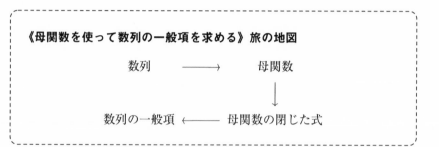

　たとえば、数列の例として**フィボナッチ数列**を考えてみよう。きみはフィボナッチ数列を知っているよね。

$$\langle 0, 1, 1, 2, 3, 5, 8, \ldots \rangle$$

　これは、隣接した2項を加えて次の項を得る数列だ。

$$0, \quad 1, \quad 0+1 = 1, \quad 1+1 = 2, \quad 1+2 = 3, \quad 2+3 = 5, \quad 3+5 = 8, \quad \ldots$$

　1から始める場合もあるけれど、ここでは0から始めてみよう。

　フィボナッチ数列の一般項を F_n とする。F_0 は0に等しくて、F_1 は1に等しくて、$n \geq 2$ のとき $F_n = F_{n-2} + F_{n-1}$ となる。すなわち、F_n は、いわゆる**漸化式**の形として定義できる。

フィボナッチ数列の定義（漸化式）

$$F_n = \begin{cases} 0 & (n = 0) \\ 1 & (n = 1) \\ F_{n-2} + F_{n-1} & (n \geqq 2) \end{cases}$$

　この定義には、《隣接した2項を足したものが次の項になる》というフィボナッチ数列の性質がはっきり表現されている。また、$F_0, F_1, F_2, \ldots$ のように、フィボナッチ数列を順番に計算して求めることもできる。でも、F_n は《n について閉じた式》では表現されていない。つまり F_n は n を使った直接的な式になっていないという意味。これが、私のいう《数列を捕まえていない》状態よ。

　いま「フィボナッチ数列の第1000項は何？」と問われたとしよう。すると、$F_0 + F_1$ で F_2 を求め、$F_1 + F_2$ で F_3 を求め……という計算を繰り返し、最後に $F_{998} + F_{999}$ で F_{1000} がやっと求められることになる。漸化式でフィボナッチ数 F_n を得ようとすると、$n - 1$ 回の加算が必要になる。これはつまらない。私は、F_n を《n について閉じた式》で表したいの。《n について閉じた式》というのは、大ざっぱに言えば《よく知られている演算を有限回だけ組み合わせて得られる式》のこと。

　私は、F_n を《n について閉じた式》で表して、フィボナッチ数列を捕まえたいのよ。

問題 4-1

フィボナッチ数列の一般項 F_n を《n について閉じた式》で表せ。

4.2.2 フィボナッチ数列の母関数

では、フィボナッチ数列に対応する母関数を $F(x)$ と呼ぶことにする。つまり、以下のような対応関係があるとしよう。

$$\begin{array}{ccc} \text{数列} & \longleftrightarrow & \text{母関数} \\ \langle F_0, F_1, F_2, F_3, \ldots \rangle & \longleftrightarrow & F(x) \end{array}$$

$F(x)$ は、x^n の項の係数を F_n として、次のように具体的に書くことができる。これで私たちは母関数の国へ渡ってきたことになる。

$$\begin{aligned} F(x) &= F_0 x^0 + F_1 x^1 + F_2 x^2 + F_3 x^3 + F_4 x^4 + \cdots \\ &= 0 x^0 + 1 x^1 + 1 x^2 + 2 x^3 + 3 x^4 + \cdots \\ &= \qquad x + x^2 + 2 x^3 + 3 x^4 + \cdots \end{aligned}$$

これから、関数 $F(x)$ の性質を調べたい。関数 $F(x)$ の係数 F_n はフィボナッチ数列だから、そのことをうまく生かすと、関数 $F(x)$ についておもしろい性質が見つかりそうだね。

フィボナッチ数列の性質とは何か。もちろん漸化式 $F_n = F_{n-2} + F_{n-1}$ だ。これをうまく使う。F_{n-2}, F_{n-1}, F_n という係数は、$F(x)$ の途中に次のように登場する。

$$F(x) = \cdots + \underline{F_{n-2} x^{n-2}} + \underline{F_{n-1} x^{n-1}} + \underline{F_n x^n} + \cdots$$

係数 F_{n-2} と F_{n-1} を足してみたいけれど、x の次数がずれているから足せない。さあ、どうする？

◎　　◎　　◎

……ミルカさんは僕を見た。うーん。確かに、次数がずれていたら足せない。同類項にならないから、まとめられないのだ。そもそも、数列と母関数を対応付けられるのは、x の次数をずらしていて係数が混ざらないようになっているからじゃないか。数列と母関数とやらを対応付けて、おもしろいことがほんとうに起こるんだろうか。——やがてミルカさんは「簡単よ」と

切り出した。

4.2.3　閉じた式を求めて

簡単よ。

x の次数がずれているなら、ずれている分だけ x を掛けてやればいい。掛け算をすると、指数の足し算になる。いわゆる指数法則だ。

$$x^{n-2} \cdot x^2 = x^{n-2+2} = x^n$$

たとえば、$F_{n-2}x^{n-2}$ に x^2 を掛ければ $F_{n-2}x^n$ になる。次のようにうまく掛け算をすれば、すべて x^n にそろえることができる。形をそろえるため、1 のことを x^0 と書いてみた。

$$\begin{cases} F_{n-2}x^{n-2} \cdot x^2 &=& F_{n-2}x^n \\ F_{n-1}x^{n-1} \cdot x^1 &=& F_{n-1}x^n \\ F_{n-0}x^{n-0} \cdot x^0 &=& F_{n-0}x^n \end{cases}$$

これで、関数 $F(x)$ に対してフィボナッチ数列の漸化式を使える形に持っていけそうね。$F(x)$ に x^2, x^1, x^0 をそれぞれ掛けた式を書いて観察してみよう。

式 A：　$F(x) \cdot x^2 = \quad\quad\quad\quad\quad F_0x^2 + F_1x^3 + F_2x^4 + \cdots$

式 B：　$F(x) \cdot x^1 = \quad\quad\quad F_0x^1 + F_1x^2 + F_2x^3 + F_3x^4 + \cdots$

式 C：　$F(x) \cdot x^0 = F_0x^0 + F_1x^1 + F_2x^2 + F_3x^3 + F_4x^4 + \cdots$

これで次数がそろった。式 A, B, C を使って、次の計算をする。こうすれば、同類項の係数に対して F_n の漸化式が使える形になるからだ。

$$式 A + 式 B - 式 C$$

この計算をしたとき、左辺は次のようになる。

$$（左辺）= F(x) \cdot x^2 + F(x) \cdot x^1 - F(x) \cdot x^0$$
$$= F(x) \cdot (x^2 + x^1 - x^0)$$

そして、右辺は次のようになる。

$$
\begin{aligned}
(右辺) =\ & F_0 x^1 - F_0 x^0 - F_1 x^1 \\
& + (F_0 + F_1 - F_2) \cdot x^2 \\
& + (F_1 + F_2 - F_3) \cdot x^3 \\
& + (F_2 + F_3 - F_4) \cdot x^4 \\
& + \cdots \\
& + (F_{n-2} + F_{n-1} - F_n) \cdot x^n \\
& + \cdots
\end{aligned}
$$

右辺は、始めの $F_0 x^1 - F_0 x^0 - F_1 x^1$ を残して、あとはすべて消える。なぜなら、フィボナッチ数列の漸化式によって、$F_{n-2} + F_{n-1} - F_n$ の部分は 0 に等しくなり、ばっさり消えてくれるからだ。

　もう x^0 や x^1 というくどい書き方はせず、1 や x と書くよ。それから、$F_0 = 0$ と $F_1 = 1$ も使おう。すると、次の式を得る。

$$
F(x) \cdot \left(x^2 + x - 1\right) = -x
$$

両辺を $x^2 + x - 1$ で割って整理すると、$F(x)$ の閉じた式を得る。これが、$F(x)$ の姿よ。

$$
F(x) = \frac{x}{1 - x - x^2}
$$

　フィボナッチ数列の母関数がこんなにシンプルな閉じた式になったのはうれしい。だって、この式の中には無限に続くフィボナッチ数列の情報がすべて詰まっているのだから。コンパクトだね。

$$
\langle 0, 1, 1, 2, 3, 5, 8, \ldots \rangle \qquad \longleftrightarrow \qquad \frac{x}{1 - x - x^2}
$$

フィボナッチ数列の母関数 F(x) の閉じた式

$$F(x) = \frac{x}{1 - x - x^2}$$

4.2.4　無限級数で表そう

　私たちはフィボナッチ数列の母関数 F(x) を考えてきた。F(x) の閉じた式を x の無限級数で表せたとすると、その n 次の係数は F_n になっているはず。

　そこで、次の目標は、

$$\frac{x}{1 - x - x^2}$$

を何とかして x の無限級数で表すことになる。

　私たちは、分数の形になっている次の式を x の無限級数にしたことがある。

$$\frac{1}{1 - x} = 1 + x + x^2 + x^3 + \cdots$$

　たとえば、$\frac{x}{1 - x - x^2}$ を何とかして、$\frac{1}{1 - x}$ に似ている形に持っていくことはできないかな。それができれば、私たちは母関数の国から数列の国へ帰ることができるんだ。フィボナッチ数列の一般項というおみやげを持ってね。どうかな？

◎　　◎　　◎

　……ミルカさんは僕の目をのぞき込む。そうか。あとは、母関数 F(x) を無限級数の形で書ければ、フィボナッチ数列の一般項を得たことになるのか。僕は母関数の形をじっと見る。構造を見抜くんだ。

$$F(x) = \frac{x}{1 - x - x^2}$$

分母の $1 - x - x^2$ は二次式だ。とりあえず、$1 - x - x^2$ を因数分解してみ
るか。僕はノートに計算を進める。ミルカさんはじっと見ている。

未知の定数 r, s があって、$1 - x - x^2$ が次のように因数分解できたとし
よう。

$$1 - x - x^2 = (1 - rx)(1 - sx)$$

上のように因数分解できたとするなら、次のような分数の和で、通分する
ときに、ちょうど分母が $1 - x - x^2$ になってくれる。

$$\frac{1}{1 - rx} + \frac{1}{1 - sx} = \frac{(何か)}{(1 - rx)(1 - sx)}$$
$$= \frac{(何か)}{1 - x - x^2}$$

この式を計算して、$\frac{x}{1 - x - x^2}$ になるように、r, s を決めればいいはず
だ。計算してみよう。

$$\frac{1}{1 - rx} + \frac{1}{1 - sx} = \frac{1 - sx}{(1 - rx)(1 - sx)} + \frac{1 - rx}{(1 - rx)(1 - sx)}$$
$$= \frac{2 - (r + s)x}{1 - (r + s)x + rsx^2}$$
$$= \cdots$$

うーん、分母 $1 - (r + s)x + rsx^2$ のほうは、r, s をうまく選べば $1 - x - x^2$
にできそうだ。しかし、分子 $2 - (r + s)x$ のほうは x にできない。定数項 2
が消えないからだ。惜しいけれど、だめだ。悔しい……。

僕がうなっていると、ミルカさんは「こうすれば、うまくいくよ」と言った。

4.2.5 解決

こうすれば、うまくいくよ。

分子にもパラメータを入れる。つまり、R, S, r, s という未知の定数を 4 個導入して、次のような式を考えることになる。

$$\frac{R}{1-rx} + \frac{S}{1-sx}$$

計算する。

$$
\begin{aligned}
\frac{R}{1-rx} + \frac{S}{1-sx} &= \frac{R(1-sx)}{(1-rx)(1-sx)} + \frac{S(1-rx)}{(1-rx)(1-sx)} \\
&= \frac{(R+S) - (rS+sR)x}{1-(r+s)x + rsx^2}
\end{aligned}
$$

次の式が成り立つように 4 個の定数 R, S, r, s を定めればいい。

$$\frac{(R+S) - (rS+sR)x}{1-(r+s)x + rsx^2} = \frac{x}{1-x-x^2}$$

両辺を見比べて、次のような連立方程式を解けばいいってことね。

$$
\begin{cases}
R + S &= 0 \\
rS + sR &= -1 \\
r + s &= 1 \\
rs &= -1
\end{cases}
$$

4 個の未知数に 4 個の独立な式。この連立方程式を解いてみよう。あとは手の運動だ。

まずは、R と S を r と s で表す。

$$R = \frac{1}{r-s}, \qquad S = -\frac{1}{r-s}$$

これで F(x) を無限級数で表す手がかりができた。r, s は後で求めることにして計算を進めてみよう。

$$F(x) = \frac{x}{1 - x - x^2}$$

$$= \frac{x}{(1 - rx)(1 - sx)}$$

$$= \frac{R}{1 - rx} + \frac{S}{1 - sx}$$

ここで、$R = \frac{1}{r-s}$, $S = -\frac{1}{r-s}$ を使う。

$$= \frac{1}{r - s} \cdot \frac{1}{1 - rx} - \frac{1}{r - s} \cdot \frac{1}{1 - sx}$$

$$= \frac{1}{r - s} \left(\frac{1}{1 - rx} - \frac{1}{1 - sx} \right)$$

さらにここで、$\frac{1}{1-rx} = 1 + rx + r^2 x^2 + r^3 x^3 + \cdots$ と、$\frac{1}{1-sx} = 1 + sx + s^2 x^2 + s^3 x^3 + \cdots$ を使う。

$$= \frac{1}{r - s} \Big(\big(1 + rx + r^2 x^2 + r^3 x^3 + \cdots \big)$$

$$- \big(1 + sx + s^2 x^2 + s^3 x^3 + \cdots \big) \Big)$$

$$= \frac{1}{r - s} \Big((r - s) x + (r^2 - s^2) x^2 + (r^3 - s^3) x^3 + \cdots \Big)$$

$$= \frac{r - s}{r - s} x + \frac{r^2 - s^2}{r - s} x^2 + \frac{r^3 - s^3}{r - s} x^3 + \cdots$$

まとめると、こうなる。

$$F(x) = \underbrace{0}_{F_0} + \underbrace{\frac{r - s}{r - s}}_{F_1} x + \underbrace{\frac{r^2 - s^2}{r - s}}_{F_2} x^2 + \underbrace{\frac{r^3 - s^3}{r - s}}_{F_3} x^3 + \cdots$$

これでフィボナッチ数列の一般項を r, s で表すことができた。

$$F_n = \frac{r^n - s^n}{r - s}$$

あとは、r, s を求めるだけ。r と s の連立方程式はこうだった。

$$\begin{cases} r + s = & 1 \\ rs & = -1 \end{cases}$$

普通に連立方程式として解いてもいいけれど、和が 1 で積が -1 という二つの数 r, s は、方程式 $x^2 - (r+s)x + rs = 0$ の解だよね。いわゆる「二次方程式の解と係数の関係」だ。なぜなら、次のように因数分解できるから。

$$x^2 - (r+s)x + rs = (x-r)(x-s)$$

すなわち、$r + s = 1, rs = -1$ より、$x = r, s$ は次の二次方程式の解になる。

$$x^2 - (r+s)x + rs = x^2 - x - 1$$
$$= 0$$

二次方程式の解の公式を使うと、以下の解を得る。

$$x = \frac{1 \pm \sqrt{5}}{2}$$

仮に $r > s$ として、

$$\begin{cases} r = \dfrac{1 + \sqrt{5}}{2} \\ s = \dfrac{1 - \sqrt{5}}{2} \end{cases}$$

$r - s = \sqrt{5}$ だから、

$$\frac{r^n - s^n}{r - s} = \frac{1}{\sqrt{5}} \left(\left(\frac{1 + \sqrt{5}}{2} \right)^n - \left(\frac{1 - \sqrt{5}}{2} \right)^n \right)$$

よって、フィボナッチ数列の一般項 F_n は次の通り。

$$F_n = \frac{1}{\sqrt{5}} \left(\left(\frac{1 + \sqrt{5}}{2} \right)^n - \left(\frac{1 - \sqrt{5}}{2} \right)^n \right)$$

はい、これで、ひと仕事おしまい。

解答 4-1 （フィボナッチ数列の一般項）

$$F_n = \frac{1}{\sqrt{5}} \left(\left(\frac{1 + \sqrt{5}}{2} \right)^n - \left(\frac{1 - \sqrt{5}}{2} \right)^n \right)$$

4.3　振り返って

……僕は納得できない。この式、本当だろうか。だって、フィボナッチ数列は全部整数だよ。一般項に $\sqrt{5}$ が出てくるとは思えない。

満足げな顔で、すっかり冷めたコーヒーを飲んでいるミルカさんは、僕の疑問に「試してみたら？」と言う。

じゃあ、たとえば、$n = 0, 1, 2, 3, 4$ で検算してみよう。

$$F_0 = \frac{1}{\sqrt{5}} \left(\left(\frac{1+\sqrt{5}}{2} \right)^0 - \left(\frac{1-\sqrt{5}}{2} \right)^0 \right) = \frac{0}{\sqrt{5}} = 0$$

$$F_1 = \frac{1}{\sqrt{5}} \left(\left(\frac{1+\sqrt{5}}{2} \right)^1 - \left(\frac{1-\sqrt{5}}{2} \right)^1 \right) = \frac{\sqrt{5}}{\sqrt{5}} = 1$$

$$F_2 = \frac{1}{\sqrt{5}} \left(\left(\frac{1+\sqrt{5}}{2} \right)^2 - \left(\frac{1-\sqrt{5}}{2} \right)^2 \right) = \frac{4\sqrt{5}}{4\sqrt{5}} = 1$$

$$F_3 = \frac{1}{\sqrt{5}} \left(\left(\frac{1+\sqrt{5}}{2} \right)^3 - \left(\frac{1-\sqrt{5}}{2} \right)^3 \right) = \frac{16\sqrt{5}}{8\sqrt{5}} = 2$$

$$F_4 = \frac{1}{\sqrt{5}} \left(\left(\frac{1+\sqrt{5}}{2} \right)^4 - \left(\frac{1-\sqrt{5}}{2} \right)^4 \right) = \frac{48\sqrt{5}}{16\sqrt{5}} = 3$$

$0, 1, 1, 2, 3$ と、確かにフィボナッチ数列になっている。おお、そうか。具体的な n で計算すると、分子分母で $\sqrt{5}$ がちゃんと消えるのか！

うーん、何ともすごいな。僕もコーヒーを飲みながら、今日やったことを振り返ってみた。僕たちは、フィボナッチ数列の一般項（つまり n についての閉じた式）を求めようと思った。そのために、僕は次の手順を踏んだ。

(1) フィボナッチ数列の F_n を係数に持つ母関数 $F(x)$ を考える。

(2) 関数 $F(x)$ の閉じた式（こちらは x について閉じた式だ）を求める。そのときにフィボナッチ数列の漸化式を使った。

(3) 関数 $F(x)$ の閉じた式を無限級数の形で表す。そのときの x^n の係数がフィボナッチ数列の一般項だ。

つまりは、数列を係数に持つ関数——母関数——を使って、「数列を捕まえた」んだ。なるほど……。しかし、長い道のりだ……。

《フィボナッチ数列の一般項を求める》旅の地図

$$\text{フィボナッチ数列} \quad \xrightarrow{\quad(1)\quad} \quad \text{母関数 } F(x)$$

$$\downarrow{(2)}$$

$$\text{フィボナッチ数列の一般項} \quad \xleftarrow[\;(3)\;]{} \quad \text{母関数 } F(x) \text{ の閉じた式}$$

ミルカさんが話し始めた。「母関数は、数列を扱う強力な方法だ。なぜなら、私たちが知っている関数の解析技法が、そのまま母関数の国を歩くときに役立つからだ。関数で磨いた技術が、数列の研究に役立ってくれる」

僕は、ミルカさんの話を聞きながら、別のことが心配になってきた。無限級数の計算をするときには、和の順序を変えてはまずいんじゃなかったっけ。問題ないんだろうか。ミルカさん……。

「条件をきちんと言わなければまずいんだけどね。でも今回はいいのよ。母関数を使って見つけたことは内緒にしておいて、出てきた一般項を数学的帰納法で証明しちゃえばいいんだから」

ミルカさんは、すました顔で言った。

　　　　　　　……長々と式を展開してきたのは、
　　　　　　　母関数という重要な方法を使って、
　　　　最初に等式を見つけ出す方法を示すためである。
　　　　——クヌース "The Art of Computer Programming" [22]

第 5 章
相加相乗平均の関係

いかなる創造の喜びも、
すでになされたことの境界線上で遊ぶことにある。
——ホフスタッター『メタマジック・ゲーム』 [5]

5.1 《がくら》にて

次の日のこと。

放課後、僕はキャンパス内の並木道を急いでいた。早足で歩きながら、ポケットからメモを取り出し、もう一度読み返す。そこには、たった一行だけ書かれている。

今日の放課後《がくら》でお待ちしています。 テトラ

並木道を抜け、別館にあるラウンジ——通称《がくら》——に着いたとき、テトラちゃんは入り口に立って僕を待っていた。

テトラちゃんは、僕の顔を見るなり頭を下げた。

「すみませんでしたっ。昨日は、あの——」

「いや、謝るのは僕のほうだよ。でも、ともかく、中に入ろう。ここは寒

すぎる」

《がくら》はアメニティ・スペースだ。購買部があり、あちこちに椅子とテーブルが置かれ、気ままなおしゃべりができるようになっている。今日はまだ人は少ない。上の階には文化系の同好会室が並んでいる。誰かが練習しているフルートの音が聞こえてくる。

自販機でコーヒーを買う。僕が適当な席に着くと、テトラちゃんは向かいに座った。

テトラちゃんは高校一年生。同じ中学校出身で、僕の後輩にあたる。といっても中学時代は面識はなかったんだけれど。

「あたし……昨日はもう、びっくりしてしまって、何も言えなくて、あのまま帰ってしまって、すみませんでしたっ」テトラちゃんは深々と頭を下げる。

「いや、僕こそごめんね。えー、いろいろと」

テトラちゃんは緊張した顔で僕を見る。大きな丸い目。小柄。クルミをかじるリスのイメージだ。ふさふさした大きな尻尾が似合いそう。僕は微笑む。

「あ、あのう、先輩。せせ先輩は、あの方と、つつっ、付き合ってらっしゃるんですか」

「突っつき合っている？」

「いえ、あの方と——付き合ってらっしゃるんですか？」

「ああ、ミルカさんね。いや、別に、付き合っているとかそういうんじゃないんだけど……」

ミルカさん。

僕は彼女のことを思い浮かべ、心の中で何かを確かめる。うん、付き合っているわけじゃない。

「でも、てっきり、あたしがずうずうしく先輩の隣に座っていたので、その……あんなことに」テトラちゃんは、僕の顔色をうかがいながら言った。「それで、あのう……、もし、ご迷惑でなければ……これからも数学を教えていただきたいんですけれど……」

「うん、いいよ。聞きたいことがあったら、いつでも。いままで通り——って、この手紙の用事はそのこと？　これからも勉強を教えてほしいっていう

こと？」

　僕がメモを見せると、テトラちゃんはこくんと 頷く。

　「お呼び立てして、すみませんでした。図書室に行けばよかったんですけれど、また昨日みたいに……」

　昨日みたいに、またミルカさんから蹴られたら、確かにたまらないだろう。

　「でも、あのう……。先輩に勉強を教えていただいてたら、あの方は、また椅子を蹴りにいらっしゃるんでしょうか」

　僕は、テトラちゃんの不思議な敬語に苦笑する。

　「ミルカさんね。どうだろうか……。うーん、蹴りにいらっしゃるかも。彼女は何というか——うん。ミルカさんには僕からちゃんと話しておくよ」

　テトラちゃんはその言葉に、初めて微笑んだ。

5.2　あふれる疑問

　「ずいぶん以前から疑問に思っていて、でも誰にも聞けなかったんですけど——昨日、先輩が解説してくださった、$(a+b)(a-b) = a^2 - b^2$ という公式がありますよね。参考書を見ていると、$(x+y)(x-y) = x^2 - y^2$ と書いてあるものもあります」

　「うん、そうだね。同じ公式だけど——気になる？」

　「はい。a と b を使うのと x と y を使うのとではどちらがいいんだろう——と考えてしまうんです」

　「なるほど」

　「でも、数学で式が出てくるたびに《どうしてこう書くのかな》なんて考えていたら、先に進めないですよね。先生に質問しようにも、どう聞いてよいかわからないし……そのうちに嫌になってしまって」

　「嫌になってしまう？」

　「あたし、どんなことでも人一倍時間がかかるんです。そのくせ、ひっきりなしに疑問が出てくる。しかも、人に聞くことが難しいものばかり。それでうんざりして……」

　「なるほどね」

「あたしって数学に向いていないのかなあ、って思います。数学が得意なクラスの友達に聞いても、あたしが何に悩んでいるのか、わかってもらえない。《そういうこと気にしちゃいけないんだよ》と言われます。そうか、あまり気にしちゃいけないんだって思っていると、別のときには《こういうことはちゃんと気にしなきゃいけない》なんて言われちゃう。気にするべきポイントがどこにあるのか、すごく、もやもやっとしてるんです」

「いや、疑問をよく抱くというのは、数学にむしろ向いてるんじゃないかなあ」と僕は言った。

「英語だったら」とテトラちゃんは続けた。「単語の意味がわからなければ辞書を引けばよい。わかりにくいイディオムは覚えればよい。文法はややこしいけれど、例文と合わせて覚えてしまえばよい。勉強すればするほど少しずつわかってくる」

それは単純化しすぎじゃないかな？——と言いかけたけれど、話を止めるのも何なので、軽く頷く。

「でも、数学は違います。わかるときには、すっきりわかる。でも、わからないときにはまったくわからない。途中がないんです」

「まあ、途中の式までは合っているけれど、計算を間違えるってことはあるよね」と僕は言う。

「先輩、あたしの言いたいのは、ちょっと違っていて——ああ、ごめんなさい。さっきからあたし、先輩あいてに愚痴をこぼしていますね。愚痴じゃない、愚痴じゃない、愚痴を言いたいんじゃなくて——あたしはいま、たくさん勉強したいっ！ ちゃんと勉強したいっ！——って言いたいだけなんです」

テトラちゃんは、勉強したいっ！ と言いながら、手で拳を作って力を込める。

「あたし……この高校に入れてうれしかった。将来は、できればコンピュータ関連の仕事に就きたい。でも、どんな方向に進むとしても、数学が必要だと思っています。だから、がんばって勉強したいんです」

テトラちゃんは力強く一人で頷く。

「先輩は、ふだんどんな勉強をして——なさっているんですか」

「問題を解いているときもあるけれど、ただ何となく数式をいじっているときもあるよ。たとえば……うん、そうだ。今日は一緒にやってみようか」

「は、はいっ！」

5.3 不等式

テトラちゃんは「失礼します」と言いながら僕の隣に席を移動し、僕が書くノートをのぞき込む。ほんのり、甘い香り。あ、ミルカさんとは違う香りだ……あたり前か。

「じゃ、始めるよ。そうだな、まず、rを実数としよう。そのとき、rを2乗した数 r^2 についてどんなことが言えるかな。考えてみよう」

$$r^2$$

僕の問いかけに、テトラちゃんは数秒考える。

「r^2 は、2乗したんだから、0より大きくなりますよね……そういうことですか？」

「そういうこと。でも、《r^2 は0より大きい》じゃなく《r^2 は0以上》が正しい。《0より大きい》では0が含まれなくなってしまう」

「あっ、そうですね。rがゼロだったら、r^2 もゼロですものね。はい、《r^2 は0以上》ですね」

テトラちゃんは、納得したように頷く。

「つまり、rがどんな実数であったとしても、次の**不等式**は成り立つ。そうだよね？」

$$r^2 \geqq 0$$

「え？ えっと、そうですね。rが実数なら、r^2 はゼロ以上ですね」

「実数rはプラスか、ゼロか、マイナス。そしてそのいずれの場合でも2乗すると0以上になる。だから、$r^2 \geqq 0$ が成り立つ。これは《rが実数》と言われたときに注意しておくべき重要な性質だよ。等号が成り立つのは $r = 0$ の場合だ」

「あのう……、当たり前みたい、なんですけど」

「そう。当たり前だよね。《当たり前のところから出発するのはいいこと》

だよ」

「あ、はい」

「不等式 $r^2 \geqq 0$ は、どんな実数 r についても成り立つ。このような、どんな実数についても成り立つ不等式のことを**絶対不等式**という」

「絶対不等式……」

「《どんな数についても》という観点からすれば、絶対不等式と恒等式は似ている。絶対不等式は不等式で、恒等式は等式という違いはあるけれどね」

「なるほど」

「じゃあ、ここから少し進んでみよう。a と b が実数だとしよう。そのとき、次の不等式も成り立つ。いいかな？」

$$(a - b)^2 \geqq 0$$

「ええと……はい。$a - b$ は実数。実数だから、2 乗したら 0 以上になる。……あ、ちょっと待ってほしいです。さっきは $r^2 \geqq 0$ で r って文字を使いましたよね。どうして今度は a と b を使ったんですか。いつも、こういうところであたし、考え込んじゃって。あたしが考え込んでいるあいだに、先生の説明はずっと先まで進んじゃうんです」

「ああ、いいよ。さっき r と書いたのは実数 (real number) の頭文字だよ。でも別に《x は実数》のように x を使ってもいいし、《w は実数》のように w を使ってもいい。一般には、定数のときに a, b, c を使い、変数のときに x, y, z を使うことが多いね。ここではまあ、何でもいい。とはいえ、《n は実数》と書いてあったらびっくりするかな。だって、n は整数や自然数に使うことが多いからね。——ええと、ここまでは OK？」

「はい、すっきりしました。話の途中ですみません。あたし、いつも、使っている文字が気になって……でも、$(a - b)^2 \geqq 0$ については納得しました」

テトラちゃんは、にこっと笑ってから目を輝かせ、（それで、次は？）という顔をする。なかなか表情が豊かな女の子だ。それに、自分が納得するまで進まないっていうのもいいな。

「じゃ、次はどっちに進む？」

僕から水を向けると、テトラちゃんは大きな目をきょろきょろさせる。

「どっちって、……どっちですか？」

「何でもいいよ。

$$(a - b)^2 \geqq 0$$

はわかったから、次にどんな数式について考えたいかっていうこと。何でも
いいから言ってごらんよ。それとも、自分で書く？」

シャープペンを彼女に渡す。

「はい……じゃあ、ええと、展開してみます」

$$
\begin{aligned}
(a - b)^2 &= (a - b)(a - b) \\
&= (a - b)a - (a - b)b \\
&= aa - ba - ab + bb \\
&= a^2 - 2ab + b^2
\end{aligned}
$$

「これでいいですか？」

「うん、いいね。じゃ今度は、二つの式から何が言えるかを考えよう」

$$(a - b)^2 \geqq 0, \qquad (a - b)^2 = a^2 - 2ab + b^2$$

「えっと……」

「特にすごいことじゃなくてもいいんだよ。たとえば——すべての実数 a
と b について、こんなことが言える」

$$a^2 - 2ab + b^2 \geqq 0$$

「$(a - b)^2$ は 0 以上だから、展開した結果も 0 以上ってことだね、テトラ
ちゃん」

テトラちゃんは、数式を見ていた顔を急に上げて、二三回まばたきしてか
ら、にっこりする。何だか嬉しそうだ。

「はい、そうですねっ。……でも、ここからどうなるんですか？」

「うん。これから式をいじってみよう。たとえば、項 $-2ab$ を右辺に移項
してみようか。移項すると $-2ab$ の符号が変わって $2ab$ になる」

$$a^2 + b^2 \geqq 2ab$$

「はい、わかります」

「次に両辺を 2 で割る。すると、こうなる」

$$\frac{a^2 + b^2}{2} \geqq ab$$

「はい」

「この式は何だろう」

「何でしょう」

「左辺をよく見ると、$\frac{a^2+b^2}{2}$ は、a^2 と b^2 の平均に見えるね」

「あ……そうですね。a^2 と b^2 を足して、2 で割っているからですね」

「うん。この式の左辺は a^2 と b^2 を使って書かれているね。ここで僕は、右辺の ab も同じように a^2 と b^2 で書いてみようかな、と思う」

「は、はあ……」

「いや、何か決まったルールがあるわけじゃなく、たまたま僕はそう思った、ということ」

「あ、はい」

「次の一歩はちょっとギャップがあるから注意だよ。右辺の ab を a^2 と b^2 で表現するため、次のように変形してみよう。この等式は常に成り立つかな？」

$$ab = \sqrt{a^2 b^2} \qquad （?）$$

「ええっと。2 乗してからルートを取ったんですよね。2 乗してルートを取ったら……元に戻る。ええ、常に成り立つと思います」

「いや、違うよ。2 乗してルートを取ったときに元に戻るのは 0 以上の数だけだ。ab は負の数かもしれないから、条件を付けないと上の等式は成り立たない」

「あちゃちゃ。条件にひっかかったってことですか」

「そうだね。たとえば、$a = 2$ と $b = -2$ を考えてみればわかる。左辺は $ab = 2 \cdot (-2) = -4$ だけれど、右辺は $\sqrt{a^2 b^2} = \sqrt{2^2 \cdot (-2)^2} = \sqrt{16} = 4$ だよね」

「そうですね……確かに」テトラちゃんは僕が書いた計算式を一つ一つ確

かめてから頷いた。

「じゃあ、ここからは条件を付けることにしよう。$ab \geqq 0$ という条件だ。この条件を付ければ、次の等式が成り立つ」

$$ab = \sqrt{a^2 b^2} \qquad \text{ただし } ab \geqq 0 \text{ の場合}$$

「すると、さっきの不等式 $\frac{a^2 + b^2}{2} \geqq ab$ は、こう書き換えられる」

$$\frac{a^2 + b^2}{2} \geqq \sqrt{a^2 b^2} \qquad \text{ただし } ab \geqq 0 \text{ の場合}$$

「はい——」とテトラちゃんは言いかけたけれど、真面目な顔になってしばらく考え込んだ。

「——いいえ、先輩、何だか変です。この $ab \geqq 0$ という条件は、どうしても必要なんでしょうか。納得できないです。$ab < 0$ のときでもこの不等式は成り立つんじゃないでしょうか。だって——いまから、例を示しますね。$a = 2$ と $b = -2$ だとすると、左辺と右辺はそれぞれ次のようになります」

$$
\begin{aligned}
\text{左辺} &= \frac{a^2 + b^2}{2} \\
&= \frac{2^2 + (-2)^2}{2} \\
&= 4
\end{aligned}
$$

$$
\begin{aligned}
\text{右辺} &= \sqrt{a^2 b^2} \\
&= \sqrt{2^2 \cdot (-2)^2} \\
&= \sqrt{16} \\
&= 4
\end{aligned}
$$

「ですから、左辺 ≧ 右辺 が成り立ちますよ、先輩」

「よく気がついたね、テトラちゃん。確かに ab ≧ 0 の条件は付けなくてもよさそうだ。どうしたらいいだろう」

テトラちゃんは、またしばらく考えるけれど、最後に首を振った。

「……わかりません」

「ab ≧ 0 という条件をなくすためには、ab < 0 のときでもこの不等式が成り立つことを示せばよい」と僕は言った。

「ab < 0 のとき、a と b の片方は正で、他方は負になる。だから仮に a > 0 で b < 0 としよう。いま、c = −b を満たす数 c を考える。b < 0 だから c > 0 になる。$\frac{a^2+b^2}{2}$ ≧ ab はどんな実数についても成り立つんだから、a と c についても成り立つ。だから、次の式が成り立つ」

$$\frac{a^2 + c^2}{2} \geqq ac$$

「この式の左辺と右辺を調べてみよう」

$$左辺 = \frac{a^2 + c^2}{2}$$

$$= \frac{a^2 + (-b)^2}{2} \qquad c = -b \text{ だから}$$

$$= \frac{a^2 + b^2}{2}$$

$$右辺 = ac$$

$$= \sqrt{a^2 c^2} \qquad ac > 0 \text{ だから}$$

$$= \sqrt{a^2 (-b)^2} \qquad c = -b \text{ だから}$$

$$= \sqrt{a^2 b^2}$$

「そこで、以下の式が成り立つ」

$$\frac{a^2 + b^2}{2} \geqq \sqrt{a^2 b^2} \qquad \text{ただし } a > 0 \text{ および } b < 0$$

「ここまでの議論は《a が正、b が負》だったけれど、《a が負、b が正》でも同じようにできる。したがって、任意の実数 a と b に対しても、次の不等式が成り立つことになる」

$$\frac{a^2 + b^2}{2} \geqq \sqrt{a^2 b^2} \qquad \text{ただし } a \text{ と } b \text{ は任意の実数}$$

テトラちゃんはノートに書かれている数式をじっと見て、しばらく考える。とても時間がかかったけれど、やっと彼女は頷いて顔を上げる。

「わかりました。納得です——あ、もう一点だけ。《任意の》とはどういう意味ですか」

「《任意の》というのは《いかなる》とか《どんな〜でも》という意味だよ。英語で言えば any に相当する。《すべての〜について》という言い方をするときもあるね。英語だと "for all ... " という表現になる」

「あ、わかりました。《任意の実数》というのは《どんな実数でも》という意味なのですね」

僕は話を続ける。

「さてこれで、両辺を a^2 と b^2 の式で表せた。そこで a^2 と b^2 に、それぞれ別の名前を付けてみよう。a^2 には x という名前を付け、b^2 には y という名前を付ける。名前を付けるには次のような定義式を使う」

$$x = a^2, \quad y = b^2$$

「x と y は実数を 2 乗した数だから、どちらも 0 以上になる。つまり、$x \geqq 0$ と $y \geqq 0$ になる。すると、さっきの不等式はこう表せるよ。だいぶすっきりするね。この式は見たことがあるんじゃないかな」

$$\frac{x + y}{2} \geqq \sqrt{xy} \qquad \text{ただし } x \geqq 0 \text{ および } y \geqq 0$$

「……これは知ってます。ええと、**相加相乗平均の関係**ですね！」

「うん、その通り。不等式の左辺が《2 数を加えて 2 で割る》という相加平均 $\frac{x+y}{2}$ で、右辺が《2 数を乗じて平方根を取る》という相乗平均 $\sqrt{xy}$ だ。相加相乗平均の関係というのは、相加平均は相乗平均以上になるという関係だね」

「はい。$r^2 \geqq 0$ からスタートして、公式が出てきましたね」テトラちゃんは、感慨深げに言った。

「《公式》という名前だと、そっくりそのまま暗記しなければいけないものって思いがちだ。自分がいじってはいけないもの、みたいに考えてしまいそうになる。でも、式を変形させる練習をしょっちゅうやっていると、公式に対する構えた態度はだんだん薄れてくる。粘土をこねるみたいなものだね。こねているうちに、だんだんやわらかくなる」

「はあ……。公式って自分で作れるんですねえ」

「自分で作るというよりも、**導出する**、数式を 導くってことだよね。実は、数学の教科書や授業では、こういう導出をやっているんだよ。今度から意識してごらん。導出が例題になっていることもあるし、練習問題になっていることもあるよ」

「そうですか……今度から注意してみます。公式と言われると《いそいで暗記しなくちゃ》って思っちゃうんです」

「数式の導出は、最初から暗記しようと思っていては、かえって身に付かない。まずは、自分の手を動かして理解することが大事なんだ。理解しないうちに暗記するというのは、普通ありえない」

「へえ……」

「ところで、相加相乗平均の関係で、等号が成り立つときはどういうときかわかる？　つまり、

$$\frac{x+y}{2} = \sqrt{xy}$$

という等式が成り立つのは、x と y にどういう関係があるときかな？」

「え？《x も y も 0 のとき》ですか？」

「それは間違い。……というか、不十分」

「え、だって、$x = 0$ で $y = 0$ なら、左辺も右辺も 0 になりますよ！」

「その主張は正しい。でも、必ずしも x と y が 0 に等しい必要はない。$x = y$ ならいいんだよ」

「ええ？ そうですか？ じゃあ、$x = 3$ で $y = 3$ のとき、確かめてみます。左辺は $\frac{x+y}{2} = \frac{3+3}{2} = 3$ で、右辺は $\sqrt{xy} = \sqrt{3 \times 3} = 3$……あ、本当ですね」

「うん。そういうふうに具体例で試してみるのは、とても大切なことだね。《例示は理解の試金石》だ」

「では、別の例でも確かめます。$x = -2$ と $y = -2$ のときは？ 左辺は $\frac{x+y}{2} = \frac{(-2)+(-2)}{2} = -2$ で、右辺は $\sqrt{xy} = \sqrt{(-2) \times (-2)} = 2$……あれれ、違っちゃいますよ」

「ねえ、テトラちゃん。きみは、$x \geqq 0, y \geqq 0$ という条件を忘れているよ」

「……あちゃちゃ。そうでした。そうでした。あたし、こういう条件をうっかり間違えるんですよ。あちこち考えているうちに忘れちゃうんですね」

テトラちゃんは、舌を小さく出してから頭をかいた。

「テトラちゃん。今回の数式いじりが、

$$(a - b)^2 \geqq 0$$

という不等式からスタートしたことを思い出せば、等号が成り立つのが $a = b$ のとき（つまりは $x = y$ のとき）であることはよくわかると思う」

相加相乗平均の関係

$$\frac{x + y}{2} \geqq \sqrt{xy}$$

ただし、$x \geqq 0$，$y \geqq 0$ とする。$x = y$ のときに等号が成立する。

5.4　もう一歩進んで

「いまは数式をこねて遊んだから、回りくどくなっちゃったけれど、相加相乗平均の関係を証明するだけなら、実は $\left(\sqrt{x} - \sqrt{y}\right)^2 \geqq 0$ の左辺を展開するだけでいい。ただし $x \geqq 0, y \geqq 0$ とする」

$$
\begin{aligned}
\left(\sqrt{x} - \sqrt{y}\right)^2 &= \left(\sqrt{x}\right)^2 - 2\sqrt{x}\sqrt{y} + \left(\sqrt{y}\right)^2 \\
&= x - 2\sqrt{x}\sqrt{y} + y \\
&= x - 2\sqrt{xy} + y \qquad\qquad x \geqq 0, y \geqq 0 \text{ より} \\
&\geqq 0 \qquad\qquad\qquad\quad \left(\sqrt{x} - \sqrt{y}\right)^2 \geqq 0 \text{ より}
\end{aligned}
$$

「つまり、こうなる」

$$
x - 2\sqrt{xy} + y \geqq 0
$$

「あとは $2\sqrt{xy}$ を移項して両辺を 2 で割れば、次の式がすぐに出る」

$$
\frac{x+y}{2} \geqq \sqrt{xy} \qquad \text{ただし } x \geqq 0, y \geqq 0
$$

「あれ？ でも今回、$x \geqq 0, y \geqq 0$ という条件はどこから出てきたんですか？」

「いまは実数で考えているからね。$\sqrt{}$ の中の x や y は 0 以上でなくちゃならないんだ」

「$\sqrt{}$ の中が 0 より小さかったら？」

「0 より小さかったら、虚数になっちゃう」

「なるほど……」

「さて、相加相乗平均の関係を、もう少しいじってみようか。さっきの書き方だと《相加平均》と《相乗平均》という言葉のリズムが式の上に出てこないよね」

「言葉の……リズムですか？」

「そう。いま、和と積、それに平方根の表記を変形してみる。和は $x + y$ でよい。積は $x \times y$ のように、明示的に $\times$ を書いてみよう。2 で割るのは $\frac{1}{2}$ を掛けて表し、平方根は $\frac{1}{2}$ 乗で表すことにしよう。そうすると、次の式が成り立つ。これも相加相乗平均の関係だよ。こういう書き方だと両辺の類似性が際立って気分がいい」

$$(x + y) \cdot \frac{1}{2} \geqq (x \times y)^{\frac{1}{2}} \qquad (x \geqq 0, y \geqq 0)$$

テトラちゃんがぱっと挙手をした。

「先輩……またまた質問です。**平方根**（へいほうこん）って $\sqrt{}$（ルート）のことですよね。《$\frac{1}{2}$ 乗》というのは？」

「《平方根を取る》っていうのは、《$\frac{1}{2}$ 乗する》ってことなんだ。$\frac{1}{2}$ 乗と言われるとびっくりするかもしれないけれど、これは定義だから……。もっとも、指数法則を考えると自然な話だよ」

「$\frac{1}{2}$ 乗が自然なんですか？」

「たとえば $x \geqq 0$ として、x の平方根が $x^{\frac{1}{2}}$ に等しいことを簡単に説明しよう。まず、$(x^3)^2$ は何かを考えてごらん」

「$(x^3)^2$ ですか。$(x \cdot x \cdot x)^2$ ということだから……全体としては 6 乗になりますね。$(x^3)^2 = x^6$ だと思います」

「そうだね。一般に次の式が成り立つ。冪乗の冪乗は指数の掛け算になるということだ」

$$(x^a)^b = x^{ab}$$

「はい、わかります」

「では以上の議論を踏まえて、次の式を見てごらん。ここで a はどんな数になるのが自然か」

$$(x^a)^2 = x^1$$

「指数の掛け算ですから、a を 2 倍したものが 1 になりますね。つまり $a = \frac{1}{2}$ です」

「うん、それが自然な考えだ。ところで、$(x^a)^2 = x^1$ をよく見よう。x^1 は x に等しいから、この式は《x^a を 2 乗すると x になる》と主張していることになる。ということは x^a っていうのは……」

「2 乗すると x になる 0 以上の数ですね……あっ、それって $\sqrt{x}$ なんですねっ！　はわわ……すごいですね！」

「うん、すごいね。これで、$\frac{1}{2}$ 乗は平方根というのを自然だと感じてくれるかな」

平方根は $\frac{1}{2}$ 乗

$$x^{\frac{1}{2}} = \sqrt{x} \qquad (x \geqq 0)$$

「何だか不思議ですけれど、確かに自然に感じてきました」

「あ、そうだ。相加相乗平均の関係は一般化することもできるんじゃないかな。次の式を証明してみるとおもしろいかも」

$$(x_1 + x_2 + \cdots + x_n) \cdot \frac{1}{n} \geqq (x_1 \times x_2 \times \cdots \times x_n)^{\frac{1}{n}} \qquad (x_k \geqq 0)$$

「この式を、$\sum$ と $\prod$ を使って書くと、次のようになる。左辺は和の形、右辺は積の形。相加相乗平均の関係は和と積のあいだの不等式なんだね」

$$\left(\sum_{k=1}^{n} x_k\right) \cdot \frac{1}{n} \geqq \left(\prod_{k=1}^{n} x_k\right)^{\frac{1}{n}} \qquad (x_k \geqq 0)$$

「先輩、せんぱーい。おもしろそうな話なんですけど——あたし、ちょっぴり置いてけぼりになってますよう」

5.5　数学を勉強すること

　一休みしてから、テトラちゃんは僕の向かいの席に戻り、数学を勉強することについての疑問を話し始めた。

　「数学を勉強していて、うんざりするのは、目的がわからないからかもしれません。問題が解けても、どこかつまらないんです。家で勉強していてもおもしろくないんです。何のためにやっているのかが全然わからないから。——といっても別に《数学は将来、自分の役に立つか》というありがちなことを聞いているわけではないんです。いまやっている式変形が、昨日習ったことや明日習うことと、どんなふうに関係しているか、それを知りたいと思っているだけなんです。全体の地図が見たいんです。でも先生は見せてくれない」

　「……」

　「何だか——小さな懐中電灯を一つ渡されて真っ暗な部屋に投げ込まれたみたいな気分になるんです。懐中電灯で照らせるから、前には進める。でも、そのライトは照らす範囲が狭い。自分がどこを歩いているのかわからない。後ろを見れば真っ暗、前を見ても真っ暗。明るいのは、いま照らしている小さな輪の中だけ。本当に難しいことならしょうがないんですけれど、式の変形そのものはそんなに難しくない。だから、数学って簡単なのか、難しいのかわからないっていつも感じます。一つ一つは簡単なのに、全体がつかめない。地図がないから迷いそう——とても不安になります」

　「なるほど」

　テトラちゃんの不安は理解できる。《次に何が起こるかわからない》——か。

　「先輩は、あたしの話をていねいに聞いてくださいます。でも、クラスメイトはだめです。数学が得意な友達もいるんですけれど、その人の前ではこんなにうまく話せません。途中で必ずからかわれるんです。《おまえ、そんなこと言ってないで、覚えろよな》と言われたときには、あいつ……いえ、あの人とはもう話したくない、って思いました」

テトラちゃんの話に引きずられるようにして、僕も話し出す。

「僕は、数学が好きだ。図書室で、数式をずっと眺めていたりする。それから、授業で出てきた式を自分で再構成したりする。自分で納得しながら一歩一歩進む。学んだことを、きちんと自分で再現できるかどうか確かめる」

テトラちゃんは黙って僕の話を聞いている。

「学校は、学ぶ素材しか与えてくれない。教師は受験のことばかり考えている。それはそれでいい。でも、僕自身は自分の好きなことをずっと考えていたい。親から強制されて式変形しているわけじゃない。僕がどんな数式をいじっているかなんて、親は興味ない。机に向かっている僕の外面しか見ない。だから、僕は好きなようにやってる。といっても、もともと勉強しろなんてあまり言われないけれどね」

「先輩は成績がいいからですよう。あたしはだめです。しょっちゅう《勉強しろ》って言われています。うるさいんです。うち」

「僕はよく図書室で考え事をしている。ノートを開いて、式を思い出す。どうしてその定義でなければならないかを考える。定義を書き変えて何が起こるかを調べる。肝心のところは自分で考えなければならない。教師が悪いとか、友達が悪いとか言ってもしょうがない。テトラちゃんは言ってたよね、さっき ――式が出てくるたびに《どうしてこう書くのかな》と考える――って。それは、決して悪くない。時間はかかるかもしれないけれど、自分が抱いた疑問に安易に納得せず、ずっと考え抜くのは大事だ。それこそが勉強だと思う。親も友達も――教師だって、テトラちゃんの疑問には答えられないよ。少なくとも全部には答えられない。もしかしたら怒り出すかもね。人間って、自分が答えられない問題を与えられると、怒り出したり、問題を出した人を恨んだり、逆に馬鹿にしたりするものだから」

「先輩って、すごいですね……。昨日、図書室で教えていただいたときのお話もおもしろかったですし。簡単な式変形のはずなのに、何だかどきどきしました。今日のお話も、とても参考になります。……あのう、こういう話って、あの方とも話したりするんですか?」

「あの方?」

「――ミルカさん」

「ああ。うーん、どうだろう。もっと具体的な話が多いね。図書室で僕が

計算していると、ときどきミルカさんがやってきて、話をする。話題はその
ときにやっていた計算のことかな。でも、しゃべっているのはミルカさんが
ほとんどなんだけどね。ミルカさんは賢い人だね。僕はかなわない。あの人
は僕よりも広く、深く、いろんなことがわかってる」

「先輩は、あの方と、あの——付き合っているんだと思っていました。い
つも一緒にいらっしゃるみたいだし」

「同じクラスだからね」

「図書室でも、いつも……」

「……」

「……あのう、先輩は学年トップなんですよね」

「いや、それは違う。数学だとミルカさんがトップだ。それから都宮がい
るからね。総合だと都宮が一番だと思うよ」

「どうして、みなさんそんなに何でもできるんですか」

「みんな、好きなことをやっているだけなんだよ。スポーツもできる都宮
は別格として、僕もミルカさんも運動はひどいもんだ。ミルカさんはさてお
き、僕は大勢の前で話すのは得意じゃない。でも、数学は好きだ。好きだか
らやっている。そういうことだよ。テトラちゃんも、何か好きなことあるん
じゃない？」

「英語が——好きですね。とても好きです」

「いま、君のカバンの中に、英語の本が入っているでしょう。それから、本
屋に行ったら、真っ先に洋書コーナーに向かうでしょう。違う？」

「はい、先輩。その通りです……よくわかりますね」

「僕もそうだからね。僕の場合は、理数系の本棚に向かう。どこの本屋に
行ってもそうだ。いつも行く本屋なら、どこに理数系の本が並んでいるか覚
えている。棚を見ただけで新刊を見つける。そういうこと。僕は、自分の好
きなことをしているだけなんだよ。好きなことに時間を使う。好きなこと
に手間暇かける。誰でもそうだよね。深く、深く、考えていたい。ずっと、
ずっと、思っていたい。好きってそういう気持ちでしょう？」

僕の心のどこかにあるスイッチが、かちりと入る。僕の中から言葉があふ
れてくる。

「学校の世界はとても小さくて狭い。子供向けの偽物がたくさんある。学

校の外にも、偽物はたくさんあるけれど、切ったら血が吹き出てくるような本物もたくさんある」

「学校の中には本物はないんですか」

「いや、そういう意味じゃない。たとえば教師。村木先生は知っているよね。変わり者だと言われてるけれど、いろんなことがよくわかっている。僕も、都宮も、それからたぶんミルカさんも、同じ意見だと思う。僕たちはときどき、村木先生から問題を出してもらったり、おもしろい本を紹介してもらったりしている」

テトラちゃんは、首をかしげる。僕はかまわず続ける。入ってしまった饒舌スイッチはなかなか切れない。

「好きなことをしっかり追い求めていくと、本物と偽物を見分ける力も付いてくる。いつも大声を出している生徒や、賢いふりをする生徒がいる。きっとそういう人たちは、自己主張が好きで、プライドが大事なんだ。でも、自分の頭を使って考える習慣があって、本物の味わいを知っているなら、そんな自己主張は要らない。大声を出しても漸化式は解けない。賢いふりをしても方程式は解けない。誰からどう思われようと、誰から何と言われようと、自分で納得するまで考える。それが大事だと僕は思っている。好きなことを追い求め、本物を追い求めていくのが——」

そこで僕は口を閉じる。しゃべりすぎた。自己主張してもしょうがないと大声で主張している僕は愚か者だ。スイッチオフ。

テトラちゃんは、ゆっくり頷きながら、何かを考えている。いつのまにかフルートのロングトーンは終わっていて、トリルの練習になっている。人が増えて《がくら》もざわつき始めた。

「先輩。……そういうふうに……好きな勉強をしているとき、馬鹿な後輩って……あのう、邪魔ですか?」テトラちゃんは消え入りそうな小さい声で言う。

「え?」

「馬鹿な後輩がそばでうろうろしているのは、迷惑じゃありませんか?」

「いや——邪魔でも迷惑でもない。自分が考えたことを話す。それを聞いてもらう。ちゃんとした相手だったら、そんな会話は楽しい。僕は、別に孤独を気取っているわけじゃない」

「何だか、先輩がうらやましいです。あたしも、数学をがんばって勉強したいと思っているけれど、ぜんぜんレベルが違ってて……」

テトラちゃんは親指の爪を軽く噛む。

沈黙。

ややあって、テトラちゃんが、さっと顔を上げる。

「ううん！ そうじゃないんですね。他の人がどうこうじゃないんですね。自分にとっての本物をちゃんと追いかければいいんですね！ 先輩、何だか、元気が出てきました！ あのう、お願いがあります。これからも……ときどきでいいですからお話しさせてください。お願いします！」

真面目な顔でテトラちゃんは言う。

「うん、別にいいよ」

特に問題はない——たぶん。何だか今日はテトラちゃんに何回も《お願い》されて、何回も《いいよ》と言ってるような気がする。別に問題はない——きっと。僕はラウンジの時計に目をやる。

「先輩は、今日もこれから図書室ですか？」

「うん。そうだね」

「あたしも図書室に……。あっ、ええっと、うーんと、やっぱりいいです。今日は帰ります。またいつか、質問があったら、聞きにいってもいいですか？ 図書室や——教室に」

「いいよ、もちろん」

ほら、もう一つ《いいよ》が増えた。

そのとき「よーっす、テトラぁ」と言いながら、女の子が三人、テトラちゃんの背後を通り過ぎた。

「おうっ」テトラちゃんは彼女たちのほうを振り向き、大声で返事をした。

その直後。

テトラちゃんは、両手で口を押さえてこちらを向く。しまった、という顔。耳まで真っ赤になっている。僕の前で普段の口調を出してしまったのが、よっぽど恥ずかしいらしい。

そんなテトラちゃんを、なかなか可愛いと思ってしまった、高校二年の秋。

第6章
ミルカさんの隣で

解析は連続を研究する。
数論は離散を研究する。
オイラーはその二つを結びつけた。
——ダンハム [14]

6.1 微分

　僕はいつものように、誰もいない図書室で数式をいじっていた。

　ミルカさんが入ってきて、ためらいもなく僕の隣に座った。かすかにオレンジの香りがする。彼女は、僕のノートをのぞき込んで言う。

　「微分?」

　「まあね」と僕は答える。

　ミルカさんは、頬杖をついて僕の計算をじっと見ている。何も言わない。ずっと見られるのは——やりにくいもんだな。

　「何?」とミルカさんが言った。

　「いや……何を見てるのかなと思って」と僕は言った。

　「きみの計算」と彼女は答える。

　まあ、そりゃそうなんだろうけれど……。

　ミルカさんの場合、単に見るだけじゃないから困る。距離感が他の人と違

うのだ。隣の席からすぐそばまで顔を寄せてくるし、書いている式が僕の手で隠れると、ぐいっとノートをのぞき込んでくる。

あ、そうだ。僕は、テトラちゃんとの約束を思い出した。

《ミルカさんには僕からちゃんと話しておくよ》

「ねえ、ミルカさん。このあいだのことなんだけど——」

「ちょっと待って」とミルカさんは言う。そして顔を上げて目をつむり、形のよい唇をささやくように動かす。何かおもしろいことを考え始めたらしい。僕は割り込めない。

七秒後、彼女は目を開ける。「微分って、要するに変化量だよ」と言いながら、僕のノートに勝手に書き込み始める。

◎　　◎　　◎

微分って、要するに変化量だよ。

たとえばね、直線上で現在の位置を x とする。そしてそこから少し離れた位置を x + h とする。h はあまり大きくない。つまり《すぐそば》だ。

これから、f という関数の変化について考えよう。x に対応する関数 f の値は f(x) だ。そして、x + h に対応する関数 f の値は f(x + h) だ。《h だけ離れると関数 f の値がどう変化するか》に注目する。

対比を際立たせるため、明示的に0も書くことにしよう。現在位置が x + 0 なら、f の値は f(x + 0) だ。x + h に進めば、f の値は f(x + h) になる。

x + 0 から x + h に進んだときの x の変化量は、

《進んだ後の位置》−《進む前の位置》

で求められる。つまりは (x + h) − (x + 0) すなわち h だ。同じようにして、x + 0 から x + h に進んだときの f の変化量は、f(x + h) − f(x + 0) で求められる。

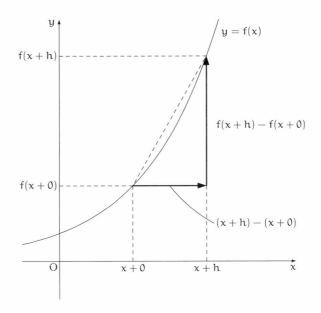

　位置 x における関数 f の変化を調べたい。いわば瞬間的な変化をね。x の変化量 $(x+h)-(x+0)$ が大きければ、f の変化量も大きくなるかもしれないから、両者の比を取ることにしよう。この比は、上図で斜めになっている破線の傾きに相当する。

$$\frac{\text{f の変化量}}{\text{x の変化量}} = \frac{f(x+h)-f(x+0)}{(x+h)-(x+0)}$$

　位置 x での変化を調べたいのだから、h はできるだけ小さくしたい。h を小さくして小さくして、$h \to 0$ の極限を考える。

$$\lim_{h \to 0} \frac{f(x+h)-f(x+0)}{(x+h)-(x+0)}$$

　要するに、これが関数 f の微分だ。図形的にいえば、下図で点 $(x, f(x))$ における接線の傾きに相当する。接線の傾きが急激な右上がりなら、$f(x)$ は急激に増加していることになる。つまり、その地点での変化量が大きいことになる。

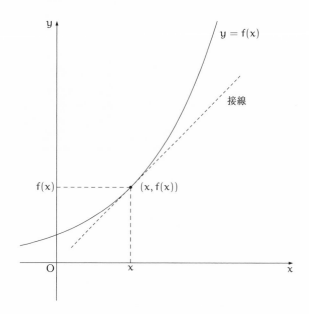

　関数 f に対する《微分》を Df と書くことにしよう。つまり、**微分演算子 D** を次のように定義する。

微分演算子 D の定義

$$Df(x) = \lim_{h \to 0} \frac{f(x+h) - f(x+0)}{(x+h) - (x+0)}$$

　次のように定義してもいい。同じことだから。いずれにせよ、演算子 D は、関数から関数を作る高階関数になる。

$$Df(x) = \lim_{h \to 0} \frac{f(x+h) - f(x)}{h}$$

　さて。ここまでの話は**連続的な世界**の話だった。x はなめらかに動くことができた。これから、ここまでの話をすべて、**離散的な世界**に持っていくこ

とにしよう。離散的な世界、すなわち整数のようにとびとびの値しか取れない世界だ。連続的な世界では、x を h だけ——いわば《すぐそば》まで——動かして f の変化量を考えた。そして h → 0 の極限を考えて微分を定義した。じゃ、微分を離散的な世界へ持っていったらどうなると思う？

問題 6-1

連続的な世界の微分演算子 D に対応する、離散的な世界での演算子を定義せよ。

6.2 差分

　……僕は、ミルカさんの問題を考える。連続的な世界の《すぐそば》に対応する概念を、離散的な世界から見つければいいに違いない。図書室をぐるっと見回す。そして、すぐ隣に座っているミルカさんの顔を見る。僕は、「《すぐそば》の代わりに《すぐ隣》を考えればいい」と言う。彼女は「その通り」と言い、人差し指を立てる。

◎　　◎　　◎

　その通り。

　離散的な世界で考えると、x + 0 の《すぐそば》は、x + 1 つまり《すぐ隣》になる。h → 0 ではなく h = 1 で考えるといってもよい。**《すぐ隣》の存在は、離散的な世界の本質**だ。それに気がつけば、議論はうまく展開する。

連続的な世界《すぐそば》

離散的な世界《すぐ隣》

　$x+0$ から $x+1$ に進むときの x の変化量は、$(x+1)-(x+0)$ だ。そして、そのときの関数 f の変化量はもちろん $f(x+1)-f(x+0)$ になる。そこで、さっきと同じように両者の比を考える——もっとも、分母は常に 1 になるんだけれど。

$$\frac{f(x+1)-f(x+0)}{(x+1)-(x+0)}$$

　離散的な世界では、極限を取る必要はない。この式こそ《離散的な世界での微分》すなわち**差分**になる。**差分演算子** Δ を以下のように定義しよう。

解答 6-1　（差分演算子 Δ の定義）

$$\Delta f(x)=\frac{f(x+1)-f(x+0)}{(x+1)-(x+0)}$$

以下のように書いても同じことだ。

$$\Delta f(x)=f(x+1)-f(x)$$

隣との差——確かに Δ は「差分」という名前に値する演算といえる。

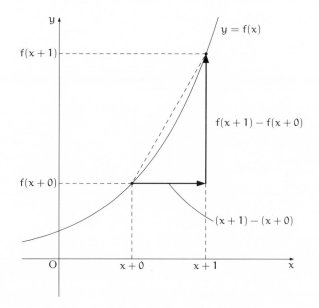

　連続的な世界の微分と、離散的な世界の差分を並べてみよう。対応が明確になるように冗長に書く。

$$\text{連続的な世界の微分} \quad \longleftrightarrow \quad \text{離散的な世界の差分}$$

$$Df(x) \quad \longleftrightarrow \quad \Delta f(x)$$

$$\lim_{h \to 0} \frac{f(x+h) - f(x+0)}{(x+h) - (x+0)} \quad \longleftrightarrow \quad \frac{f(x+1) - f(x+0)}{(x+1) - (x+0)}$$

6.3　微分と差分

　……ミルカさんは楽しそうだ。彼女の話を聞いていると、いつのまにか引き込まれ、別世界へと連れていかれる。

　あ、でも、ちゃんと話しておかなくては。

　「ミルカさん、あの、僕の隣に座っていた子のことだけど……」

　彼女はノートから顔を上げ、僕のほうを向く。彼女はけげんな表情を一瞬だけ浮かべ、すぐに視線を数式に戻す。

「あの子は、僕の中学時代の後輩なんだ。それで——」

「知ってる」

「え？」

「このあいだ、そう言ってた。きみが」

彼女はノートから顔を上げない。

「——それで、ときどき数学を教えているんだ」と僕は言った。

「それも知ってる」

「……」

「具体的に言わなくては伝わらないな」

彼女はそう言うと、シャープペンを指先でくるっと回した。

◎　　◎　　◎

6.3.1　一次関数 x

具体的に言わなくては伝わらないな。抽象的な $f(x)$ ではなく、具体的な関数で考えてみよう。

たとえば、一次関数 $f(x) = x$ で微分と差分を比べてみることにする。

まずは微分。

$$
\begin{aligned}
Df(x) = Dx & \qquad f(x) = x \text{ から} \\[2mm]
& = \lim_{h \to 0} \frac{(x+h) - (x+0)}{(x+h) - (x+0)} \qquad \text{微分演算子 } D \text{ の定義から} \\[2mm]
& = \lim_{h \to 0} 1 \\[2mm]
& = 1
\end{aligned}
$$

そして差分。

$$\Delta f(x) = \Delta x \qquad\qquad f(x) = x \text{ から}$$

$$= \frac{(x+1) - (x+0)}{(x+1) - (x+0)} \qquad\qquad \text{差分演算子 } \Delta \text{ の定義から}$$

$$= 1$$

微分も差分も同じ 1 になる。これで、関数 $f(x) = x$ の微分と差分は一致することがわかった。

6.3.2 二次関数 x^2

次に、二次関数 $f(x) = x^2$ について考えてみよう。今度は微分と差分が一致するかな。

微分。

$$Df(x) = Dx^2 \qquad\qquad f(x) = x^2 \text{ から}$$

$$= \lim_{h \to 0} \frac{(x+h)^2 - (x+0)^2}{(x+h) - (x+0)} \qquad\qquad \text{微分演算子 } D \text{ の定義から}$$

$$= \lim_{h \to 0} \frac{2xh + h^2}{h} \qquad\qquad \text{整理した}$$

$$= \lim_{h \to 0} 2x + h \qquad\qquad h \text{ を約分した}$$

$$= 2x$$

そして差分。

$$\Delta f(x) = \Delta x^2 \qquad\qquad f(x) = x^2 \text{ から}$$

$$= \frac{(x+1)^2 - (x+0)^2}{(x+1) - (x+0)} \qquad \text{差分演算子 } \Delta \text{ の定義から}$$

$$= (x+1)^2 - x^2 \qquad\qquad \text{整理した}$$

$$= 2x + 1$$

x^2 の微分は $2x$ だけれど、差分は $2x+1$ になった。先ほどのように微分と差分は一致しない。これでは、つまらないね。うまい対応付けを考えたい。どうする？

問題 6-2
連続的な世界の関数 x^2 に対応する、離散的な世界での関数を定義せよ。

……「どうする？」というミルカさんの問いかけを受けて僕は考える。微分と差分の対応付け。でも、いいアイディアは浮かばない。答えが出てきそうにないのを確かめると、ミルカさんはゆっくり話し始める。彼女の声はやわらかく響く。

◎　　◎　　◎

実はね、そもそも、連続的な世界の x^2 に、離散的な世界の x^2 を対応付けようとしたのがよくなかったんだよ。離散的な世界では、x^2 の代わりにこんな関数を考えてみよう。

$$f(x) = (x - 0)(x - 1)$$

$f(x) = (x-0)(x-1)$ の差分を計算するね。

$$\Delta f(x) = \Delta (x-0)(x-1)$$
$$= ((x+1)-0)((x+1)-1) - ((x+0)-0)((x+0)-1)$$
$$= (x+1)\cdot x - x\cdot(x-1)$$
$$= 2x$$

ほら、これで微分と一致した。

つまりね、連続的な世界の x^2 と、離散的な世界の $(x-0)(x-1)$ とを対応付けることにするの。

x^n という冪との対応がはっきりとわかるように、新たに $x^{\underline{n}}$ という下降階乗冪を考えることにする。こんなふうに対応を付けるんだ。

$$\begin{array}{ccc} 冪 & \longleftrightarrow & 下降階乗冪 \\ x^2 = x\cdot x & \longleftrightarrow & x^{\underline{2}} = (x-0)(x-1) \end{array}$$

次のように冗長に書けば、対応がもっとよくわかる。

$$x^2 = \lim_{h\to 0}(x-0)(x-h) \qquad \longleftrightarrow \qquad x^{\underline{2}} = (x-0)(x-1)$$

解答 6-2 （離散的な世界の x^2）

$$x^{\underline{2}} = (x-0)(x-1)$$

ここで使った、下降階乗冪 $x^{\underline{n}}$ は、次のように定義する。

下降階乗冪の定義（n は正の整数）

$$x^{\underline{n}} = \underbrace{(x-0)(x-1)\cdots(x-(n-1))}_{n \text{ 個}}$$

例を挙げよう。

$$x^{\underline{1}} = (x-0)$$
$$x^{\underline{2}} = (x-0)(x-1)$$
$$x^{\underline{3}} = (x-0)(x-1)(x-2)$$
$$x^{\underline{4}} = (x-0)(x-1)(x-2)(x-3)$$

6.3.3 三次関数 x^3

じゃ今度は $f(x) = x^3$ について考えてみよう。
まずは微分。

$$
\begin{aligned}
Df(x) &= Dx^3 \\
&= \lim_{h \to 0} \frac{(x+h)^3 - (x+0)^3}{(x+h) - (x+0)} \\
&= \lim_{h \to 0} \frac{(x^3 + 3x^2h + 3xh^2 + h^3) - x^3}{h} \\
&= \lim_{h \to 0} \frac{3x^2h + 3xh^2 + h^3}{h} \\
&= \lim_{h \to 0} 3x^2 + 3xh + h^2 \\
&= 3x^2 \qquad\qquad\qquad h \text{ を含まない項が残る}
\end{aligned}
$$

　離散的な世界では、x^3 の対応物として、$x^{\underline{3}} = (x-0)(x-1)(x-2)$ を考える。さあ、$x^{\underline{3}}$ の差分を計算するよ。

$$
\begin{aligned}
\Delta f(x) &= \Delta x^{\underline{3}} \\
&= \Delta(x-0)(x-1)(x-2) \\
&= ((x+1)-0)((x+1)-1)((x+1)-2) \\
&\quad - ((x+0)-0)((x+0)-1)((x+0)-2) \\
&= (x+1)(x-0)(x-1) \\
&\quad - (x-0)(x-1)(x-2) \\
&= \Big((x+1)-(x-2)\Big)\underbrace{(x-0)(x-1)}_{\text{くくり出した}} \\
&= 3(x-0)(x-1) \\
&= 3x^{\underline{2}}
\end{aligned}
$$

下降階乗冪 $x^{\underline{n}}$ を使えば、微分と差分をきちんと対応付けることができる。

$$
\begin{aligned}
x^3 &\quad\longleftrightarrow\quad & x^{\underline{3}} = (x-0)(x-1)(x-2) \\
Dx^3 = 3x^2 &\quad\longleftrightarrow\quad & \Delta x^{\underline{3}} = 3x^{\underline{2}}
\end{aligned}
$$

一般的に書こう。

$$
\begin{aligned}
x^n \text{ の微分} &\quad\longleftrightarrow\quad & x^{\underline{n}} \text{ の差分} \\
Dx^n = nx^{n-1} &\quad\longleftrightarrow\quad & \Delta x^{\underline{n}} = nx^{\underline{n-1}}
\end{aligned}
$$

6.3.4　指数関数 e^x

　私たちは、微分演算子 D に対する差分演算子 Δ を定義した。さらに、微分と差分の対応をフルに使って、冪 x^n に対する下降階乗冪 $x^{\underline{n}}$ を定義した。
　では今度は、指数関数 e^x について考えてみよう。いわば離散的な世界の指数関数を探すんだ。

問題 6-3
連続的な世界の指数関数 e^x に対応する、離散的な世界での関数を定義
せよ。

指数関数 e^x は、その式が示す通り、定数 e を x 乗するという関数だ。定数
e は自然対数の底と呼ばれている無理数で、その値は $2.718281828\cdots$ であ
る。——というのは大事な知識だけれど、いまはもっと大きな視点に立つ。

指数関数 e^x は連続的な世界でどんな性質を持っているだろうか。

ここでは微分と関連付けて指数関数の本質を考えよう。

指数関数 e^x の最も重要な性質、それは《微分しても形が変わらない》と
いうものだ。つまり、e^x を微分して得られる関数は、やはり e^x になる。ま
あ、e^x を微分しても形が変わらないように e という定数が定義されている
んだから、当然なんだけれどね。

さて、《微分しても形が変わらない》という性質は、微分演算子 D を使っ
て次のような微分方程式で表現することができる。

$$D e^x = e^x$$

ここまでが、連続的な世界における指数関数の話。

ここからは、離散的な世界の話。いまから求める離散的な世界の指数関数
を $E(x)$ と呼ぶことにしよう。すると、$E(x)$ は《差分しても形が変わらない》
という性質を持っていてほしい。この性質は、差分演算子 Δ を使って、次の
式で表現できる。こちらは差分方程式だ。

$$\Delta E(x) = E(x)$$

演算子 Δ の定義によって左辺を展開しよう。

$$E(x+1) - E(x) = E(x)$$

これを整理して、次の漸化式を得る。

$$E(x + 1) = 2 \cdot E(x)$$

この漸化式が 0 以上の整数 x に対して成り立つ——というのが関数 E(x) の性質だ。括弧の中を 1 ずつ減らし、そのたびに 2 を掛けていけば、この漸化式は簡単に解ける。

$$
\begin{aligned}
E(x + 1) &= 2 \cdot E(x) \\
&= 2 \cdot 2 \cdot E(x - 1) && E(x) = 2 \cdot E(x - 1) \text{ を使った} \\
&= 2 \cdot 2 \cdot 2 \cdot E(x - 2) && E(x - 1) = 2 \cdot E(x - 2) \text{ を使った} \\
&= 2 \cdot 2 \cdot 2 \cdot 2 \cdot E(x - 3) && E(x - 2) = 2 \cdot E(x - 3) \text{ を使った} \\
&= \cdots \\
&= 2^{x+1} \cdot E(0)
\end{aligned}
$$

すなわち、次の式を得る。

$$E(x + 1) = 2^{x+1} \cdot E(0)$$

E(0) の値は何と定義したらよいだろう。$e^0 = 1$ だから、それに合わせて E(0) = 1 とするのが妥当だ。以上から、指数関数 e^x に対応する関数 E(x) は次の形と定義しよう。

$$E(x) = 2^x$$

これで、次のような対応関係を作ることができた。

解答 6-3 （指数関数）

$$
\begin{array}{ccc}
\text{連続的な世界} & \longleftrightarrow & \text{離散的な世界} \\
e^x & \longleftrightarrow & 2^x
\end{array}
$$

　離散的な世界での指数関数が 2 の冪乗というのは、どこか納得のいく対応付けだと思わない？

6.4　二つの世界を行きめぐる旅

　「微分 $\leftrightarrow$ 差分」を考えたから、今度は「積分 $\leftrightarrow$ 和分」を考えるね。ここでは結果だけ書こう。

$$
\begin{aligned}
\int 1 &= x & &\longleftrightarrow & \sum 1 &= x \\
\int t &= \frac{x^2}{2} & &\longleftrightarrow & \text{、} \sum t &= \frac{x^2}{2} \\
\int t^2 &= \frac{x^3}{3} & &\longleftrightarrow & \sum t^2 &= \frac{x^3}{3} \\
\int t^{n-1} &= \frac{x^n}{n} & &\longleftrightarrow & \sum t^{n-1} &= \frac{x^n}{n} \\
\int t^n &= \frac{x^{n+1}}{n+1} & &\longleftrightarrow & \sum t^n &= \frac{x^{n+1}}{n+1}
\end{aligned}
$$

　ここで、$\int$ のほうはすべて $\int_0^x$ とし、$\sum$ のほうはすべて $\sum_{t=0}^{x-1}$ とする。象徴的に、以下のような対比も可能だ。

$$
\begin{aligned}
D &\longleftrightarrow \Delta \\
\int &\longleftrightarrow \sum
\end{aligned}
$$

　$\int$ はローマ文字の S で、$\sum$ はギリシア文字の S だと考えると、なおいっそう対比を楽しめる。連続的な世界はローマに、離散的な世界はギリシアにあるのかもね。

◎　　◎　　◎

　……僕は、ミルカさんの話を振り返る。連続的な世界での知識を元にして、僕たちは離散的な世界を探ってきた。それは、厳密な定義を求めるとい

うよりも、適切な定義を求めるプロセスだ。微分に対応する差分を考え、それを土台にして x^n に対応する $x^{\underline{n}}$ を考えた。さらには、微分方程式ならぬ差分方程式を使って、e^x に対応する 2^x を見つけ出した。

　二つの世界を行きめぐる旅。この自由な感覚は何だろう。この楽しさは、いったいどこから来るんだろう。

　ミルカさんの話を聞きながら、僕は、彼女の《すぐそば》にいられないとしても、せめて《すぐ隣》にはいたいものだ、と思った。

$$\odot \quad \odot \quad \odot$$

　それはさておき……。

　「ねえ、ミルカさん。さっきの話。あの子はこれからも質問に来るから……」

　「あの子?」

　「僕の後輩」

　「名前は?」

　「——テトラちゃん。あの子は、これからも僕のところに質問に来るから……」

　「……だから、きみの隣には——私はもう座るな、と?」ミルカさんは、ノートに何か書きながらそう言った。こちらを見ない。

　「え?　——いや、違う違う。もちろん、ミルカさんは僕の隣にいつでも座っていいし、何をしてもいいんだよ。僕が言いたいのは、ただ、椅子を蹴飛ばしたりしな——」

　「わかった」とミルカさんが顔を上げて、僕の言葉をさえぎった。なぜか、にこにこしている。「図書室で数学。きみの後輩。名前はテトラ。もう覚えたから大丈夫」

　うーん、いったい何が大丈夫なんだ?

　「数学に戻ろう。ねえ、次は何を考える?」とミルカさんは言った。

コンボリューション

この解法はうまくて間違いがないように見えるけれども、
どうしたらそれを思いつくことができるだろうか。
この実験はうまくて事実を示すように思われるが、
どうしたらそれが発見できたであろうか。
どうしたら私は自分でそれを思いついたり発見したりできるであろうか。
——ポリヤ [1]

7.1 図書室

7.1.1 ミルカさん

高校二年の冬。

「この問題読んだ？」

放課後の図書室。お気に入りの席に着いて、計算を始めようとしていた僕のところに、ミルカさんがやってきた。僕の前に紙を一枚置き、立ったまま机に両手をつく。

「何？」と僕が言う。

「村木先生からの問題」と彼女が言う。

紙にはこう書いてあった。

問題 7-1

$$0 + 1 = (0 + 1)$$
$$1 \text{ なら } 1 \text{ 通り } (C_1 = 1)。$$

$$0 + 1 + 2 = (0 + (1 + 2))$$
$$= ((0 + 1) + 2)$$
$$2 \text{ なら } 2 \text{ 通り } (C_2 = 2)。$$

$$0 + 1 + 2 + 3 = (0 + (1 + (2 + 3)))$$
$$= (0 + ((1 + 2) + 3))$$
$$= ((0 + 1) + (2 + 3))$$
$$= ((0 + (1 + 2)) + 3)$$
$$= (((0 + 1) + 2) + 3)$$
$$3 \text{ なら } 5 \text{ 通り } (C_3 = 5)。$$

$$0 + 1 + 2 + 3 + \cdots + n = ?$$
$$n \text{ なら何通りか } (C_n = ?)。$$

「何だか問題文が長いなあ。もっとストレートに書けばいいのに」僕は紙から顔を上げて言う。

「ふうん……。ストレートに書け。必要かつ十分な長さで書け。定式化して書け。用語を定義して書け。あいまいさを残さずに書け。威厳を持ち、香気を放ち、心打つほどの単純さを以て書け。……と言うのね」

「うん、その通り」と僕は言った。

「まあ、よしとしようよ。漸化式まではすぐにできたよ」

「ちょっと待った。ミルカさん、これ、いつもらった？」

「お昼休み。職員室に顔出したときにね。ちょっとフライングしたことになるか。確かに渡したよ。きみはここでゼロから考える。私はあちらで考え

る。それじゃ」

　ミルカさんはひらひらと手を振って、優雅に窓際の席へ移動する。僕の目はミルカさんをずっと追っていく。窓の向こうには、葉が落ちたプラタナスが見え、さらにその向こうには冬の青空が広がっている。晴れているけれど、ずいぶん寒そうだ。

　僕は高校二年生。ミルカさんは同級生だ。僕たちは数学教師の村木先生から、ときどき問題を出してもらう。先生は変わり者だけど、僕たちのことを気に入っている。

　ミルカさんは数学が得意だ。僕も苦手じゃないけれど、彼女にはかなわない。僕が図書室で数式を展開して楽しんでいると、ミルカさんはちょっかいを掛けにくる。シャープペンを取り上げ、僕のノートに勝手に書き込みながら、講義を始める。まあ、そんな時間が楽しくないわけでもないけれど……。

　ミルカさんが熱心に話すのを聞くのは好きだし、目をつむって考えている彼女を眺めるのも悪くない。メタルフレームの眼鏡がよく似合う、すっきりした頬のラインが……。

　いや、そんなことより、問題に取り掛かろう。彼女は向こうで考えている。漸化式まではできたと言ってたっけ。彼女のことだから、すぐに解いてしまうかもしれないな。

　解くべき問題を整理しよう。

　$0+1$,　$0+1+2$,　$0+1+2+3$,　$\ldots$ という式があって、それに括弧が付いている。1 なら 1 通り、2 なら 2 通り、3 なら 5 通り、と書かれているから、**括弧の付け方の場合の数**を求めることが問題だ。$0+1+2+3+\cdots+n$ という式に括弧を付ける場合の数を求めることが目標。

　n は何を表しているか。$0+1+2+3+\cdots+n$ という式は 0 から始まっているから、加える数の個数は $n+1$ になる。n は、$0+1+2+3+\cdots+n$ という式に含まれている《プラス（+）の個数》を表すと考えてもいい。

　括弧の付け方のルールはどうか。プラスの左と右に式――項と呼ぼう――が 1 個ずつある。つまり、$(0+1)$ や $(0+(1+2))$ のように 2 項の和（およびその組み合わせ）は OK だけれど、$(0+1+2)$ のように 3 項の和は考えないということだろう。

　セオリー通り、まず**具体例**で考える。問題文では $n = 1, 2, 3$ の場合の例

が書かれているから、$n = 4$ の場合を作ってみよう。ええと、……げっ、意外と多いな。

$$0 + 1 + 2 + 3 + 4 = (0 + (1 + (2 + (3 + 4))))$$
$$= (0 + (1 + ((2 + 3) + 4)))$$
$$= (0 + ((1 + 2) + (3 + 4)))$$
$$= (0 + ((1 + (2 + 3)) + 4))$$
$$= (0 + (((1 + 2) + 3) + 4))$$
$$= ((0 + 1) + (2 + (3 + 4)))$$
$$= ((0 + 1) + ((2 + 3) + 4))$$
$$= ((0 + (1 + 2)) + (3 + 4))$$
$$= (((0 + 1) + 2) + (3 + 4))$$
$$= ((0 + (1 + (2 + 3))) + 4)$$
$$= ((0 + ((1 + 2) + 3)) + 4)$$
$$= (((0 + 1) + (2 + 3)) + 4)$$
$$= (((0 + (1 + 2)) + 3) + 4)$$
$$= ((((0 + 1) + 2) + 3) + 4)$$

14 通りもあるのか。「4 なら 14 通り」ということか。

書いているうちに規則性が見えてきたぞ。規則性が見えてきたということは、「括弧の付け方の場合の数」に関する漸化式に近づいたということだ。

具体例の次は**一般化**だ。問題では、プラスが n 個あるときの「括弧の付け方の場合の数」を C_n と呼んでいる。さっき数えたのはプラスが 4 個ある場合。すなわち、$C_4 = 14$ になる。これまでに、$C_1 = 1$、$C_2 = 2$、$C_3 = 5$、$C_4 = 14$ がわかった。あ、それから、$C_0 = 1$ と見なしてもいいだろう。ここまでを表にまとめると、次のようになる。

n	0	1	2	3	4	...
C_n	1	1	2	5	14	...

C_5 はずっと大きくなるんだろうな。さて、次の一歩は「C_n に関する漸化式を作る」ことだ。ここが考えどころ。そして最終目標は「C_n を n について閉じた式で表すこと」だ。

では、漸化式を作ろう、と構えたところに、図書室の入り口から女の子が小走りにやってきた。

テトラちゃんだった。

7.1.2 テトラちゃん

「あ、あああっ。先輩」テトラちゃんは僕のすぐそばまでやってきて、あわてて話し始める。「もう勉強開始してしまいましたか。遅かったですかぁ」

テトラちゃんは高校一年生。僕の後輩だ。子リスか子犬か子猫のように僕になついていて、ときどき数学の質問を持ってくる。わからない問題を聞きにくるだけじゃなく、本質的な疑問をぶつけてくることもある。いささかバタついているところが難点と言えなくもないが。

「ん、急ぎ?」

「いえ、いえいえいえ。いいです。お聞きしたいことがあっただけなのです」テトラちゃんは、手のひらを僕に向けて、左右に振りながら三歩後退。「お邪魔になってはまずいので、またお帰りのときにでも……。今日も下校時間までいらっしゃいますよね?」

「そうだね。瑞谷女史の宣言までは計算していると思う。一緒に帰る?」

僕はちらっと窓際に目を向ける。ミルカさんは机にきちんと座り、紙をじっと見ているようだ。向こうを向いていて、表情はよくわからない。身動きもしない。

「はいっ、ぜひぜひぜひ。ではっ」

テトラちゃんは踵を合わせ、気をつけをし、大げさに敬礼して回れ右をする。そのまままっすぐ図書室から出ていった。出がけに一瞬だけミルカさんのほうに目を走らせたけれど。

7.1.3 漸化式

さて、「括弧付けの場合の数」の漸化式に戻ろう。

0から4までの5個の数があるとき、その間には4個のプラスがある。考えてみれば、いま求めたいのは括弧の付け方の場合の数なのだから、実際に

加える数には意味がない。つまり、

$$((0 + 1) + (2 + (3 + 4)))$$

という式を考える代わりに、

$$((A + A) + (A + (A + A)))$$

という式を考えてもよい。

　漸化式を作るためには、《括弧を付ける》ということの背後にある構造を見抜き、規則性を見出す必要がある。この式はプラスが 4 個あるから、プラスが 3 個以下の場合に帰着させてみよう。つまり、

$$\underbrace{((A + A) + (A + (A + A)))}_{\text{プラスが 4 個}}$$

というパターンを、こんなふうにとらえる。

$$(\; \underbrace{(A + A)}_{\text{プラスが 1 個}} + \underbrace{(A + (A + A))}_{\text{プラスが 2 個}})\;)$$

　ふむ。見えてきたぞ。最後のプラス——つまり、一番最後に加えるプラスがどこにあるかに着目しよう。上の式の場合には、左から 2 番目が最後のプラスだ。式は、最後のプラスによって、左と右の式に大きく二分されている。プラスの位置を、左から順にずらしていけば、排他的で網羅的な分類、つまり類別ができる。プラスが 4 個の式は以下の 4 パターンに類別できるな。最後のプラスに丸印を付けると、次のようになる。

$$((A)\oplus(A + A + A + A))$$

$$((A + A)\oplus(A + A + A))$$

$$((A + A + A)\oplus(A + A))$$

$$((A + A + A + A)\oplus(A))$$

　この類別だと、$(A + A + A + A)$ のように括弧付けが済んでいない 3 項以上の和を含んでしまう。でも、これは、プラスの個数がさらに少ない場合

に帰着できる。うん、これで漸化式が作れそうだ。

プラスが4個のパターン、すなわち

$$(A + A + A + A + A \text{ のパターン})$$

というのは、以下のパターンに類別できる。

（A のパターン）のそれぞれに対して（A + A + A + A のパターン）
（A + A のパターン）のそれぞれに対して（A + A + A のパターン）
（A + A + A のパターン）のそれぞれに対して（A + A のパターン）
（A + A + A + A のパターン）のそれぞれに対して（A のパターン）

ここで発想を「パターンの個数」に移す。「プラスが n 個ある式に括弧を付ける場合の数」を C_n で表せば、これで C_n に関する漸化式ができるはずだ。

「それぞれに対して」という表現は「場合の数の積」に対応することに着目して、$n = 4$ の場合、すなわち C_4 を式で表してみよう。C_4 は、次の4つの項の和になる。

$$C_0 \times C_3, \quad C_1 \times C_2, \quad C_2 \times C_1, \quad C_3 \times C_0$$

つまり、C_4 はこのように書ける。

$$C_4 = C_0 C_3 + C_1 C_2 + C_2 C_1 + C_3 C_0$$

よしよし。これで一般化ができる。

$$C_{n+1} = C_0 C_{n-0} + C_1 C_{n-1} + \cdots + C_k C_{n-k} + \cdots + C_{n-0} C_0$$

美しい式が出てきたな。$\sum$ を使って、構造がよく見えるようにしよう。

$$C_0 = 1$$

$$C_{n+1} = \sum_{k=0}^{n} C_k C_{n-k} \quad (n \geqq 0)$$

よしっ。これで漸化式のできあがりだ。

さっそく**検算**してみよう。

$C_0 = 1$

$$C_1 = \sum_{k=0}^{0} C_k C_{0-k} = C_0 C_0 = 1$$

$$C_2 = \sum_{k=0}^{1} C_k C_{1-k} = C_0 C_1 + C_1 C_0 = 1 + 1 = 2$$

$$C_3 = \sum_{k=0}^{2} C_k C_{2-k} = C_0 C_2 + C_1 C_1 + C_2 C_0 = 2 + 1 + 2 = 5$$

$$C_4 = \sum_{k=0}^{3} C_k C_{3-k} = C_0 C_3 + C_1 C_2 + C_2 C_1 + C_3 C_0 = 5 + 2 + 2 + 5 = 14$$

$1, 1, 2, 5, 14$ と、最初に調べた具体例と合っている。

これでやっと、ミルカさんがさっき言ってた「漸化式まではすぐにできる」という段階まで来た。なかなか時間がかかったぞ。

「下校時間です」

司書の瑞谷先生がやってきて宣言した。先生は、いつもタイトなスカートを穿き、サングラスと見まごうほど色の濃い眼鏡を掛けている。ふだんは奥の司書室にいて、定時になると音もなく図書室の真ん中にやってきて、下校時間を宣言するのが常だ。時計のような瑞谷女史。

おっと。そういえばミルカさんは?

見回したけれど、彼女はどこにもいなかった。

C_n の漸化式

$$\begin{cases} C_0 &=& 1 \\ C_{n+1} &=& \displaystyle\sum_{k=0}^{n} C_k C_{n-k} & (n \geqq 0) \end{cases}$$

7.2　帰り道における一般化

「ねえ、先輩。《一般化》って、何ですか」テトラちゃんは、大きな目をいつものように輝かせ、明るい声で僕に問いかける。

僕とテトラちゃんは、並んで歩きながら駅に向かっていた。あれからミルカさんを探したんだけれど、どこにもいなかった。カバンもなかったから、先に帰ってしまったんだろう。何だか変な気分。村木先生の問題をもう解いたということなんだろうか。帰るなら一声かけてくれればいいのに。

薄暗くなってきたけれど、街路灯はまだ点いていない。僕たちは、住宅地を抜けていく複雑な道を通る。これが学校から駅までの最短経路なのだ。普段のテトラちゃんはバタバタしているのに、帰りの道のときだけは不思議に歩き方が遅い。彼女のペースに合わせて歩く。

「一般化の話を、一般的にするのは難しいね。たとえば、数学の公式を考えよう。2 や 3 のような具体的な数が公式に含まれていたとする。その公式を、任意の整数 n について成り立つ公式にするというのは代表的な《一般化》だと思うよ」

「任意の整数 n について成り立つ公式……ですか？」

「そう。2 や 3 という個々の数についての公式じゃない。整数は無数にあるから、$2, 3, 4, \ldots$ についての公式を一つ一つ列挙することはできない。いや、いくつか列挙することはできるけれど、すべてを列挙し尽くすことはできない。その代わりに、変数 n を含んだ式を作る。そして、その変数 n にどんな整数を当てはめても公式が成り立つようにする。それが《任意の整数について成り立つ公式》だよ。《すべての整数について成り立つ公式》と表現してもいい」

「変数 n……」

「一般化するときは新たな変数が出てくることが多いね。いわば《変数の導入による一般化》といえる」

テトラちゃんが大きなくしゃみをした。

「寒いの？　……そういえば、マフラーしてないね」

「はい。今朝、あわてて家を出たもので……」ぐしゅん、と鼻を鳴らす。

「じゃ、これ貸すよ。よければ、どうぞ」僕は自分のマフラーを彼女に渡す。

「あ、ありがとうございます。——うわ、あったかい……。でも、今度は先輩が寒いですよね」

「大丈夫、大丈夫」

「すみません。マフラーを《分けっこ》できたらいいんですけれど」

「——それは大胆な」

「え？ ……あちゃちゃ。ちがいます、ちがいます。そういう意味じゃなくて……」彼女はあせって手をばたばた上下させる。僕はくすくす笑う。

「と、ところでですね。さっきの《任意の整数について成り立つ公式》の話ですけど、もうちょっと詳しく……」テトラちゃんは話題を戻した。手の上下運動を繰り返して体勢を立て直したらしい。

「はいはい。でも実際のところ、歩きながらだと数式が書けないから、説明しにくいんだよね。《ビーンズ》で説明しようか。もし時間があれば」

「あります、ありますっ」テトラちゃんは急に早足になり、僕を追い越していく。マフラーをぐるぐる巻いた彼女は何とも可愛らしい。

「せんぱーい。はやくう」振り向いて僕を呼ぶテトラちゃんの吐く息が白い。

7.3 《ビーンズ》における二項定理

駅前の《ビーンズ》で、コーヒーを飲みながら、僕たちは数式を展開する。たとえば、こんな公式があるよね。

$$(x+y)^2 = x^2 + 2xy + y^2$$

「はい。えーと……これは x と y についての恒等式ですね」

うん。ここでは x + y という式を 2 乗したとき、展開したらどうなるかが示されている。次の式は 3 乗だ。

$$(x+y)^3 = x^3 + 3x^2y + 3xy^2 + y^3$$

　これはこれでいいんだけれど、この式を指数に関して《一般化》してみよう。つまり、2 乗や 3 乗の公式ではなく、「n 乗の公式」にするんだね。$(x + y)^n$ の展開式を求めようというわけだ。

問題 7-2

n を 1 以上の整数とする。次の式を展開せよ。

$$(x + y)^n$$

　まず、一般化する前に、自分が知っている具体的な知識を整理しよう。**具体例**を作って観察するんだよ。それは、自分が問題を理解していることの確認でもある。《例示は理解の試金石》だね。$(x + y)^n$ で、n が $1, 2, 3, 4$ の場合を書くと、次のようになる。

$$
\begin{aligned}
(x+y)^1 &= x + y \\
(x+y)^2 &= x^2 + 2xy + y^2 \\
(x+y)^3 &= x^3 + 3x^2y + 3xy^2 + y^3 \\
(x+y)^4 &= x^4 + 4x^3y + 6x^2y^2 + 4xy^3 + y^4
\end{aligned}
$$

　それから、**一般化**に入る。いまから求めたいのは、次のような式だ。

$$(x + y)^n = x^n + \cdots + y^n$$

　x^n の項と y^n の項が出てくるのはわかる。あとは、$x^n + \cdots + y^n$ の $\cdots$ のところを埋めればよい。
　「……覚えていません。すみません」とテトラちゃんが言う。
　え、違うよ違うよ。思い出すんじゃなく、考えるんだよ。考える。
　次のように考えてみよう。

$$(x + y)^1 = (x + y)$$
$$(x + y)^2 = (x + y)(x + y)$$
$$(x + y)^3 = (x + y)(x + y)(x + y)$$
$$(x + y)^4 = (x + y)(x + y)(x + y)(x + y)$$
$$\vdots$$
$$(x + y)^n = \underbrace{(x + y)(x + y)(x + y) \cdots (x + y)}_{n \text{ 個}}$$

「これは納得です。$(x + y)^n$ は $(x + y)$ を n 回掛けたものですからね」

　そう。ところで、n 個の $(x + y)$ を乗じるとき、一つ一つの $(x + y)$ から、x か y のどちらかを選んで掛け算をすることになる。たとえば 3 乗の場合には、3 個並んでいる $(x + y)$ のそれぞれから、x と y のいずれかを 1 個ずつ選んで掛ける。すべての選び方を考え、x と y のうちで選んだほうに ◯ で印を付けてみよう。

$$\left(\textcircled{x} + y\right) \left(\textcircled{x} + y\right) \left(\textcircled{x} + y\right) \quad \rightarrow \quad xxx = x^3$$
$$\left(\textcircled{x} + y\right) \left(\textcircled{x} + y\right) \left(x + \textcircled{y}\right) \quad \rightarrow \quad xxy = x^2y$$
$$\left(\textcircled{x} + y\right) \left(x + \textcircled{y}\right) \left(\textcircled{x} + y\right) \quad \rightarrow \quad xyx = x^2y$$
$$\left(\textcircled{x} + y\right) \left(x + \textcircled{y}\right) \left(x + \textcircled{y}\right) \quad \rightarrow \quad xyy = xy^2$$
$$\left(x + \textcircled{y}\right) \left(\textcircled{x} + y\right) \left(\textcircled{x} + y\right) \quad \rightarrow \quad yxx = x^2y$$
$$\left(x + \textcircled{y}\right) \left(\textcircled{x} + y\right) \left(x + \textcircled{y}\right) \quad \rightarrow \quad yxy = xy^2$$
$$\left(x + \textcircled{y}\right) \left(x + \textcircled{y}\right) \left(\textcircled{x} + y\right) \quad \rightarrow \quad yyx = xy^2$$
$$\left(x + \textcircled{y}\right) \left(x + \textcircled{y}\right) \left(x + \textcircled{y}\right) \quad \rightarrow \quad yyy = y^3$$

これですべてを尽くしている。これを全部足し合わせると、

$$xxx + xxy + xyx + xyy + yxx + yxy + yyx + yyy$$
$$= x^3 + x^2y + x^2y + xy^2 + x^2y + xy^2 + xy^2 + y^3$$

つまり、

$$x^3 + 3x^2y + 3xy^2 + y^3$$

になる。これが求める式だ。$(x + y)(x + y)(x + y)$ という「和の積」が、$x^3 + 3x^2y + 3xy^2 + y^3$ という「積の和」になった。これは展開だね。逆に「積の和」を「和の積」にするのは因数分解。

「はい、よくわかります。……何だか、$xxx, xxy, xyx, \ldots , yyy$ という並びには規則性がありそうですね」

うん。なかなか鋭いね、テトラちゃん。

「へっへー」照れながら、ちらっと舌を出す。

じゃ、もう少し先に進もう。n 個の $(x + y)$ から、x または y の片方を選び出すんだ。《すべてが x になる選び方》は何通りあるかな。

「ええと。必ず x を選ぶんだから……ひと通りですね」

そうだね。では、《x を $n - 1$ 個、y を 1 個選ぶ選び方》はどうかな。

「ええと、一番右の y を選んで残りは x を選ぶ場合、右から 2 番目の y だけを選ぶ場合、……ってやればいいので、n 通りですね!」

はい正解。では、またまた一般化だよ。《x を $n - k$ 個、y を k 個選ぶ選び方》は何通りだろう。

「えとえと、うーんと、n は $(x + y)$ の個数ですよね。k って何ですか」

それはいい質問。k は、一般化のために導入された変数で、選んだ y の個数を表している。k は整数で、$0 \leqq k \leqq n$ という条件を満たしている。さっき、僕は $k = 0$(すべてが x になる場合)と $k = 1$(y が 1 個だけの場合)を聞いたよね。

「ははあ。それでは、n 個のものから k 個選ぶ場合の数ってことですね。選ぶ順番はもう決まっているから、組み合わせ……でしたっけ」

そう。組み合わせだね。y を k 個選び、x を $n - k$ 個選ぶ組み合わせは、次の式で表せる。

$$\binom{n}{k} = \frac{(n - 0)(n - 1) \cdots (n - (k - 1))}{(k - 0)(k - 1) \cdots (k - (k - 1))}$$

これが $x^{n-k}y^k$ の係数だ。

「先輩、質問です」テトラちゃんはまっすぐ右手を上げる。「$\binom{n}{k}$ って何です
か。組み合わせって $_nC_k$ ですよね。それならわかるんですけれど……」

ああ、$\binom{n}{k}$ と $_nC_k$ はまったく同じ。数学の本では、組み合わせを $\binom{n}{k}$ と
書いてるのをよく見かけるよ。あ、そうだ。行列やベクトルも、$\binom{n}{k}$ と似た
書き方をするけれど、そちらは組み合わせとは無関係。

「はい、わかりました。もう一つ質問です。組み合わせって、

$$_nC_k = \frac{n!}{k!(n-k)!}$$

だと覚えていたんですけれど、先輩の式は違いますね」

いや。$(n-k)!$ の部分を約分してみればわかるけれど、同じだよ。たとえ
ば、5 個のものから 3 個のものを選ぶ組み合わせを考えてみると……

$$
\begin{aligned}
_5C_3 &= \frac{5!}{3!(5-3)!} \\
&= \frac{5!}{3! \cdot 2!} \\
&= \frac{5 \cdot 4 \cdot 3 \cdot 2 \cdot 1}{3 \cdot 2 \cdot 1 \cdot 2 \cdot 1} \\
&= \frac{5 \cdot 4 \cdot 3 \cdot \cancel{2 \cdot 1}}{3 \cdot 2 \cdot 1 \cdot \cancel{2 \cdot 1}} \\
&= \frac{5 \cdot 4 \cdot 3}{3 \cdot 2 \cdot 1} \\
&= \binom{5}{3}
\end{aligned}
$$

ね、同じだよね。

組み合わせは、**下降階乗冪**（かこうかいじょうべき）を使うと、もっとシンプルに書ける。下降階
乗冪っていうのは、$x^{\underline{n}}$ と書いて、n 段の階段を下降していくような積だよ。
つまり、こういうこと。

$$x^{\underline{n}} = \underbrace{(x-0)(x-1)(x-2)\cdots(x-(n-1))}_{n\,個の因子}$$

普通の階乗 $n!$ は下降階乗冪でこう書ける。

$$n! = n^{\underline{n}}$$

下降階乗冪を使えば、$\binom{n}{k}$ はこんなに美しく書ける。

$$\binom{n}{k} = \frac{n^{\underline{k}}}{k^{\underline{k}}}$$

---

n 個のものから k 個を選ぶ組み合わせの数

$$\begin{aligned}
_nC_k &= \binom{n}{k} \\
&= \frac{n!}{k!(n-k)!} \\
&= \frac{(n-0)(n-1)\cdots(n-(k-1))}{(k-0)(k-1)\cdots(k-(k-1))} \\
&= \frac{n^{\underline{k}}}{k^{\underline{k}}}
\end{aligned}$$

「え、ええと……」

ごめん、ちょっと横道にそれちゃった。話を戻そう。$(x+y)^n$ を展開した式が得られたところだね。規則性がわかりやすいように 冗 長 な書き方をしよう。

$$(x+y)^n = (y\ を\ 0\ 個選ぶ)$$
$$+(y\ を\ 1\ 個選ぶ)$$
$$+\cdots$$
$$+(y\ を\ k\ 個選ぶ)$$
$$+\cdots$$
$$+(y\ を\ n\ 個選ぶ)$$

$$= \binom{n}{0}x^{n-0}y^0$$
$$+\binom{n}{1}x^{n-1}y^1$$
$$+\cdots$$
$$+\binom{n}{k}x^{n-k}y^k$$
$$+\cdots$$
$$+\binom{n}{n}x^{n-n}y^n$$

各項で変化している部分に注目して、$\sum$ を使って表せば、次の式を得る。この式を**二項定理**という。

解答 7-2 $(x+y)^n$ **の展開（二項定理）**

$$(x+y)^n = \sum_{k=0}^{n}\binom{n}{k}x^{n-k}y^k$$

最初からこのような展開式を提示してもなかなか覚えられない。でも、自分の手を動かして導出した経験があると、覚えることはそれほど難しくない。いざとなったら自分で導き出せるようになるまで練習すると、いつのまにか覚えていて、導出の必要がなくなる——というのは逆説的だけれどもおも

しろい話だと思うね。

「先輩……∑ が出ると、急に難しく感じるんですが……」

不安になったら、いつでも ∑ が表している項を具体的に書き上げるといいよ。$k = 0$ の場合、$k = 1$ の場合、$k = 2$ の場合というようにね。慣れるまではそれが大事。

「はいっ。……それにしても、《組み合わせ》がこんなところに出てくるのですね。確率を勉強したときに、白い玉と赤い玉を選ぶ組み合わせという問題で、たくさん掛け算をした記憶があります。約分の練習みたいでした。でも、こんなふうに式の展開に組み合わせの数が出てくるのは知りませんでした」

さて、今度は**検算**だ。具体例を考えて、一般化した。それが済んだら必ず検算をする。ここでさぼっちゃだめだよ。$n = 1, 2, 3, 4$ で確かめよう。

$$(x + y)^1 = \sum_{k=0}^{1} \binom{1}{k} x^{1-k} y^k$$

$$= \binom{1}{0} x^1 y^0 + \binom{1}{1} x^0 y^1$$

$$= x + y$$

$$(x + y)^2 = \sum_{k=0}^{2} \binom{2}{k} x^{2-k} y^k$$

$$= \binom{2}{0} x^2 y^0 + \binom{2}{1} x^1 y^1 + \binom{2}{2} x^0 y^2$$

$$= x^2 + 2xy + y^2$$

$$(x + y)^3 = \sum_{k=0}^{3} \binom{3}{k} x^{3-k} y^k$$

$$= \binom{3}{0} x^3 y^0 + \binom{3}{1} x^2 y^1 + \binom{3}{2} x^1 y^2 + \binom{3}{3} x^0 y^3$$

$$= x^3 + 3x^2 y + 3xy^2 + y^3$$

$$(x + y)^4 = \sum_{k=0}^{4} \binom{4}{k} x^{4-k} y^k$$

$$= \binom{4}{0} x^4 y^0 + \binom{4}{1} x^3 y^1 + \binom{4}{2} x^2 y^2 + \binom{4}{3} x^1 y^3 + \binom{4}{4} x^0 y^4$$

$$= x^4 + 4x^3 y + 6x^2 y^2 + 4xy^3 + y^4$$

　テトラちゃんは式を一つ一つ確かめてから 頷く。「公式の中に文字がたくさん出てくると『うわあっ、ややこしそう』って感じてたんですけど、一般化した結果だと思うと何だか納得です。文字が増えるのはしょうがないのですね」

　うん。具体的な公式を無限個用意する代わりに、n という変数を導入した公式を一つだけ用意したんだね。一般化した公式だ。各項の部分も k とい

う変数を使って一般化してあるね。

「はい、でも……n－kやkがごちゃごちゃして、覚えるのはたいへんそうです」

n－kとkとを別々に考えるんではなく《和がnだ》と覚えるんだ。そして、その和のバランスを0からnまで変えていく。始めはxの指数がnで最大。そのときyの指数は0で最小。そしてxの指数を1減らすごとに、yの指数を1増やす。最後になるとxの指数は最小0になり、yの指数が最大nになっている。そんなふうに考えるんだ。kは現在のバランス位置なんだね。

$$
\begin{array}{ll}
k=0 & x\ x\ x\ x\ x\ x\,| \\
k=1 & x\ x\ x\ x\ x\,|\,y \\
k=2 & x\ x\ x\ x\,|\,y\ y \\
k=3 & x\ x\ x\,|\,y\ y\ y \\
k=4 & x\ x\,|\,y\ y\ y\ y \\
k=5 & x\,|\,y\ y\ y\ y\ y \\
k=6 & |\,y\ y\ y\ y\ y\ y
\end{array}
$$

「ははあ……。xからyへ、少しずつ移っていくんですね」

その通り。全部でn乗するのを、xとyで分けたんだ。マフラーを《分けっこ》するようにね。

「せ、先輩っ！ そこに話題を戻しますか……」

7.4 自宅における母関数の積

夜中。家族は寝静まっている。僕は自室で一人、心おきなく考えにふける。C_nの漸化式はすでに手に入った。

$$C_0 = 1$$

$$C_{n+1} = \sum_{k=0}^{n} C_k C_{n-k} \quad (n \geqq 0)$$

僕はこれから、あることを試そうと思っている。それは、**母関数**による解

法だ。

　ミルカさんと僕は、フィボナッチ数列の一般項を求めたことがあった。あのとき彼女は、数列と母関数とを対応付けた。二つの国——《数列の国》と《母関数の国》を僕たちは渡り歩いた。

　僕はノートを広げ、記憶をたどりながら書き始める。

　数列 $\langle a_0, a_1, a_2, \ldots, a_n, \ldots \rangle$ が与えられたとき、数列の各項を係数に持つ、$a_0 + a_1 x + a_2 x^2 + \cdots + a_n x^n + \cdots$ という形式的な冪級数を考える。これが母関数だ。そして、以下のような対応関係を考え、数列と母関数とを同一視する。

$$
\begin{array}{ccc}
\text{数列} & \longleftrightarrow & \text{母関数} \\
\langle a_0, a_1, a_2, \ldots, a_n, \ldots \rangle & \longleftrightarrow & a_0 + a_1 x + a_2 x^2 + \cdots + a_n x^n + \cdots
\end{array}
$$

　このような対応を考えれば、無限に続く数列を、たった一つの母関数で表せる。そしてさらに、その母関数を閉じた式で表せたら、素晴らしいもの——数列の一般項の閉じた式——が得られるのだ。

　ミルカさんと僕とは、母関数を使ってフィボナッチ数列の一般項を求めた。手からぼろぼろとこぼれていく数列を、母関数という一本の糸でつなぎとめる。あれはどきどきする経験だった。

　僕は、あの解き方を、今回の問題でも試してみようと思う。

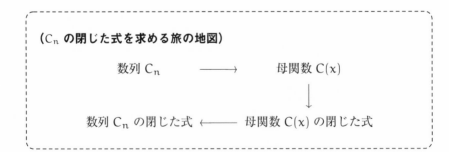

（C_n の閉じた式を求める旅の地図）

$$
\begin{array}{ccc}
\text{数列 } C_n & \longrightarrow & \text{母関数 } C(x) \\
& & \downarrow \\
\text{数列 } C_n \text{ の閉じた式} & \longleftarrow & \text{母関数 } C(x) \text{ の閉じた式}
\end{array}
$$

　n 個のプラスからなる式に括弧を付ける場合の数を C_n とし、数列 $\langle C_0, C_1, C_2, \ldots, C_n, \ldots \rangle$ を考える。

　次に、この数列の母関数を $C(x)$ とする。x は数列を混濁させないための形式的な変数だ。x^n の指数 n が、C_n の添字 n に対応する。$C(x)$ は次のような姿になる。

$$C(x) = C_0 + C_1 x + C_2 x^2 + \cdots + C_n x^n + \cdots$$

　以上は母関数の定義通り。ここまでは、ぜんぜん頭は使っていない。そう。母関数の国に渡るのは簡単なのだ。

　頭を使うのはここからだ。

　いま僕が手にしている武器は C_n の漸化式だけだ。この漸化式を使って**$C(x)$ の閉じた式を求める**のが次の一歩だ。$C(x)$ の《x について閉じた式》を求めよう。その式には n は出てこないはず。

　しかし……だ。今回の漸化式はフィボナッチ数列のときのように単純じゃない。あのときは確か、母関数に x を乗じて、係数を《ずらす》という操作を行い、それから足したり引いたりするだけで、n が消えてくれた。

　でも、今回の漸化式の $C_{n+1} = \sum_{k=0}^{n} C_k C_{n-k}$ は手ごわそうだ。$C_k C_{n-k}$ という積を $\sum$ で加えている。ややこしい「積の和」の形だ。

　ん？

　「積の和」……だって？

　しかも、C_k と C_{n-k} は、「添字の和が n」……か。

　ほう。

　僕は、テトラちゃんに言った自分のセリフを思い出した。

> 　　……$n-k$ と k とを別々に考えるんではなく、《和が n》だと覚えるんだ。そして、その和のバランスを 0 から n まで変えていく……

　今回の漸化式に出てくる $\sum_{k=0}^{n} C_k C_{n-k}$ も似ている。C_k と C_{n-k} で、添字の和が n になる。そして、その和のバランスを変えるように、k を 0 から n まで動かしている。

　いま手にしている漸化式 $C_{n+1} = \sum_{k=0}^{n} C_k C_{n-k}$ の主張はこうだ。$\sum_{k=0}^{n} C_k C_{n-k}$ という、うまい形の「積の和」を作ることができたら、それを C_{n+1} というシンプルな項に置き換えられる、と。

思い出そう。どういう場面で「積の和」が出てきたのかを。

　　　　……$(x+y)(x+y)(x+y)$ という「和の積」が、$x^3+3x^2y+3xy^2+y^3$ という「積の和」になった。これが展開だね……

「和の積」を展開したら「積の和」になった、という話か。

よしっ。

ポイントは積にありそうだ。**母関数の積**を作ってみよう。手を動かして計算すれば、きっと何かがわかる。

母関数は $C(x)$ しかないから、これを 2 乗する。何が出てくるか……。母関数はこうだ。

$$C(x) = C_0 + C_1 x + C_2 x^2 + \cdots + C_n x^n + \cdots$$

だから、2 乗は……こうなる。

$$C(x)^2 = (C_0 C_0) + (C_0 C_1 + C_1 C_0)x + (C_0 C_2 + C_1 C_1 + C_2 C_0)x^2 + \cdots$$

定数項は $C_0 C_0$ で、x の係数は $C_0 C_1 + C_1 C_0$ で、x^2 の係数は $C_0 C_2 + C_1 C_1 + C_2 C_0$ か。

では、一般化して——テトラちゃんの大きな目を思い出しながら——式 $C(x)^2$ の x^n の係数を書き表してみよう。

書く、書く、書く。シャープペンが走る音。

……できた。これが x^n の係数だ。

$$C_0 C_n + C_1 C_{n-1} + \cdots + C_k C_{n-k} + \cdots + C_{n-1} C_1 + C_n C_0$$

添字に注目する。$C_k C_{n-k}$ で、左の添字 k はだんだん大きくなり、右の添字 $n-k$ は小さくなる。k は 0 から n までの範囲を動く。

ここまで冗長に書くとかえってわかりにくいな。$\sum$ を使おう。一般的に書けば、x^n の係数は、

$$\sum_{k=0}^{n} C_k C_{n-k}$$

になる。これは $C(x)^2$ という式の「x^n の係数」なんだから、式 $C(x)^2$ そのものは二重和の形になって……こう書ける。

$$C(x)^2 = \sum_{n=0}^{\infty} \underbrace{\left(\sum_{k=0}^{n} C_k C_{n-k} \right)}_{x^n \text{ の係数}} x^n$$

出てきた。

出てきたぞ。

うまい形の「積の和」$\sum_{k=0}^{n} C_k C_{n-k}$ が出てきた。うまい形の「積の和」ができたから、その部分は漸化式を使って簡略化できるはず。漸化式によれば、

$$\sum_{k=0}^{n} C_k C_{n-k}$$

を、

$$C_{n+1}$$

という単純な項に置き換えられる。

つまり……

母関数 $C(x)$ の 2 乗はかなり簡略化できるぞ。$\sum_{k=0}^{n} C_k C_{n-k}$ を C_{n+1} で置き換えよう。

$$C(x)^2 = \sum_{n=0}^{\infty} \left(\sum_{k=0}^{n} C_k C_{n-k} \right) x^n$$
$$= \sum_{n=0}^{\infty} C_{n+1} x^n$$

おお、二重和が一重和になった！

ちょっと待て。C_{n+1} の添字と x^n の指数が 1 ずれている。

うーん……あ、そうだ。ずれの解消はフィボナッチ数列のときに経験済みだった。ずれている分だけ x を掛ければよい。両辺に x を掛ける。

$$x \cdot C(x)^2 = x \cdot \sum_{n=0}^{\infty} C_{n+1} x^n$$

右辺の x を $\sum$ の中に入れてやろう。

$$x \cdot C(x)^2 = \sum_{n=0}^{\infty} C_{n+1} x^{n+1}$$

$n = 0$ の部分を、$n + 1 = 1$ と読みかえる。添字と指数に合わせるためだ。

$$x \cdot C(x)^2 = \sum_{n+1=1}^{\infty} C_{n+1} x^{n+1}$$

そして $n + 1$ をすべて機械的に n で置き換える。

$$x \cdot C(x)^2 = \sum_{n=1}^{\infty} C_n x^n$$

よしっ。右辺の $\sum_{n=1}^{\infty} C_n x^n$ は、ほとんど母関数 $C(x)$ に等しい。ただ C_0 の分を引いてやればいいだけだ。

$$x \cdot C(x)^2 = \sum_{n=0}^{\infty} C_n x^n - C_0$$

これで、n が消えるぞ！

$$x \cdot C(x)^2 = C(x) - C_0$$

$C_0 = 1$ を使い、式を整理すると、

$$x \cdot C(x)^2 - C(x) + 1 = 0$$

$C(x)$ についての**二次方程式**が出てきた。仮に $x \neq 0$ として解くと次の式が得られる。

$$C(x) = \frac{1 \pm \sqrt{1 - 4x}}{2x}$$

ふう。

うまくいった。

母関数の積によって、うまい形の「積の和」ができて、閉じた式が導けた。母関数の積がこれほど強力だとは。

母関数 $C(x)$ がどうして $\pm$ の 2 個になるのかわからないし、そもそも $\sqrt{1-4x}$ の部分をどうするか、謎が深まった気もするけれど。

何はともあれ、n は消えた。

僕は、母関数 $C(x)$ の閉じた式を手に入れた。

あとは、この閉じた式を冪級数展開すればいいんだ。

7.5 図書室

7.5.1 ミルカさんの解

次の日。放課後の図書室。僕の隣にはミルカさん。

「始めは漸化式を立てたけれど——」とミルカさんは早口で話し始めた。「——途中で方針変更したよ」

「え、漸化式を解いたんじゃないってこと？」

「漸化式は解いていない。うまい対応が見つかったんだ」

（うまい対応？）

僕がノートを広げると、ミルカさんはさっそく書き始める。

「たとえば、$n = 4$ のときのこういう式を例にして考えよう。

$$((0 + 1) + (2 + (3 + 4)))$$

これをよく見ると、こんなふうに『閉じ括弧』を消してしまっても、復元できる。

$$((0 + 1 + (2 + (3 + 4$$

閉じ括弧を復元できるのは『プラスがつなぐのは 2 項』という制約のおかげだよ」

「なるほど。二つ目の項が出そろったところに閉じ括弧を挿入すればよい
のか」僕は少し考えてから答える。僕は $((A+A)+(A+(A+A)))$ でやめ
てしまったけれど、もっと簡単にできたんだ。

ミルカさんは唇の端をちょっとあげて微笑む。

「もっと言えば、数字すら書く必要はないんだよ。これでいい。

　　　　（（＋＋（＋（＋

これでも復元できる。プラスの左側に数を書けばよい。最後の4だけはプラ
スの右側だけれど」

「なるほど」と僕は言う。

「要するに括弧の付け方の場合の数というのは、『開き括弧』と『プラス』
を並べる場合の数で考えられる。$n=4$ のときを考えると、開き括弧4個と
プラス4個とを並べる場合の数を考えることになる。たとえば*という文字
を8個並べておく。

　　　　＊　＊　＊　＊　＊　＊　＊　＊

そして、どの4個を開き括弧に変えるかを考えるんだよ。

　　　　（（＊＊（＊（＊

さらに、開き括弧にならなかった残りの文字を自動的にプラスに変える。

　　　　（（＋＋（＋（＋

8個の文字（括弧とプラスが4個ずつ）から、開き括弧に変える4個を選
ぶ組み合わせ $\binom{8}{4}$ を考えた。これは $n=4$ のときの話。一般には、$2n$ 個の
文字（括弧とプラスが n 個ずつ）から、開き括弧に変える n 個を選ぶ組み合
わせ $\binom{2n}{n}$ を考える。——そのような組み合わせは、下図に描いたようなう
ねうね道の最短経路の数と等価だ。左下の S はスタート、右上の G はゴー
ル。矢印で示した道順は（（＋＋（＋（＋という文字列に対応する」

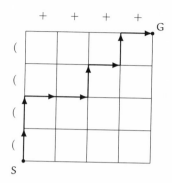

「それで、次に……」

「ちょっと待って——」僕は、どんどん話を進めようとするミルカさんを制する。

「——ミルカさん、それは絶対おかしい。だって、8個の中から任意の4個を選べるわけじゃない。たとえば、いくら括弧とプラスの個数が4個ずつになっていてもこんな並べ方はできないじゃないか。

$$(\; (\; + \; + \; + \; (\; ($$

ミルカさんの図に、（（＋＋＋（（に対応する経路を描いてみればよくわかる。この図で、○を付けた交差点を通るたどり方をカウントしちゃいけないんだ」

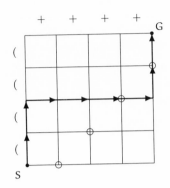

さえぎられたミルカさんは、むっとして言う。「話はまだ終わってない」

◎　◎　◎

　話はまだ終わってない。括弧とプラスを並べる途中、括弧の数をプラスの数が越えてはいけないという制約がある。

　括弧の数をプラスの数が越えるのはどういうときかというと、きみのいう通り、上の図で○を通るときだ。○を通らずに S から G まで行く場合の数が、C_n に等しい。

　制約を考えず、S から G まで行く場合の数は、$\binom{2n}{n}$ だ。

　では、S から G まで行く途中に○を一度でも踏む場合の数はどうか。

　初めて踏んだ○の場所を P とする。そのとき、P よりあと、進む向きをすべて入れ替えることにする。斜めの点線を鏡だと思い、P → G の途中で→に行くなら↑に、↑に行くなら→に進むんだ。すると、G ではなく G′ にたどり着く。

　G′ は G を鏡に映した地点だよ。要するに、((+ + + ((を ((+ + + (+ + に変換したことになるね。

　そう考えると、○を踏むすべての場合の数は、S から G′ に行く場合の数に一対一に対応する。縦横 2n 本の短い道のうちから、n + 1 本の横に行く道を選ぶ組み合わせになる。つまり、$\binom{2n}{n+1}$ になる。

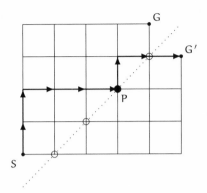

要するに、次の式が成り立つ。

$$C_n = (S \text{ から } G \text{ までの経路数}) - (S \text{ から } G' \text{ までの経路数})$$

さあ計算だ。急げ急げ。下降階乗冪をフル回転させるよ。

$$
\begin{aligned}
C_n &= \binom{2n}{n} - \binom{2n}{n+1} \\[2mm]
&= \frac{(2n)^{\underline{n}}}{(n)^{\underline{n}}} - \frac{(2n)^{\underline{n+1}}}{(n+1)^{\underline{n+1}}} \qquad \binom{n}{k} = \frac{n^{\underline{k}}}{k^{\underline{k}}} \text{ を使った} \\[2mm]
&= \frac{(n+1) \cdot (2n)^{\underline{n}}}{(n+1) \cdot (\ n)^{\underline{n}}} - \frac{(2n)^{\underline{n}} \cdot (n)}{(n+1) \cdot (n)^{\underline{n}}} \qquad \text{通分した}
\end{aligned}
$$

この通分、特に第 2 項はちょっとわかりにくいかな。下降階乗冪の意味を考えれば自明なんだけれど、補足しておこう。

分子のほうはこう変形した。(n) という《しっぽ》を取り出したんだ。

$$
\begin{aligned}
(2n)^{\underline{n+1}} &= (2n) \cdot (2n-1) \cdot (2n-2) \cdots (n+1) \cdot (n) \\
&= (2n)^{\underline{n}} \cdot (n)
\end{aligned}
$$

それから分母はこう変形した。今度は $(n+1)$ という《頭》を取り出す。

$$(n+1)^{\underline{n+1}} = (n+1) \cdot (n) \cdot (n-1) \cdots 2 \cdot 1$$
$$= (n+1) \cdot (n)^{\underline{n}}$$

ということで、C_n の計算を再開しよう。通分の後から。

$$C_n = \frac{(n+1) \cdot (2n)^{\underline{n}} - (2n)^{\underline{n}} \cdot (n)}{(n+1) \cdot (n)^{\underline{n}}}$$

$$= \frac{((n+1) - (n)) \cdot (2n)^{\underline{n}}}{(n+1) \cdot (n)^{\underline{n}}} \qquad \text{分子を } (2n)^{\underline{n}} \text{ でくくった}$$

$$= \frac{1}{n+1} \cdot \frac{(2n)^{\underline{n}}}{(n)^{\underline{n}}} \qquad \text{整理した}$$

$$= \frac{1}{n+1} \binom{2n}{n} \qquad \frac{n^{\underline{k}}}{k^{\underline{k}}} = \binom{n}{k} \text{ を使った}$$

よって、プラスが n 個の式に括弧を付ける場合の数はこうなる。

$$C_n = \frac{1}{n+1} \binom{2n}{n}$$

はい、これで、ひと仕事おしまい。さあ、検算してごらん。

◎　◎　◎

僕は、ミルカさんのシンプルな解法にショックを受けながら計算する。

$$C_1 = \frac{1}{1+1} \binom{2}{1} = \frac{1}{2} \cdot \frac{2}{1} \qquad\quad = 1$$

$$C_2 = \frac{1}{2+1} \binom{4}{2} = \frac{1}{3} \cdot \frac{4 \cdot 3}{2 \cdot 1} \qquad\quad = 2$$

$$C_3 = \frac{1}{3+1} \binom{6}{3} = \frac{1}{4} \cdot \frac{6 \cdot 5 \cdot 4}{3 \cdot 2 \cdot 1} \qquad = 5$$

$$C_4 = \frac{1}{4+1} \binom{8}{4} = \frac{1}{5} \cdot \frac{8 \cdot 7 \cdot 6 \cdot 5}{4 \cdot 3 \cdot 2 \cdot 1} = 14$$

「すごい……。確かに、$1, 2, 5, 14$ になっている！」

ミルカさんは、僕の言葉に満面の笑みを見せた。

解答 7-1

$$C_n = \frac{1}{n+1}\binom{2n}{n}$$

「じゃ、今度はきみの話を聞くよ」

7.5.2 母関数に立ち向かう

ミルカさんに水を向けられたけれど、彼女のエレガントな解答は、かなりのショックだった。母関数で考えようとしたのはいいけれど、ややこしい閉じた式ができただけで、進展は見込めそうにない。僕は分不相応なものに挑戦してしまったのか。母関数の積を作ったときの感動も吹き飛んだ。

悔しい。

ミルカさんは、何だかちょっと困ったような顔をする。「まあ、いいから、話してみてよ。漸化式を作って、それからどうしたの」とうながす。

僕は、母関数の解法を試そうと思ったこと、母関数の積を作って「うまい形の積の和」を作り出し、二次方程式にこぎつけ、母関数の閉じた式を手に入れたことまでを話した。母関数の国に渡ったのはいいけれど、数列の国に帰ってくることができない自分。

すごく、悔しい。

「ねえ、どんな式になったのかな」とミルカさんは言う。

僕は黙っている。

「ん？ どんな式？」彼女は僕の顔をのぞき込む。

僕はしかたなく、ノートに式を書く。

$$C(x) = \frac{1 \pm \sqrt{1-4x}}{2x}$$

「ふうん。難点は二つありそうね。± の部分と、それから、$\sqrt{1-4x}$ の部分」

「そんなことはわかっているよ。そこで詰まっているんだ」

いらだった僕の声には反応せず、ミルカさんは淡々と続けた。

「まず、± から考えてみるとしようよ」

ミルカさんは、数式をしばらく見てから目を閉じ、心持ち上に顔を向ける。そして、右手の人差し指をまっすぐ上に向けてくるくる回す。ゼロを描いて、ゼロを描いて、無限大を描き、目を開ける。

「定義に戻ってみよう。母関数 $C(x)$ はこうなっているね」

$$C(x) = C_0 + C_1 x + C_2 x^2 + \cdots + C_n x^n + \cdots$$

「ということは、$x = 0$ とすると、x を含む項はすべて消えて $C(0) = C_0$ になる。そこできみの見つけた閉じた式に戻るよ」

$$C(x) = \frac{1 \pm \sqrt{1-4x}}{2x}$$

「これで $C(0)$ はどうなるだろう」

「だめだよ。ゼロ割になるから、$C(0)$ は無限大になってしまう」僕は答える。だいぶ落ち着いてきた。ミルカさんにいらついてどうする。甘えてどうする。

「いや、ちがうよ」とミルカさんは首をゆっくり振る。「片方は無限大だけど、片方は不定だよ。$C(x)$ の ± のうち、プラスを使ったほうを $C_+(x)$ とおき、マイナスを使ったほうを $C_-(x)$ とおくと——

$$C_+(x) = \frac{1 + \sqrt{1-4x}}{2x}$$

$$C_-(x) = \frac{1 - \sqrt{1-4x}}{2x}$$

——になる。ゼロ割にならないように、分母を払って考えてみよう」

$$2x \cdot C_+(x) = 1 + \sqrt{1 - 4x}$$
$$2x \cdot C_-(x) = 1 - \sqrt{1 - 4x}$$

「$x = 0$ のとき左辺はどちらも 0 だね。式 $1 + \sqrt{1 - 4x}$ は 2 になってしまい、式 $1 - \sqrt{1 - 4x}$ のほうは 0 だ。ということは、どういうことかな」

「少なくとも $C_+(x)$ は不適切だということか……」

「おそらくは。母関数についてもっと深く学ばないときちんとは言えないけれど、少なくとも $C_+(x)$ を追うのは不毛。式発見のために追う母関数は $C_-(x)$ に絞れたことになる。次の目標は……何だと思う？」

「$\sqrt{1 - 4x}$ をどうするかだね」と僕は言う。

気持ちをだいぶ立て直した僕に、ミルカさんはにっこりする。

母関数 $C(x)$ の閉じた式

$$C(x) = \frac{1 - \sqrt{1 - 4x}}{2x}$$

7.5.3 マフラー

そのとき僕は、図書室の入り口にテトラちゃんが立っているのに気がついた。彼女は、並んで座っている僕とミルカさんを見ている。体の前に、小さな紙のバッグを両手で下げて、じっと立っている。いつからいたんだろう。

僕はテトラちゃんに軽く手を上げる。彼女はいつもと違う。こちらにゆっくり歩いてくる。少しもバタバタしていない。まじめな顔だ。

「……先輩。昨日はありがとうございました」

テトラちゃんは、静かな声でそう言って頭を下げ、紙バッグを差し出す。きちんとたたんだマフラーが入っている。

「ああ、うん。どういたしまして。風邪ひかなかった？」

「ええ、大丈夫です。マフラーを貸していただきましたし、温かい飲み物もご一緒できましたし」

テトラちゃんは、そう言ってミルカさんのほうへ視線を移す。僕もつられてミルカさんを見る。ミルカさんはシャープペンを持った手を止め、流れるように顔を上げる。バッグを一瞥してから、テトラちゃんを見る。二人の女の子は、無言のまま、互いの目を見る。

誰も、何も言わない。

四秒経過。

テトラちゃんは、ふう、と息を吐いてから僕のほうへ向き直る。

「今日は失礼いたします。数学、また教えてくださいね」テトラちゃんはそっと頭を下げ、図書室から出ていく。入り口で振り向いて、もう一度軽く礼をした。

ミルカさんはもう紙に向かい、数式を書き始めている。

「何か思いついた？」と僕が聞く。もちろん、$\sqrt{1-4x}$ のことだ。

ミルカさんは顔を上げず、式を書きながらひとこと答えた。

「手紙」

「えっ？」

「……手紙が入っている」ミルカさんは計算の手を止めずに言う。

僕はバッグを見る。手を入れて探る。マフラーの下に何かある。取り出すと、上品なオフホワイトのカード。ミルカさんは、なぜカードに気づいたんだろう。テトラちゃんの字で短いメッセージ。

　　　暖かいマフラーをありがとうございました。　テトラ

　　　　　　　P.S. また《ビーンズ》に誘ってくださいねっ！

7.5.4 最後の砦

僕たちは、問題に戻った。

母関数 $C(x)$ の閉じた式は次のように求められた。

母関数 $C(x)$ の閉じた式

$$C(x) = \frac{1 - \sqrt{1 - 4x}}{2x}$$

次の問題は、$\sqrt{1 - 4x}$ をどうするか、だ。

「流れが追えなくなってきたよ、ミルカさん。$C(x)$ の閉じた式を得て、それから……。フィボナッチ数列の一般項のとき、どうしてた？」

「$C(x)$ の閉じた式を使ってやるのは、x^n の係数を見つけること。要するに、冪級数に展開するということ」とミルカさんは言う。

「$\sqrt{1 - 4x}$ が邪魔だなあ。そもそも、$\sqrt{1 - 4x}$ がどうなればいいんだろう」と僕はつぶやく。

「冪級数に展開するしかないでしょ。たとえば、係数の数列に $\langle K_n \rangle$ という名前を付けて、こんなふうに展開できたとしよう」と言いながら、ミルカさんは式を示す。

$$\sqrt{1 - 4x} = K_0 + K_1 x + K_2 x^2 + \cdots + K_n x^n + \cdots$$
$$= \sum_{k=0}^{\infty} K_k x^k$$

「ところで、母関数 $C(x)$ は、こうだった。

$$C(x) = \frac{1 - \sqrt{1 - 4x}}{2x}$$

だから、分母を払って、

$$2x \cdot C(x) = 1 - \sqrt{1 - 4x}$$

になる。ここに、$C(x) = \sum_{k=0}^{\infty} C_k x^k$ および $\sqrt{1 - 4x} = \sum_{k=0}^{\infty} K_k x^k$ をあてはめると、こう書ける。

$$2x \sum_{k=0}^{\infty} C_k x^k = 1 - \sum_{k=0}^{\infty} K_k x^k$$

左辺は $2x$ を中に入れ、右辺は $k = 0$ の項を外に出す。

$$\sum_{k=0}^{\infty} 2C_k x^{k+1} = 1 - K_0 - \sum_{k=1}^{\infty} K_k x^k$$

左辺を $k = 1$ からスタートするように調整。

$$\sum_{k=1}^{\infty} 2C_{k-1} x^k = 1 - K_0 - \sum_{k=1}^{\infty} K_k x^k$$

$\sum$ を左辺に集める。

$$\sum_{k=1}^{\infty} 2C_{k-1} x^k + \sum_{k=1}^{\infty} K_k x^k = 1 - K_0$$

$\sum$ をまとめる。無限級数だから、和の順序を変えるためには、条件をきちんと述べなくちゃいけないんだけれど、いまは式発見に使うだけだから先に進もう。

$$\sum_{k=1}^{\infty} (2C_{k-1} + K_k) x^k = 1 - K_0$$

上の式が x についての恒等式になることから、両辺の係数を比較して、K_n と C_n の関係式を得ることができる。

$$0 = 1 - K_0 \qquad\qquad x^0 \text{ の係数を比較}$$

$$2C_0 + K_1 = 0 \qquad\qquad x^1 \text{ の係数を比較}$$

$$2C_1 + K_2 = 0 \qquad\qquad x^2 \text{ の係数を比較}$$

$$\vdots$$

$$2C_n + K_{n+1} = 0 \qquad\qquad x^n \text{ の係数を比較}$$

$$\vdots$$

これを整理して次の式を得る。

$$\begin{cases} K_0 & = & 1 \\[2mm] C_n & = & -\dfrac{K_{n+1}}{2} \qquad (n \geqq 0) \end{cases}$$

つまり、K_n を求めれば、C_n も自動的に得られることになる。最後の砦は、$\sqrt{1-4x}$ の展開だ」

7.5.5　陥落

ミルカさんは待ちきれないように言う。

「では、最後の砦を陥落しにいこう。いま、$K(x) = \sqrt{1-4x}$ とする。そして、

$$K(x) = \sum_{k=0}^{\infty} K_k x^k$$

としたときの $\langle K_0, K_1, \ldots, K_n, \ldots \rangle$ を求めることが目標だよ。どこから攻めこむのがいい？」

「すぐにわかるところからいこう」と僕は言った。

「ふうん。じゃ、K_0 はどうすればわかる？」

「$x = 0$ を試そう」と僕は即答する。「そうすれば、$\sum_{k=0}^{\infty} K_k x^k$ のうち、定

数項以外はすべて消える。つまり、

$$K(0) = K_0$$

ということだ」

「そうね。次はどうする？」とミルカさんが聞く。

「x を何にしたらいいかということ？」僕は聞き返す。

「違う。関数を解析する基本技術を早く使おうよ」ミルカさんはもどかしそうに言う。

「何？」

「**微分**よ。K(x) を x で微分すると、数列がシフトして、定数項に K_1 が来る。

$$K(x) = K_0 + K_1 x^1 + K_2 x^2 + K_3 x^3 + \quad \cdots \quad + K_n x^n + \cdots$$
$$K'(x) = 1K_1 + 2K_2 x^1 + 3K_3 x^2 + \cdots + nK_n x^{n-1} + \cdots$$

だから、

$$K'(0) = 1K_1$$

になる。なぜ 1 を明示的に書いているかはわかるよね。微分では指数が降りてくるから、そのパターンをつかむためだ。ここまでくれば、楽だよ。$K'(x)$ をさらに微分すると、

$$K''(x) = 2 \cdot 1K_2 + 3 \cdot 2K_3 x^1 \cdots + n \cdot (n-1)K_n x^{n-2} + \cdots$$

だから、x = 0 にすると、次のようになる。

$$K''(0) = 2 \cdot 1K_2$$

あとは、これの繰り返し。K(x) を n 回微分したものを $K^{(n)}(x)$ と表すことにすると、

$$K^{(n)}(x) = n(n-1)(n-2)\cdots 2 \cdot 1K_n$$
$$+ (n+1)n(n-1)(n-2)\cdots \text{ってもう、面倒だなあ……}$$

長たらしくなるから、下降階乗冪を使って書くよ。

$$K^{(n)}(x) = n^{\underline{n}}K_n$$
$$+(n+1)^{\underline{n}}K_{n+1}x^1$$
$$+\cdots$$
$$+(n+k)^{\underline{n}}K_{n+k}x^k$$
$$+\cdots$$

だから、$x = 0$ で、こうなる。

$$K^{(n)}(0) = n^{\underline{n}}K_n$$

つまり、$K^{(n)}(0)$ を使って K_n を表すことができる。要するにテイラー展開しているんだけれどね。

$$K_n = \frac{K^{(n)}(0)}{n^{\underline{n}}}$$

これで一段落」

ミルカさんは一息入れる。

「うーん。でも、ここからはどこにも行けないよ。行き止まりだ」と僕は言う。

「どうしてそんなことを言うのかな。いまは冪級数の形で $K(x)$ をとらえた。今度は普通の関数の形でとらえてみようよ」

「とらえる？」

「関数を解析する基本技術を使いましょう——また微分よ」

そう言って、ミルカさんはウインクした。こんなお茶目な彼女は初めてかもしれない。

「$K(x)$ の定義を思い出して……

$$K(x) = \sqrt{1-4x}$$

……ということは、平方根は $\frac{1}{2}$ 乗なので、こうよ。

$$K(x) = (1-4x)^{\frac{1}{2}}$$

出てくるパターンに注意しながら、繰り返し微分しよう。

$$K(x) = (1 - 4x)^{\frac{1}{2}}$$
$$K'(x) = -2 \cdot (1 - 4x)^{-\frac{1}{2}}$$
$$K''(x) = -2 \cdot 2 \cdot (1 - 4x)^{-\frac{3}{2}}$$
$$K'''(x) = -2 \cdot 4 \cdot 3 \cdot (1 - 4x)^{-\frac{5}{2}}$$
$$K''''(x) = -2 \cdot 6 \cdot 5 \cdot 4 \cdot (1 - 4x)^{-\frac{7}{2}}$$
$$\vdots$$
$$K^{(n)}(x) = -2 \cdot (2n - 2)^{\underline{n-1}} \cdot (1 - 4x)^{-\frac{2n-1}{2}}$$
$$K^{(n+1)}(x) = -2 \cdot (2n)^{\underline{n}} \cdot (1 - 4x)^{-\frac{2n+1}{2}}$$

$x = 0$ を代入すると、最後の式はこうなる。

$$K^{(n+1)}(0) = -2 \cdot (2n)^{\underline{n}}$$

さっき、冪級数で求めた式、きみが行き止まりだと言った式を引っ張り出して、$n + 1$ を考える。

$$K_{n+1} = \frac{K^{(n+1)}(0)}{(n + 1)^{\underline{n+1}}}$$

この二つの式から、次を得る。

$$K_{n+1} = \frac{-2 \cdot (2n)^{\underline{n}}}{(n + 1)^{\underline{n+1}}}$$

これで、K_{n+1} を得た。ぜんぜん行き止まりじゃないね。きみ、K_n と C_n の関係は覚えてる？

$$C_n = -\frac{K_{n+1}}{2}$$

あとはもう手の運動だ。

$$C_n = -\frac{K_{n+1}}{2}$$
$$= \frac{(2n)^{\underline{n}}}{(n+1)^{\underline{n+1}}}$$

分母は $(n+1)^{\underline{n+1}} = (n+1) \cdot n \cdot (n-1) \cdots 1 = (n+1) \cdot n^{\underline{n}}$ と変形できるね。

$$= \frac{(2n)^{\underline{n}}}{(n+1) \cdot n^{\underline{n}}}$$
$$= \frac{1}{n+1} \cdot \frac{(2n)^{\underline{n}}}{(n)^{\underline{n}}}$$
$$= \frac{1}{n+1} \cdot \binom{2n}{n}$$

よって、C_n が得られた。

$$C_n = \frac{1}{n+1} \binom{2n}{n}$$

はい、これで、ひと仕事おしまい。同じ式ができた。母関数の国から数列の国に帰ってきたことになるね」

ミルカさんはそこで、にこっと笑って言った。

「お帰りなさい」

7.5.6　半径がゼロの円

「ただいま……というか、ありがとう」僕は言う。

「なかなか、おもしろかったよ。楽しい旅だった」彼女は人差し指をまっすぐ立てる。

僕は、ミルカさんを見る。この人は、なんて……。ぶっきらぼうだけど優しい。冷静なようで熱い。僕は、ミルカさんのことが、やはり——。

ミルカさんが、ほんのわずか目を細め、立ち上がった。

「記念に——踊ってみたいな」

僕も立ち上がる。

（どういうこと？）

ミルカさんは僕のほうにすっと左手を伸ばす。僕は右手を伸ばし、小鳥をそっと止まらせるようにミルカさんの白い指先を乗せる。

（あたたかい）

僕たちは手をつないだまま、書棚の前の広いスペースに移動する。
ミルカさんは、僕の周りを円を描いてゆっくり歩む。
一歩。
また一歩。
軽いステップをときおり混ぜながら。
ミルカさんは、踊るように歩む。
放課後の図書室。僕たちの他には誰もいない。
彼女のかすかな足音だけが聞こえる。
「ミルカさんは——僕からいつも同じ距離だけ離れてる。円周上だね。単位円かな」
僕はいったい何を言っているんだろう。
ミルカさんは「ふうん」と言って足を止め「私たちの腕の長さの和が1ならね」と答えて目を閉じた。
ふと、僕は思い出す。

　　　……彼女の《すぐそば》にいられないとしても、せめて《すぐ隣》
　　　にはいたい……

そんなふうに考えたときのことを。

ミルカさんが目を開ける。

「半径がゼロでも——」と言いながら、ミルカさんは驚くほどの力で僕を

引き寄せる。

「半径がゼロでも——離れてる？」

そう言ってミルカさんは、眼鏡同士が触れそうなほどの距離まで、なめらかに顔を近づける。

僕は、何も言えない。

ミルカさんも、もう何も言わない。

半径がゼロでも円は円。たった一点からなる円。

そして、僕は。

僕たちは。

無言のまま、

ゆっくりと顔を漸近させ——

「下校時間です」

瑞谷女史の声が響いた。

僕たちの距離は、ゼロから一気に伸びる。

二人の腕の長さの和まで。

No.

Date ・ ・ ・

「僕」のノート

僕とミルカさんが一般項を導出した数列 $\langle C_n \rangle = \langle 1, 1, 2, 5, 14, \ldots \rangle$ は、カタラン数 (Catalan number) という。また、僕が考えていた「うまい形の積の和」はたたみ込みまたはコンボリューション (convolution) という。

数列と母関数とを対応付けると、《数列をたたみ込んだ数列》と《元の母関数を掛けて得られた関数》が対応付けられる。すなわち、数列 $\langle a_n \rangle$ と $\langle b_n \rangle$ のたたみ込みを $\langle a_n \rangle * \langle b_n \rangle$ で表すと、以下のような対応が付けられる。

$$\text{数列} \quad \leftrightarrow \quad \text{母関数}$$

$$\langle a_n \rangle = \langle a_0, a_1, \ldots, a_n, \ldots \rangle \quad \leftrightarrow \quad a(x) = \sum_{k=0}^{\infty} a_k x^k$$

$$\langle b_n \rangle = \langle b_0, b_1, \ldots, b_n, \ldots \rangle \quad \leftrightarrow \quad b(x) = \sum_{k=0}^{\infty} b_k x^k$$

$$\langle a_n \rangle * \langle b_n \rangle = \left\langle \sum_{k=0}^{n} a_k b_{n-k} \right\rangle \quad \leftrightarrow \quad a(x) \cdot b(x) = \sum_{n=0}^{\infty} \left(\sum_{k=0}^{n} a_k b_{n-k} \right) x^n$$

僕が夜中、自室で興奮しながら考えていたのはこのような対応だった。《数列の国》における「たたみ込み」は、《母関数の国》における「積」なのだ。

なんと美しい対応だろう。

第 8 章

ハーモニック・ナンバー

バッハは彼の諸声部を、あたかも仲間同士で語り合う人物のように考えた。
三つの声部があるとすれば、そのどれもがときには沈黙して、
自分が再びしかるべきことを言いたくなるまで、
他の者の話に耳を傾けるのである。

——フォルケル『バッハ小伝』(角倉一朗訳)

8.1 宝探し

8.1.1 テトラちゃん

「せーんぱいっ」

放課後。校門に立っていると、テトラちゃんがやってきた。

「こちらにいらしたんですね。図書室にいらっしゃらなかったので、どう
したのかなあ……と思っていたんです。これからお帰りなら、ご一緒して
も……あれ? それは?」

手にしていたカードを渡すと、彼女はそれをじっと見る。

（僕のカード）

$$H_\infty = \sum_{k=1}^{\infty} \frac{1}{k}$$

　テトラちゃんは高校一年生。僕の一年後輩だ。何かというと子犬みたいに僕のそばにやってくる。ときどき図書室で一緒に勉強する仲良しだ。よくしゃべるし、ちょっと落ち着きが足りないけれど、僕が息を飲むほど真面目な顔つきをすることもある。短めの髪に大きな目が可愛い。

　「これは……なんですか」テトラちゃんが顔を上げる。

　「ん、研究課題。この式からスタートして《おもしろいもの》は見つかるかな、という課題」

　「？」彼女は、よくわからないという顔をする。

　「この式は、宝物が隠された森のようなもの。あなたは宝物を掘り出せますか、ということだね。このカードは、村木先生からもらったんだ」

　「宝物を掘り出すっていうのは……」テトラちゃんは、もういちど僕のカードを見る。

　「うん、このカードを出発点にして、自分で問題を作り、それを解くということだよ」

　「へえ……。で、先輩はこの数式から、宝物を、もう？」

　「いや、まだだよ。でも、このカードを見て、すぐにわかることもある。この式は H_∞ の定義式だ。右辺の $\sum_{k=1}^{\infty} \frac{1}{k}$ は——」

　「あっ、ああああ、あああああああっ！」

　テトラちゃんの大声に僕はびっくりした。彼女は両手で口を押さえて赤くなる。

　「……す、すみません。先輩、何も言わないでください。あたしでも《宝物》を掘り出せるでしょうか」

　「どういうこと？」

　「この研究課題、あたしにも考えられるでしょうか。そういうの、いまま

でやったことないから、やってみたいんです。がんばって《宝物》掘り出し
ますから」

　そう言いながら、テトラちゃんはシャベルで穴を掘るジェスチャをする。

　「いいよ、もちろん。おもしろいものが見つかったら、レポートにして村
木先生に持っていくといいね」

　「えー、そんな、恐れ多い」

　彼女は、首をぶんぶんと横に振る。相変わらず、ダイナミックだなあ。

　「じゃ、そのカードはテトラちゃんにあげるよ。明日、図書室で話を聞く
から、まずは考えてごらん」

　「はいっ！　がんばりますっ！」

　テトラちゃんは、丸くて大きな目を輝かせて両手をぐっ、と握り締める。

　「先輩……。先輩は、あたしの――」

　そこでテトラちゃんは僕の背後を見て、言葉を切る。そして、小さな声で
（あちゃ）と言った。

　振り返ると、ミルカさんが立っていた。

8.1.2　ミルカさん

　「お待たせ」ミルカさんは僕に向かって微笑む。

　僕は、校門で二人の女の子にはさまれる格好になる。

　ミルカさんは高校二年生、僕のクラスメイトだ。長い髪に眼鏡がよく似合
う綺麗な人で、数学がとても得意。僕のノートに勝手に書き込みをしたり、
いきなり講義を始めたり、人の都合なんかお構いなしだけれど……。

　テトラちゃんは急にあたふたする。「お待ち合わせ、してらしたんです
ね……。あ、あたし――お邪魔でしたね。何だか、あの――失礼します」ぺ
こりと頭を下げて、半歩あとずさり。

　「ふうん……」

　ミルカさんは、ゆっくりテトラちゃんを見て、僕を見て、またテトラちゃ
んを見る。目を細めて微笑み、やわらかな声で言う。

　「いいのよ、テトラ。私は一人で帰るから」

　ミルカさんは、右手を伸ばしてテトラちゃんの頭をぽんぽん、と優しく叩

き、僕とテトラちゃんの間をすり抜けていった。

テトラちゃんは頭を叩かれて首をちょっとすくめ、大きな目をぱちぱちさせる。それから、ミルカさんの凛とした後ろ姿を目で追っていく。

離れていくミルカさんは、こちらを振り向きもせず、右手を軽く挙げてひらひらと振る。まるで、見送るテトラちゃんへあいさつするかのように。やがて、角を曲がって見えなくなった。

そんなやりとりの中、僕はといえば、声を出さないように耐えているのがやっとだった。ミルカさんは、僕のつま先を踏んづけていったのだ。

しかも、力いっぱい。

……かなり痛い。

8.2 すべての図書室に対話が存在する

次の日。放課後の図書室に人は少ない。

「どう？」と僕は言った。

テトラちゃんは泣きそうな顔でノートを開く。そこには、数式がたった一行だけ書かれていた。

$$\sum_{k=1}^{\infty} \frac{1}{k} = \frac{1}{1} + \frac{1}{2} + \frac{1}{3} + \cdots$$

「先輩……。やっぱり、数学だめです。あたし」

「いやいや、もとの数式の意味を捕まえようとしていたんだね。この式は間違いじゃないよ」

「先輩。でも、あたし、ここから何をしたらよいのか、さっぱりわかりません。何かおもしろいものを見つけたいんですけれど……」

「無限に続くものって、何となくわかった気になるけれど、きちんと取り扱うのは、とても難しいんだ。テトラちゃんのチャレンジ精神はたいしたもんだよ。ここから先は、一緒にやっていこうね」

「え、あ、すみません。貴重な時間を……」

「いや、大丈夫。少しずつ追いこう」

8.2.1　部分和と無限級数

「問題の式 $\sum_{k=1}^{\infty} \frac{1}{k}$ を見よう。この式でわかりにくいのは、$\overset{\text{無限大}}{\infty}$ の部分だね」

「えっと、無限大という数は……」

「$\overset{\text{無限大}}{\infty}$ は《数》じゃない。少なくとも普通は、数として扱わない。たとえば、実数に ∞ は含まれていない」

「あ、そうなんですか」

「そう。$\sum_{k=1}^{\infty} \frac{1}{k}$ と書くと、《k を 1 から ∞ まで変化させて $\frac{1}{k}$ を足し合わせる》と読みたくなる。でも、∞ という数がどこかにあって、そこまで k を変化させるというのは正しくない。無限級数 $\sum_{k=1}^{\infty} \frac{1}{k}$ は、部分和 $\sum_{k=1}^{n} \frac{1}{k}$ の極限として次のように定義されるんだ」

$$\sum_{k=1}^{\infty} \frac{1}{k} = \lim_{n \to \infty} \sum_{k=1}^{n} \frac{1}{k}$$

「あの、$\overset{\text{リム}}{\lim}$ っていうのは……」

「$\overset{\text{リミット}}{\text{limit}}$、つまり $\overset{\text{きょくげん}}{\text{極限}}$ のことだね。数学的な定義をきちんと話すと長くなるから、いまは簡単に説明するよ。数列 $a_0, a_1, a_2, \ldots$ があるとしよう。$\lim_{n \to \infty} a_n$ という式は、n をとても大きくしたときに、《a_n の値がどうなるか》を表現している数式だ。n をとても大きくしていくとき、a_n は《いくらでも大きくなる》かもしれない。《大きくなったり小さくなったりする》かもしれない。あるいはまた《一定の値に近づく》かもしれない。でね、$\lim_{n \to \infty} a_n$ という式は、a_n が近づく一定の値を表すと定義する。まあ、要するに $\lim_{n \to \infty} a_n$ という数式は a_n の《到達目標地点》を表しているんだね。到達目標地点が定まることを $\overset{\text{しゅうそく}}{\text{収束}}$ するという」

「ええと……難しいですね。でも、n をすごーく大きくしたときに、a_n がどうなるのかという話なのはわかりましたけれど……」

「うん。難しい——まあ、日常の言葉で表現するのが難しいから数式で書

くんだけどね。まずは、《到達目標地点は定義されたもの》ということは心に
留めておくこと。定義されたものであって、直観的にわかるとは限らない。
いきなり無限級数の値を求めるのではなく、部分和を考えてから $n \to \infty$ の
極限を考えるというのが正しい考え方だ」

「ご、ごめんなさい。無限級数と部分和の違いが、あたし、よくわかって
いないです……」

「これが無限級数。単に級数ともいう」

$$\sum_{k=1}^{\infty} (\text{k を使った式})$$

「これが部分和」

$$\sum_{k=1}^{n} (\text{k を使った式})$$

「どう、違いはわかった？」

「はい、∞ と n とが違う……。でも、n は変数なんですから、∞ にしても
同じなのでは……」

「いやいや、大違いだよ。確かに、n は変数だけれど、有限の数を表して
いる。∞ は数じゃないから n に代入するわけにはいかない。n に有限の数
を与えるということは、$\sum\limits^{n}$ で有限個の項を足すことになる。つまり計算結
果は必ず得られる。でも、$\sum\limits^{\infty}$ のように無限個の項を足そうとしたら、計算
結果が得られるとは限らない。さっき、ちらっと話したけれど、《どこまで
も大きくなる》や《大きくなったり小さくなったりする》という状況だった
ら、到達目標地点は定まらないよね。定まらない値を数として扱うわけには
いかない。到達目標地点が定まらないことを**発散**<ruby>発散<rt>はっさん</rt></ruby>するという。無限個のもの
を扱う場合には、こういった危ういところを渡るときがあるんだ」

「はい……無限には注意が必要、ということは理解しました。発散です
か——無限がからむと、数式を書いても値が定まらないことがあるんで
すね……」

「次は表記上の注意点。次の二つの式には点々（$\cdots$）が出てくる。無限を
表す点々は (1) と (2) のどちらかな」

$$\frac{1}{1} + \frac{1}{2} + \frac{1}{3} + \cdots + \frac{1}{n} \qquad (1)$$

$$\frac{1}{1} + \frac{1}{2} + \frac{1}{3} + \cdots \qquad (2)$$

「無限を表しているのは……(2) のほうですか？」

「その通り。(1) の $\frac{1}{1} + \frac{1}{2} + \frac{1}{3} + \cdots + \frac{1}{n}$ に出てくるのは無限を表す点々じゃない。場所が足りないから書いていないだけ。ここには有限の項しかない。値が必ず定まる。これは恐くない。でも、(2) の $\frac{1}{1} + \frac{1}{2} + \frac{1}{3} + \cdots$ に出てくる点々は無限を表している。ここには lim が隠れている。《もしかしたら値は定まらないかもね》とささやいている。有限の点々と無限の点々では意味がまったく異なるから注意が必要だ」

「同じに見える点々でも、違う意味になるんですね」

8.2.2　当たり前のところから

「おっと、また無限の話に入り込んじゃった。無限級数の前にまずは有限個の和に慣れなくては。$\overset{\text{シグマ}}{\sum}$ に慣れるため、n が $1, 2, 3, 4, 5$ の場合の式を具体的に書いてみよう」

$$\sum_{k=1}^{1} \frac{1}{k} = \frac{1}{1}$$

$$\sum_{k=1}^{2} \frac{1}{k} = \frac{1}{1} + \frac{1}{2}$$

$$\sum_{k=1}^{3} \frac{1}{k} = \frac{1}{1} + \frac{1}{2} + \frac{1}{3}$$

$$\sum_{k=1}^{4} \frac{1}{k} = \frac{1}{1} + \frac{1}{2} + \frac{1}{3} + \frac{1}{4}$$

$$\sum_{k=1}^{5} \frac{1}{k} = \frac{1}{1} + \frac{1}{2} + \frac{1}{3} + \frac{1}{4} + \frac{1}{5}$$

「ではこれから部分和について調べていくことにしよう。はじめに、$\sum_{k=1}^{n} \frac{1}{k}$ の値は《n で決まる》ことに注目する。だから、たとえば H_n のように書き表してもよい。これは H_n の定義式になる」

$$H_n = \sum_{k=1}^{n} \frac{1}{k} \qquad (H_n \text{ の定義式})$$

「ちょっ、ちょっとすみません。《n で決まる》というところが、よくわかりませんでした」

「うん、そうやって自分のわからない場所をきちんと聞くのは、テトラちゃんの良いところだね。5 とか 1000 とか、とにかく n の値を具体的に定めると、$\sum_{k=1}^{n} \frac{1}{k}$ という式の値も定まる。それが《n で決まる》という意味だよ。だから、n を添字に持たせて H_n と書くことができる。そうすれば、H_5 とか H_{1000} のように書ける。名前の付け方の話だ」

「どうして H という名前を付けたんですか」

「カードに H_∞ と書いてあったからね。その部分和なので H_n とした」

「あ、そうですか。ところで……H_n と書くと、n は残っていますけれど、k はなぜ消えちゃったんでしょうか」

「$\sum_{k=1}^{n} \frac{1}{k}$ の k は、$\sum$ の中だけで使う作業用の変数で、外からは見えないからだよ。この k のような変数のことを**束縛変数**という。$\sum$ の中に束縛されている変数という意味だね。別に k という名前である必要はなくて、好きな文字でいい。i, j, k, l, m, n などがよく使われるかな。あ、でも i は虚数単位 $\sqrt{-1}$ を表すのにも使うから、混乱しそうなときには使えない。それから、いつもなら束縛変数に n も使ってよいけれど、ここでは駄目。n はもう別の意味で使われているからね。$\sum_{k=1}^{n} \frac{1}{k}$ を $\sum_{n=1}^{n} \frac{1}{n}$ のように書いたら意味がおかしくなってしまう」

「はい、わかりました。すみません、話の腰を折ってしまって」

「いや、いいんだよ。わからないところを聞いてくれたほうが話しやすい」

僕たちは笑みを交わす。

8.2.3 命題

「では、$H_n = \sum_{k=1}^{n} \frac{1}{k}$ に関してわかることを列挙していこう。ほら《例示は理解の試金石》だよ。つぎの文は正しいかな」

$n = 1$ ならば、$H_n = 1$ である

「はい、正しいです。$H_1 = 1$ ですから。でも、こんなのは当たり前……そっか、《当たり前のところから出発するのはいいこと》なんでした」
「そうそう。よく覚えてるね。では、次の文は成り立つ?」

すべての正の整数 n について、$H_n > 0$ である

「はい、成り立ちます」
「このように、成り立つかどうか判断できる数学的な主張を**命題**という。命題は日本語や英語で書いてもよいし、数式で書いてもよい。……では、次の命題は成り立つだろうか」

すべての正の整数 n について、n が大きくなると、H_n も大きくなる

「ええと……はい、そうですね。n が大きくなるってことは、それだけ多く足していくってことですから」
「そうそう。正の数を足せば大きくなるよね。《n が大きくなると、H_n も大きくなる》というこの命題は、数式を使って次のように書いてもよい。このほうが厳密」

すべての正の整数 n について、$H_n < H_{n+1}$

「確かに、これは――この命題は成り立ちますね。でも……《n が大きくなると、H_n も大きくなる》よりも《$H_n < H_{n+1}$》のほうが厳密なんですか。厳密……うーん」
　僕はテトラちゃんが考えている間、じっと待つ。
「あっ、わかりました。《大きくなる》という動作的な表現と、不等号を

使った《大きい》という叙述的な表現との違いですね。ちょうど、英語の一般動詞と be 動詞のように」

「えっ……」

僕は、テトラちゃんの言葉に軽い衝撃を受ける。《大きくなる》と《大きい》の違い？ 一般動詞と be 動詞？ ——なるほど。確かにそうかもしれない。いつだったか、村木先生がちらっとそんな話をしていた。数列が変化していく様子を追う観点と、数列の各項の関係式で捉える観点——《手続き的な定義と宣言的な定義》の話題だ……。

「先輩……どうかしました？」

「いや、言われてみればそういう見方もあるな、と思ってね。でも、僕は《日常の言葉の代わりに数式を使うと、意味が厳密になる》という意味で言っただけなんだ。それにしても、テトラちゃん、きみって何者？」

「はに？」テトラちゃんは、くりっとした目を見開いて、首をかしげた。

「いや……。先に進もうか。次は成り立つかな」

すべての正の整数 n について、$H_{n+1} - H_n = \dfrac{1}{n}$　　（?）

「はい、成り立ちます。H_n は分数の和として定義されていますから、引き算して分数が出てくるのは当たり前ですね」

「残念、違います。$H_{n+1} - H_n = \dfrac{1}{n}$ は成り立ちません。右辺の分母が間違っている。次のように、分母が n じゃなくて $n+1$ なら成り立つよ」

すべての正の整数 n について、$H_{n+1} - H_n = \dfrac{1}{n+1}$

「え——あ、あれ？ あ、そっか。先輩っ。ひっかけ問題はひどいです」ぶつまねをするテトラちゃん。

「ごめんごめん。でも、ちゃんと確認しなきゃ駄目だよ」

「そうなんですけどぉ……」不満げに唇をとがらせる。

「ところで $H_{n+1} - H_n$ が何になるか、H_n の定義式からきちんと計算できるかな。やってごらん」

「はい。ええと……」

$$H_{n+1} - H_n = \sum_{k=1}^{n+1} \frac{1}{k} - \sum_{k=1}^{n} \frac{1}{k}$$

これは H_n の定義式そのままですよね。次に $\sum$ を具体的に書きます。

$$= \left(\frac{1}{1} + \frac{1}{2} + \cdots + \frac{1}{n} + \frac{1}{n+1} \right) - \left(\frac{1}{1} + \frac{1}{2} + \cdots + \frac{1}{n} \right)$$

はい、できました。それから、えっと、項の順序を変えます。

$$= \left(\frac{1}{1} - \frac{1}{1} \right) + \left(\frac{1}{2} - \frac{1}{2} \right) + \cdots + \left(\frac{1}{n} - \frac{1}{n} \right) + \frac{1}{n+1}$$

これでいいですよね、先輩。

$$= \frac{1}{n+1}$$

「はい、よくできました。今度はテトラちゃんが命題を何か見つけてごらん」

「うーん……じゃ、$H_{n+1} - H_n$ が出てきましたから——こういう命題はどうでしょう」

すべての正の整数 n について、n が大きくなると、$H_{n+1} - H_n$ は小さくなる

「うまいうまい。いいね。数式を使って書くとどうなるかな」

「こうでしょうか」

すべての正の整数 n について、$H_{n+1} - H_n > H_{n+2} - H_{n+1}$

「その通り！ とてもいい」

「足していく数が、$\frac{1}{2}, \frac{1}{3}, \frac{1}{4}, \ldots$ と《小さくなっていく》ことを、《小さい》という数式で表現したことになるんですね」

8.2.4 すべての……

「テトラちゃん、こんなふうに何でも数式で書こうとすることは大切だよ。当たり前のことでもかまわず書いてみる。これは、数式という言葉を使ういい練習だね」

「はい。あたしは、先輩が以前おっしゃっていた《粘土をこねるように数式をいじる》というのを思い出しました。こねこね……」と言いながら、粘土をこねる手つきをするテトラちゃん。「あ……でも、《すべての正の整数 n について…》という部分は数式じゃないですよね」

「うん。正の整数の集合を $\mathbb{N}$ とすると、こんな数式で表せる」

$$\forall n \in \mathbb{N} \quad H_{n+1} - H_n > H_{n+2} - H_{n+1}$$

「この数式、どう読むんですか？」

「"$\forall n \in \mathbb{N}\ldots$" は "For all n in $\mathbb{N} \ldots$" と読めばいい。日本語でいえば《すべての正の整数 n について…》あるいは《任意の正の整数 n について…》だね。$\forall$ は All の A が逆立ちしているんだ」

「$\mathbb{N}$ は何だか普通の N と違いますね」

「そうだね。N って書くと普通の数っぽいから、$\mathbb{N}$ で《数じゃないんですよ、集合ですよ》ということがわかるようにしてるんだ」

「$\in$ というのは？」

「**要素** $\in$ **集合** という形で使って、《集合の要素である》ということを表す記号だね。$\forall n \in \mathbb{N} \cdots$ と書くと、《$\mathbb{N}$ という集合からどんな要素 n を選び出したとしても…》という意味になる」

「どれをピックアップしてもいいということですね……先輩、何だか数学で作文しているみたいです。英作文ならぬ数作文でしょうか」テトラちゃんが笑って言う。

「数作文……確かに、数学にそういう一面はあるなあ。数式は、ぎゅっと圧縮された短い表現になることが多いね。だから、書かれた数式を読み解くときにはそのつもりでゆっくり読んだほうがいいね」

「数式は濃縮ジュースみたいなものなんですね。一気に飲むのは

危険……？」

「——さて、数式 H_n を具体的に書いてみよう」と僕は言った。

$$H_1 = \frac{1}{1}$$

$$H_2 = \frac{1}{1} + \frac{1}{2}$$

$$H_3 = \frac{1}{1} + \frac{1}{2} + \frac{1}{3}$$

$$H_4 = \frac{1}{1} + \frac{1}{2} + \frac{1}{3} + \frac{1}{4}$$

$$H_5 = \frac{1}{1} + \frac{1}{2} + \frac{1}{3} + \frac{1}{4} + \frac{1}{5}$$

「これを順番に見ていったとき、増える分——つまり $H_{n+1} - H_n$ のこと ——に注目しよう」

$$H_2 - H_1 = \frac{1}{2}$$

$$H_3 - H_2 = \frac{1}{3}$$

$$H_4 - H_3 = \frac{1}{4}$$

$$H_5 - H_4 = \frac{1}{5}$$

$$H_6 - H_5 = \frac{1}{6}$$

「このように、$H_{n+1} - H_n$ はだんだん小さくなっていく。さっきテトラ ちゃんも言ってた通りだ」

「はい」

「$H_1, H_2, H_3, H_4, H_5, \ldots$ 自体は、大きくなっていくけれど、その《大き くなり方》つまり《増え方》は、だんだん鈍くなっていく。しだいに、少し しか増えなくなる。それで——」

「あっ、ちょっと待ってください。その、《増え方はだんだん鈍くなる》っ ていうのは、あたしがさっき書いた数式で表されていると思っていいですよ

ね。ええと……。これです」

すべての正の整数 n について、$H_{n+1} - H_n > H_{n+2} - H_{n+1}$

「そうそう、その通り。増え方はだんだん鈍くなる、という言い方は曖昧^{あいまい}だけれど、このように数式で書けば意味がはっきりする。つまり、わかりやすくなる。数式はややこしいからわかりにくい、と考える人もいるけれど、数式で書かないと、かえってわかりにくくなることも多い。数式は言葉だ。うまく使えば、自分の理解を助け、言いたいことを伝える助けとなる」

「はい、えとえと。いまの命題を数式で書いてみます……これでいいですか」

$$\forall n \in \mathbb{N} \quad H_{n+1} - H_n > H_{n+2} - H_{n+1}$$

「うん、いいね。その通り」と僕は言った。

テトラちゃんは嬉しそうだ。

8.2.5　……が存在する

「さて、そろそろ問題が見えてきたぞ。最初の宝物だ」

「ふに？」

「これまで通り $H_n = \sum_{k=1}^{n} \frac{1}{k}$ と定義する。n を大きくしていくと、H_n 自身はだんだん大きくなる。でも H_n の増え方はだんだん鈍くなる。それでは、n を大きくすれば、H_n は、いくらでも大きくなるんだろうか。それとも、n をいくら大きくしても、H_n は、ある数より大きくはならないんだろうか」と僕は言った。

「それは、次の式がいくらでも大きくなるか、それとも頭打ちかという問題ですね」テトラちゃんは自分の頭に手をのせて言った。

$$\frac{1}{1} + \frac{1}{2} + \frac{1}{3} + \frac{1}{4} + \frac{1}{5} + \cdots$$

「そう。これは、あのカードから出てくる、自然な問題だ。つまり、発散するのか収束するのかを調べるわけだ。数式で書いてみるよ」

問題 8-1

実数の集合を $\mathbb{R}$ とし、正の整数の集合を $\mathbb{N}$ とする。次の式は成り立つか。

$$\forall M \in \mathbb{R} \quad \exists n \in \mathbb{N} \quad M < \sum_{k=1}^{n} \frac{1}{k}$$

「よ？」

「∃はカタカナのヨじゃない。Exists の E をひっくり返した記号だよ」

「《存在する》ですか。ということは、"For all M in $\mathbb{R}$, n exists in $\mathbb{N}$ ... " ですね」

「テトラちゃんの発音はきれいだね。"n exists" でもいいし、"there exists n" でもいいよ。such that を補うとわかりやすい」

For all M in $\mathbb{R}$, there exists n in $\mathbb{N}$ such that $\quad M < \sum_{k=1}^{n} \frac{1}{k}$.

「先輩。日本語で言えばどうなるんでしょう」

「強いて言えば、次のようになる」

任意の実数 M に対して、正の整数 n が存在し、式 $M < \sum_{k=1}^{n} \frac{1}{k}$ が成り立つ。

「ややこしいけれど……なんとか、わかります」とテトラちゃんは言った。

「次の数式 (a) と (b) は、まったく違う意味になるってわかるかな」僕はノートに二つの数式を書いた。

$$\forall M \in \mathbb{R} \quad \exists n \in \mathbb{N} \quad M < \sum_{k=1}^{n} \frac{1}{k} \qquad \text{(a)}$$

$$\exists n \in \mathbb{N} \quad \forall M \in \mathbb{R} \quad M < \sum_{k=1}^{n} \frac{1}{k} \qquad \text{(b)}$$

「ちょっと長いから、意味のまとまりがわかりやすいように括弧を付けてみようか」僕は括弧と説明を書き加える。

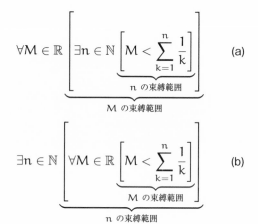

「英語で書けば……」と僕はさらに書いた。

For all M in $\mathbb{R}$, there exists n in $\mathbb{N}$ such that $\quad M < \sum_{k=1}^{n} \frac{1}{k}.\quad$ (a)

There exists n in $\mathbb{N}$, such that for all M in $\mathbb{R}$ $\quad M < \sum_{k=1}^{n} \frac{1}{k}.\quad$ (b)

テトラちゃんは、口の中で何回か英文をつぶやき、しばらく考える。

「……何となく、わかりました。順番が重要なんですね。(a) のほうでは M が最初に決まって n を探しています。n を探しているとき M は変わらないです。でも、(b) のほうでは n が最初に決まって、その n に対してすべての M で……ってことですか」

「そう。合ってるよ。(a) のほうでは、M を最初に選んでおいて、それに対して n を見つける。すべての M に対して n は見つけられると主張している。M を選ぶごとに n は異なってもよい。でも (b) のほうでは、まず n を見つける。その n はどういう数かというと、すべての実数 M についてこの不等式が成り立つようなすごい n だ。(b) では、M を選ぶときに n は変わらない。今回の問題 8-1 の主張は、(a) だ。いいかな？」

「……なんとか」テトラちゃんは言う。

「(a) と (b) の意味の違いを日本語で表現するのは至難の業だ。でも数式を使えば明らかになる——きちんと読めば、ということだけれど」

「確かに、日本語で区別するのは大変そうですね。ところで、この不等式の中に出てくる M ってそもそも何ですか」

「テトラちゃんは、何だと思う？」

「ええと、お、大きな数？」

「まあ、そういう気持ちだね。《いくらでも大きくなる》と表現するよりも、任意の実数に M という名前を付けておいて《M よりも大きい》と表現したほうがはっきりする。どんな M をピックアップしたとしても、それに対して問題 8-1 のような n が存在するなら、H_n はいくらでも大きくなると言ってよい。でも、ある M に対して、n が存在しない場合があるなら、H_n はいくらでも大きくなるとは言えない」

「なるほど……。すっごく回りくどいんですけれど、意味ははっきりしますね……ふう」

「ん、くたびれた？」

「いえいえ——ちょっとだけ。でも、先輩のご説明のおかげで、何だか《数作文の語彙》が増えたみたいです」

「よくがんばったね、テトラちゃん。今日はここまでにしようか。そろそろ司書の瑞谷先生が現れそうな時刻だよ。この宝箱を開けるのは明日の放課後にしよう」

「はいっ！ 先輩……あたし——すごく嬉しいです！」

「だよね。数学っておもしろいよね。数式という新しい言葉で、曖昧さをなくし、思考を整理して……」

「って言うか、あたしは先輩とこうして——ええと、うん、はい、そうですね。明日も、お願いします！」

8.3 無限上昇螺旋階段付音楽室

次の日。昼休みの音楽室。

通りかかった生徒はみな、ピアノの音に惹かれて中をのぞく。

二人の美少女がグランドピアノで連弾をしている。

一人は才媛ミルカさん。もう一人は、鍵盤大好き少女のエィエィ。ピアノ愛好会《フォルティティシモ》のリーダーだ。彼女は高校二年生。同学年だけれど僕やミルカさんとは別クラスになる。

　ミルカさんとエィエィは、上昇音階（スケール）を基調にした変奏曲を弾いている。二人でぴったりと呼吸を合わせ、似たフレーズを何度も高速で弾き、繰り返すごとに音階が上昇していく。あれれ？　ピアノの音域をずっと越えて上っていくような——いや、そんなことは無理だ。はっと気がつくと、いつのまにか音が下がっている。でも、いつ下がった？　何だか、とっても不思議な感覚——無限の階段を上っていくような感覚。大きな翼があれば一気に飛び立てるのに、螺旋（らせん）階段を一歩ずつ昇らねばならないもどかしさ。無限上昇の無限音階、永遠に変奏し続ける音楽。こんな曲がピアノで弾けるとは驚きだ。

　僕の位置からはミルカさんのよく動く長い指（あたたかい、あの指）が見えている。うん、見ていると確かに手が左の低音部に戻るタイミングがある。でも、僕の耳には音が上昇し続けているようにしか聞こえない。

　曲の最後はゆっくりデクレシェンドしてフェードアウト。残響が消えるタイミングで、みなの歓声と拍手。ミルカさんとエィエィは立ち上がって礼をする。

　「おもしろかったかな」ミルカさんが僕に聞く。

　「不思議だった。有限の鍵（キー）しかないのに、無限の調（キー）を上っていくみたいで」と僕は言った。

　「正の無限大に発散していくようでおもしろいよね。有限なのに発散したら矛盾になってしまうけれど」ミルカさんはいたずらっぽく笑う。

　「オクターブ離れた音を使っているんだね」と僕が言った。

　「そう。オクターブずらしておいた複数の音を、そのまま平行に上昇させる。そして、音が高くなるほど、音量を小さくする。音が上で消えると同時に小さい音量で低い音を入れていく。中音域が最大の音量。すると人間の耳はだまされて、無限上昇を感じてしまうんだ。一人の手だと限界があるから、二人でやったけれど」

　「種明かししたらあかんやん」エィエィがやってきた。「曲作るの、難しかったんやで。単純な音階はつまらへんやん？　アップテンポにして、聴いてる人が飽きひんように。そやけどシンプルにせんと不思議な曲やと気づけへんし。難しかったわわ。ミルカたんは、指、よう動くから助かる、助かる」

　「そうね。次回はメビウス状のハーモニーを所望」ミルカさんはにこにこにする。

「どんな曲なん！……まあ、また遊ぼな」エィエィは苦笑して、自分の教室に戻っていった。

ミルカさんは、人差し指をくるくる回してハミングしながら、僕と一緒に教室へ向かう。

とても機嫌が良い。

8.4 不機嫌なゼータ

昼休み後半。ミルカさんは、昼食代わりのキットカットを齧（かじ）りながら僕の前の席に座る。

「村木先生のこれ、もう見た？」と言って、ミルカさんはカードを置く。

（ミルカさんのカード）

$$\zeta(1)$$

（あれ？　僕のと違うな）

ミルカさんは僕の返事を待たずに話し始める。

「 $\zeta(1)$（ゼータ・ワン）を研究せよってことなんだろうけれど、 $\zeta(1)$ が正の無限大に発散することは有名だし、証明だってすぐにできる。だからむしろ、違うリズムの式を調べてみようかなと思って、こんなのを考えたんだよ。まず——」

僕はミルカさんのテンポの早い説明をぼんやりと聞き流しながら、（そうか、先生は今回、ミルカさんに違うカードを渡したんだ）と考えていた。 ζ（ゼータ）関数って聞いたことあるなあ。確か最先端の数学に関連していたはずだ。そうか。才媛ミルカさんの実力に合わせた難しい課題なんだな。

……そういえば、昨日の問題、テトラちゃんは解けただろうか。テトラ

ちゃん。あのバタバタっ娘は何者なんだろう。数学はそれほど得意じゃない
と思ってたけれど、動作的と叙述的——は、鋭い洞察だった。本人はあまり
意識していないようだが。

　最初のころは、後輩に教えるというスタンスでテトラちゃんと話してい
た。でも、最近はちょっと違う。彼女とやりとりをしていると、何だか、僕
の考えが整理されるのを感じるようになってきた。僕が話す。テトラちゃん
が受け止める。そういうやりとりが積み重なって、階段を一歩一歩のぼって
いくような感覚がある。テトラちゃんが話す。僕が受け止める。はは。漸化
式みたいだな。少しずつ少しずつ変化していく。一つ一つ確かめる。……そ
れにしても、テトラちゃんのあの大きな目でじっと見られると、なんとも
——。

　「ねえ」とミルカさんが言った。

　無表情のミルカさんが僕をじっと見ている。
　しまった。話をずっと聞き流していた。これは——まずい。
　授業のベルが鳴る。
　ミルカさんは無言のまま席を立ち、自分の席に戻る。もうこちらを見ない。
とても機嫌が悪い。

8.5　無限大の過大評価

　今日は図書整理の日で図書室が使えなかった。僕とテトラちゃんは、別館
にあるアメニティ・スペース《がくら》で計算することにする。僕たちは隣
の席に陣取った。
　「失礼します」
　丁寧に一礼して、僕の隣に座るテトラちゃん。少し遅れて、いつもの彼女
の香り。どこかで誰かが練習しているフルートの二重奏。
　僕は黙って数式を書き始める。昨日の問題の解答だ。

問題 8-1

実数の集合を $\mathbb{R}$ とし、正の整数の集合を $\mathbb{N}$ とする。次の式は成り立つか。

$$\forall M \in \mathbb{R} \quad \exists n \in \mathbb{N} \quad M < \sum_{k=1}^{n} \frac{1}{k}$$

テトラちゃんは横からのぞき込む。

$$
\begin{aligned}
H_8 &= \sum_{k=1}^{8} \frac{1}{k} \\
&= \frac{1}{1} + \frac{1}{2} + \frac{1}{3} + \frac{1}{4} + \frac{1}{5} + \frac{1}{6} + \frac{1}{7} + \frac{1}{8} \\
&= \frac{1}{1} + \underbrace{\left(\frac{1}{2}\right)}_{1\,\text{個}} + \underbrace{\left(\frac{1}{3} + \frac{1}{4}\right)}_{2\,\text{個}} + \underbrace{\left(\frac{1}{5} + \frac{1}{6} + \frac{1}{7} + \frac{1}{8}\right)}_{4\,\text{個}} \\
&\geqq \frac{1}{1} + \left(\frac{1}{2}\right) + \left(\frac{1}{4} + \frac{1}{4}\right) + \left(\frac{1}{8} + \frac{1}{8} + \frac{1}{8} + \frac{1}{8}\right) \\
&= \frac{1}{1} + \left(\frac{1}{2} \times 1\right) + \left(\frac{1}{4} \times 2\right) + \left(\frac{1}{8} \times 4\right) \\
&= \frac{1}{1} + \frac{1}{2} + \frac{1}{2} + \frac{1}{2} \\
&= 1 + \frac{3}{2}
\end{aligned}
$$

「……ここで一息入れようか。途中で不等式に変わるけれど、わかるよね。一般化しやすいように、最後までは計算せず、$1 + \frac{3}{2}$ で止めておく。いまは、H_8 だけを考えたけれど、同じように $H_1, H_2, H_4, H_8, H_{16}, \ldots$ を考えると、こうなるよ」

$$H_1 \geqq 1 + \frac{0}{2}$$

$$H_2 \geqq 1 + \frac{1}{2}$$

$$H_4 \geqq 1 + \frac{2}{2}$$

$$H_8 \geqq 1 + \frac{3}{2}$$

$$H_{16} \geqq 1 + \frac{4}{2}$$

$$\vdots$$

「これを一般化するのは難しくない。m を 0 以上の整数として、以下が成り立つ」

$$H_{2^m} \geqq 1 + \frac{m}{2}$$

「でも、これは不等式ですよね。等式じゃないと、H_{2^m} の値は正しく求められないのでは？」

「いまの目的は、H_{2^m} の値を正しく求めることじゃない。H_{2^m} がどこまで大きくできるかを見極めることなんだよ。上の式で m が大きいとどうなるかを考えてごらん」

「……あっ、わかりましたわかりました！　いくらでも大きくなります！ m を大きくすれば、$1 + \frac{m}{2}$ はいくらでも大きくできます！ だから、うん！ 不等号を考えて、H_{2^m} はいくらでも大きくなります。m を大きくすると！」

「まあ、落ち着いて。問題文からきちんとやってみよう。M が与えられたとき、$M < \sum_{k=1}^{n} \frac{1}{k}$ が成り立つような n を作れるかを考える」

「はい、もうわかりました。どんなに大きな数 M に対しても、m を十分に大きくすれば、

$$M < 1 + \frac{m}{2}$$

になるような m を見つけることができます。たとえば、m を 2M 以上の整数にしちゃえばいいですよね。そして、m が見つかったら、今度は、$n = 2^m$

とします。つまり、m を使って n を作ります。その n が求める n ですね」

$$M < 1 + \frac{m}{2} \leqq H_{2^m} = H_n = \sum_{k=1}^{n} \frac{1}{k}$$

「そうだね。だから昨日の問題 8-1 の解答は……」

解答 8-1

実数の集合を $\mathbb{R}$ とし、正の整数の集合を $\mathbb{N}$ とする。次の式は成り立つ。

$$\forall M \in \mathbb{R} \quad \exists n \in \mathbb{N} \quad M < \sum_{k=1}^{n} \frac{1}{k}$$

「そうか、不等式でいいんですね。正確な値を求めなくても、小さいほうから押し上げて……」テトラちゃんは、バレーボールのトスをするように両手を上げて言う。

「宝物、一つ見つけたね。$\sum_{k=1}^{n} \frac{1}{k}$ はいくらでも大きくなるんだ」と僕が言った。

「不思議です、先輩。$1 + \frac{m}{2}$ っていう、大きくなる数があり、それで H_{2^m} がぐうって押し上げられます。押し上げるために不等式が使える。そこまではいいんですが……だんだん小さくなる数 $\frac{1}{k}$ を足しているのに、合計 $\sum_{k=1}^{n} \frac{1}{k}$ は、いくらでも大きくなるというのは、どうも不思議ですねえ」テトラちゃんは何度も頷く。

「うん。その《いくらでも大きくなる》という言い回しを、数式で表現してみよう。ここでは、簡単のためにすべての項が 0 より大きい数列に限定する」そう言いながら、僕はノートに書き込んでいく。

「すべての項が 0 より大きい数列 $a_k > 0 \ (k = 1, 2, 3, \ldots)$ があって、部分和 $\sum_{k=1}^{n} a_k$ に対して、

$$\forall M \in \mathbb{R} \quad \exists n \in \mathbb{N} \quad M < \sum_{k=1}^{n} a_k$$

が成り立つとき、$\sum_{k=1}^{n} a_k$ は $n \to \infty$ で**正の無限大に発散する**と呼ぶことにする。これは定義だ。そして、それを

$$\sum_{k=1}^{\infty} a_k = \infty$$

と表現する。$a_k = \frac{1}{k}$ の場合が、問題 8-1 にあたる。いま《正の無限大に発散する》という言葉を定義したから、次のように言える」

《無限級数 $\sum_{k=1}^{\infty} \frac{1}{k}$ は、正の無限大に発散する》

テトラちゃんは僕の書いたノートをじっと見て、真剣な顔で考えている。
「どんな正の数でも無限に足していけば、いくらでも大きくなるっていうことなんですねえ……。やっぱり無限ですものねえ」
「え？　いま、怪しげなことを言ったね。じゃ、次の問題はどうかな」

問題 8-2
実数の集合を $\mathbb{R}$ とし、正の整数の集合を $\mathbb{N}$ とし、$\forall k \in \mathbb{N} \ a_k > 0$ とする。次の式は常に成り立つか。

$$\forall M \in \mathbb{R} \quad \exists n \in \mathbb{N} \quad M < \sum_{k=1}^{n} a_k$$

「はい、問題 8-2 は成り立つと思います。だって……a_k っていう正の数を、すごーくたくさん足せば——つまり n を大きくすれば——それだけ和は大きくなりますよね。で、いつか M よりも和 $\sum_{k=1}^{n} a_k$ のほうが大きくなる」
「うーん。気持ちはわかるけれど、テトラちゃんは、無限大を過大評価し

ているよ。変な言い方だけれど」

「え？　正の数をいくら足していっても、M より大きくならない——大きくできない場合があるんですか？」

「もちろん。たとえば、数列 a_k の一般項が、

$$a_k = \frac{1}{2^k}$$

だとしたらどうかな」

「え？」

「この場合、すべての正の整数 k に対して $a_k > 0$ は成り立つ。けれども、$\sum_{k=1}^{n} a_k$ はそれほど大きくなれない。だって……」

$$\sum_{k=1}^{n} a_k = \sum_{k=1}^{n} \frac{1}{2^k}$$

これは a_k の定義そのまま。次に $\sum$ を具体的に書こう。

$$= \frac{1}{2^1} + \frac{1}{2^2} + \cdots + \frac{1}{2^n}$$

次に、計算しやすくするため、$\frac{1}{2^0}$ を加えて引くよ。

$$= \left(\frac{1}{2^0} + \frac{1}{2^1} + \frac{1}{2^2} + \cdots + \frac{1}{2^n} \right) - \frac{1}{2^0}$$

これで等比数列の和の公式が使える。

$$= \frac{1 - \frac{1}{2^{n+1}}}{1 - \frac{1}{2}} - 1$$

分子の $-\frac{1}{2^{n+1}}$ の項を除けば、不等式が作れる。

$$< \frac{1}{1 - \frac{1}{2}} - 1$$

で、あとは計算。

$$= 2 \quad (?)$$

「あの、すみません……。最後の計算、$\frac{1}{1-\frac{1}{2}} - 1$ の結果は 2 じゃないですよね」

「えっ？……あ、ほんとだ。最後の計算は 1 になるね。結局、次の式が成り立つ」

$$\sum_{k=1}^{n} \frac{1}{2^k} < 1$$

「要するに $\sum_{k=1}^{n} a_k = \sum_{k=1}^{n} \frac{1}{2^k}$ は、どんなに大きな n を持ってきても 1 以上にはならない。いくらたくさん加えても、$\frac{1}{2^k}$ が急激に 0 に近づくために、和は 1 以上になれないんだ。M < 1 なら n は存在するけれど、M ≧ 1 なら n は存在しない。だから、$a_k = \frac{1}{2^k}$ を**反例**として、問題 8-2 の答えはこうなる」

解答 8-2
実数の集合を $\mathbb{R}$ とし、正の整数の集合を $\mathbb{N}$ とし、$\forall k \in \mathbb{N} \; a_k > 0$ とする。
次の式は成り立つとは限らない。

$$\forall M \in \mathbb{R} \quad \exists n \in \mathbb{N} \quad M < \sum_{k=1}^{n} a_k$$

「なるほど。n を大きくしたとき、部分和がいくらでも大きくなる場合と、そうでない場合の両方があるんですか……ところで、先輩でも計算を間違えることがあるんですね」

「間違うこともあるさ。もっとも、さっきの間違いは証明の流れには影響しないけれど——」

そのときすかさず、テトラちゃんは僕の口調を真似て言った。

「でも、ちゃんと確認しなきゃ駄目だよ——ですねっ。せーんぱいっ」

一瞬の沈黙の後、僕たちは顔を見合わせて吹き出した。

8.6　教室における調和

放課後の教室。僕は、無言で帰ろうとしているミルカさんに声を掛ける。

「ねえ、ミルカさん。このあいだは、ぼうっとしてて、話をよく聞かなくて、ええと……ごめん。あの、ほら、昨日の $\zeta(1)$ の話。僕は $\overset{\text{ゼータ}}{\zeta}$ 関数のこと、よく知らないんだけれど。$\zeta(1)$ が正の無限大に発散するという話を——」

「ふうん……」

これは——これは話しにくい。

やがて、ミルカさんはチョークをとって、黒板に書き始める。

「これが**ゼータ関数** $\zeta(s)$ の定義。**リーマンのゼータ関数**だ」

$$\zeta(s) = \sum_{k=1}^{\infty} \frac{1}{k^s} \qquad \text{（ゼータ関数の定義式）}$$

ミルカさんは、続けてどんどん数式を書く。

「$\zeta(s)$ は無限級数の形で定義されている。ここで $s = 1$ としたものが**調和級数**だ。Harmonic Series の頭文字 H を使って H_∞ と書くこともある」

$$H_\infty = \sum_{k=1}^{\infty} \frac{1}{k} \qquad \text{（調和級数の定義式）}$$

「すなわち、ゼータ関数で $s = 1$ とした式と、調和級数 H_∞ は等価だ」

「え、そうなんだ。じゃあ、僕とテト——僕が考えていた無限級数 $\sum_{k=1}^{\infty} \frac{1}{k}$ は $\zeta(1)$ と同じだったんだ」

村木先生は僕とミルカさんに同じ課題を出していたのか。H は Harmonic の頭文字か。

僕の台詞を無視して、ミルカさんは先を続ける。

「次の部分和 H_n を**調和数**という」

$$H_n = \sum_{k=1}^{n} \frac{1}{k} \qquad \text{(調和数の定義式)}$$

「つまり、$n \to \infty$ で、調和数 $H_n \to$ 調和級数 H_∞ になる」
教室にミルカさんのチョークの音が響く。

$$H_\infty = \lim_{n \to \infty} H_n \qquad \text{(調和級数と調和数の関係)}$$

「調和数 H_n は $n \to \infty$ で正の無限大に発散する」

$$\lim_{n \to \infty} H_n = \infty$$

「すなわち、調和級数は正の無限大に発散する」

$$H_\infty = \infty$$

「すなわち、$\zeta(1)$ は正の無限大に発散する」

$$\zeta(1) = \infty$$

「どうして、《調和級数は正の無限大に発散する》と言えるかというと――」
ここで初めて彼女は、僕を横目で見て口元をほころばせた。もう、いつものミルカさんだ。

僕は何だかほっとしながら、テトラちゃんに示した証明を話した。m を 0 以上の整数として、$H_{2^m} \geqq 1 + \frac{m}{2}$ が成り立つことを利用した証明だ。

「そうそう。きみの証明は 14 世紀のオレームの方法と同じだね」とミルカさんは言った。

ゼータ関数、調和級数、調和数

$$\zeta(s) = \sum_{k=1}^{\infty} \frac{1}{k^s} \qquad \text{(ゼータ関数の定義式)}$$

$$H_{\infty} = \sum_{k=1}^{\infty} \frac{1}{k} \qquad \text{(調和級数の定義式)}$$

$$H_n = \sum_{k=1}^{n} \frac{1}{k} \qquad \text{(調和数の定義式)}$$

ミルカさんはここで目をつぶり、指揮でもするように指を L 字型に振って、ふたたび目を開ける。

「ねえ、きみ。離散的な世界で指数関数を探したときのことを覚えているよね」と彼女は言った。

「うん、覚えているよ」たしか、差分方程式を作って解いたんだ。

「では、こんな問題はどうだろう。離散的な世界で《指数関数の逆関数》——すなわち対数関数を探すんだ」

問題 8-3

連続的な世界の対数関数 $\log_e x$ に対応する、離散的な世界の関数 $L(x)$ を定義せよ。

$$
\begin{array}{ccc}
\text{連続的な世界} & \longleftrightarrow & \text{離散的な世界} \\
\log_e x & \longleftrightarrow & L(x) = ?
\end{array}
$$

「さ、私はもう帰るよ。きみはゆっくり考えなさい」

ミルカさんは、指に付いたチョークの粉を手早く落として教室の出口に向かい——そこで振り返る。

「ひとこと言っておくよ。グラフを描かないのが、きみの弱点だ。数式をいじることだけが数学じゃない」

8.7 二つの世界、四つの演算

夜。

僕は自室でノートを広げ、ミルカさんからの問題 8-3 を考える。

対数関数 $\log_e x$ に対応する関数を、離散的な世界で探す問題だ。

以前、指数関数を調べたときには、$De^x = e^x$ という式と $\Delta E(x) = E(x)$ という式を対応付けて問題を解いた。微分方程式と差分方程式を対応付けしたんだ。

今回も、対数関数 $\log_e x$ に対する微分方程式からスタートしよう。

対数関数 $\log_e x$ の微分は、本で読んだことがある。

$$f(x) = \log_e x$$
$$\downarrow 微分する$$
$$f'(x) = \frac{1}{x}$$

《微分したら $\frac{1}{x}$》という性質を、対数関数が満たす微分方程式だと考えてみよう。$\frac{1}{x}$ は、x^{-1} と書くこともできるから、《微分したら x^{-1}》といってもいい。ミルカさんが以前使っていた微分演算子 $\overset{ディー}{D}$ を使って書くと、次のようになる。

$$D \log_e x = x^{-1} \qquad \text{対数関数が満たす微分方程式}$$

ここから類推して、$\log_e x$ に対応する離散的な世界の関数 $L(x)$ は、次の差分方程式を満たすと考えよう。普通に -1 乗する代わりに、下降階乗冪を使って -1 乗するんだ。

$$\Delta L(x) = x^{\underline{-1}} \qquad \text{関数 } L(x) \text{ が満たす差分方程式}$$

でも、以前ミルカさんと話したときには、以下のように、下降階乗冪 $x^{\underline{n}}$ を $n > 0$ の範囲でしか考えていなかった。

下降階乗冪の定義（n は正の整数）

$$x^{\underline{n}} = \underbrace{(x - 0)(x - 1) \cdots (x - (n - 1))}_{n \text{ 個}}$$

ということは、$n \leqq 0$ の場合に、$x^{\underline{n}}$ がどんな定義なら適切かを考える必要があるのだな。

$n = 4, 3, 2, 1$ のとき、$x^{\underline{n}}$ は次のようになる。

$$x^{\underline{4}} = (x - 0)(x - 1)(x - 2)(x - 3)$$
$$x^{\underline{3}} = (x - 0)(x - 1)(x - 2)$$
$$x^{\underline{2}} = (x - 0)(x - 1)$$
$$x^{\underline{1}} = (x - 0)$$

この式をじっと見ると、次のことがわかる。

- $x^{\underline{4}}$ を $(x - 3)$ で割ると $x^{\underline{3}}$ が得られる。
- $x^{\underline{3}}$ を $(x - 2)$ で割ると $x^{\underline{2}}$ が得られる。
- $x^{\underline{2}}$ を $(x - 1)$ で割ると $x^{\underline{1}}$ が得られる。

これを自然に延長すると、次のようになる。

- $x^{\underline{1}}$ を $(x - 0)$ で割ると $x^{\underline{0}}$ が得られる。
- $x^{\underline{0}}$ を $(x + 1)$ で割ると $x^{\underline{-1}}$ が得られる。
- $x^{\underline{-1}}$ を $(x + 2)$ で割ると $x^{\underline{-2}}$ が得られる。
- $x^{\underline{-2}}$ を $(x + 3)$ で割ると $x^{\underline{-3}}$ が得られる。

すなわち、次のようになる。

$$x^{\underline{0}} = 1$$

$$x^{\underline{-1}} = \frac{1}{(x+1)}$$

$$x^{\underline{-2}} = \frac{1}{(x+1)(x+2)}$$

$$x^{\underline{-3}} = \frac{1}{(x+1)(x+2)(x+3)}$$

下降階乗冪の定義（n は整数）

$$x^{\underline{n}} = \begin{cases} (x-0)(x-1)\cdots(x-(n-1)) & (n > 0 \text{ の場合}) \\[2mm] 1 & (n = 0 \text{ の場合}) \\[2mm] \dfrac{1}{(x+1)(x+2)\cdots(x+(-n))} & (n < 0 \text{ の場合}) \end{cases}$$

さてここで、対数関数に戻ろう。以下の差分方程式を解くのが目標だった。

$$\Delta L(x) = x^{\underline{-1}}$$

左辺は Δ の定義から、$L(x+1) - L(x)$ になる。

右辺は、$x^{\underline{-1}}$ の定義から、$\frac{1}{x+1}$ になる。したがって、差分方程式は次のようになる。

$$L(x+1) - L(x) = \frac{1}{x+1} \qquad L(x) \text{ の差分方程式}$$

ここから $L(x)$ が求められればいいけれど……あれ？

あれ？

$L(x+1) - L(x) = \frac{1}{x+1}$ というのは、このまえテトラちゃんと話していた

式と同じじゃないか？ ええと……これだ。

$$H_{n+1} - H_n = \frac{1}{n+1} \qquad \text{調和数 } H_n \text{ の漸化式}$$

$L(x)$ の差分方程式は、調和数 H_n の漸化式とぴったり同じじゃないか！
それなら、$L(1) = 1$ と定義してやろう。そうすれば次のようなシンプルな
関係式が得られる。

$$L(x) = \sum_{k=1}^{x} \frac{1}{k}$$

調和数の表記法 H_n を使えば、次のようになる。

$$L(x) = H_x \qquad x \text{ は正の整数}$$

以上で、問題 8-3 が解けた。

解答 8-3

$$L(x) = \sum_{k=1}^{x} \frac{1}{k}$$
$$= H_x \qquad \text{（調和数）}$$

これで、次のような対応関係ができた。

対数関数と調和数の関係

$$連続的な世界 \quad \longleftrightarrow \quad 離散的な世界$$

$$\log_e x \quad \longleftrightarrow \quad H_x = \sum_{k=1}^{x} \frac{1}{k}$$

　でも、何だかピンとこないな。対数関数と調和数が密接に関連しているなんて……。

　ちょっと待て。《微分と差分》の話をしていたとき、ミルカさんは最後にちらっと《積分と和分》の話をしていたな。《連続的な世界》と《離散的な世界》という二つの世界。微分・差分・積分・和分という四つの演算か……よし、図に描いて整理してみよう。

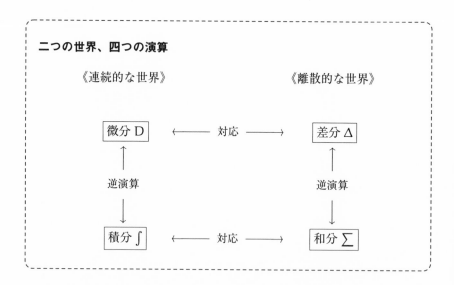

二つの世界、四つの演算

　　　《連続的な世界》　　　　　　　　《離散的な世界》

　うーん、綺麗にまとまるものだな。この図で、調和数は右下の「和分 $\sum$」にあてはまる。ということは、それを左下の連続的な世界に引き戻すと……

あっ、そうか！ $\log_e x$ を微分したら $\frac{1}{x}$ になるってことは、$\frac{1}{x}$ を積分したら $\log_e x$ になるってわけだ。すごい、逆数の積分と逆数の和分がきちんと対応している。$\log_e x$ と書くからピンとこなかったんだ。$\int_1^x \frac{1}{t}$ と書けばよかったんだ。

対数関数と調和数の関係

連続的な世界　　　$\longleftrightarrow$　　　離散的な世界

$$\log_e x = \int_1^x \frac{1}{t} \qquad \longleftrightarrow \qquad H_n = \sum_{k=1}^n \frac{1}{k}$$

これなら、納得がいく。

連続的な世界の積分では dt も書いたほうがよいかな。じゃ、離散的な世界では……δk が必要か。あ、仮に $\delta k = 1$ としておいたらうまく呼応する。

$$\int_1^x \frac{1}{t} dt \qquad \longleftrightarrow \qquad \sum_{k=1}^n \frac{1}{k} \delta k$$

なかなかきれいにおさまる。数式って気持ちいいなあ。

　　　《グラフを描かないのが、きみの弱点だ》

う。ミルカさんから、あれだけストレートに言われると痛いな。足を踏まれるより、ずっと痛い。

よし、ミルカさんの言うとおり、グラフを描いてみよう。積分も和分も、面積を表すグラフを描けばいいな。

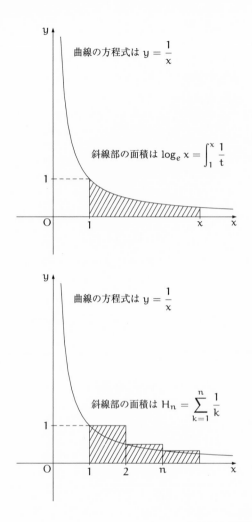

ほう。確かに、グラフを描いてみると《連続的な世界》と《離散的な世界》の呼応が視覚的にもよくわかる――驚くほどに。

8.8 既知の鍵、未知の扉

「……だから、《連続的な世界の対数関数》と《離散的な世界の調和数》が
対応していることがわかったんだ」

いつもの帰り道。僕は、テトラちゃんと並んで駅へ向かいながら、ミルカ
さんの問題と僕の成果をかいつまんで話した。

「考えてみれば、オレームの証明をよく検討していれば気がついたんだよ。
ほら、$\sum_{k=1}^{\infty} \frac{1}{k}$ が正の無限大に発散することを証明するときに、1個、2個、
4個、8個と、項を 2^m 個ずつグループにしていたよね。ということは、集
めていた項の個数は指数関数的に増加するわけだ。そのあたりから、調和数
が、指数関数の逆関数である対数関数に似ている可能性に気づいてもよかっ
た」あのときグラフを描いていれば、ミルカさんから出題されたときに即答
できたかもしれない。かえすがえすも痛いな。ミルカさんの指摘通りだ。

テトラちゃんは僕の話を興味深そうに聞いていたけれど、急に立ち止まっ
た。しょんぼりした顔をしている。

「……先輩。あたし、《研究課題やってみたいです》なんて大見得切りまし
たけれど、結局のところぜんぜん《おもしろいもの》を見つけることはでき
ませんでした。ぜんぶ、先輩に教えてもらっておしまいです。あたし、やっ
ぱり数学だめですね」

「いや、それは違うよ」と僕も立ち止まって言う。

「テトラちゃんは、自分で考えようとしただろう？ それは大事なことだ。
たとえ、何も見つけられなかったとしても。懸命に考えたからこそ、その
後、僕が話した内容がすぐに理解できたんだ。それを忘れちゃいけない」

テトラちゃんはじっと聞いている。

「きみは数式を何とかして読もうとする。それは、とてもすごいことだよ。
数式が出てきたとたん思考停止する人はとても多い。数式の意味を考える
以前に、そもそも読もうとしないんだ。もちろん、難しい数式の意味はわか
らないことが多いだろう。でも、全部はわからないとしても《ここまではわ
かった。ここからわからない》と筋道立てて考えるべきなんだ。《だめだ》
と言ってたら読まなくなる。考えなくなる。数学なんて役に立たないさって

嘯くことはできる。でも、そのうちきっと《役に立たないから読まない》ではなく《役に立てたくても読めない》になってしまう。数学を、酸っぱいブドウにしてはだめだ。チャレンジするテトラちゃんはとてもえらいよ」

「でも……先輩が問題を作ったり解いたりしているのを見ると、なるほどって思うんですが、あたしには、できそうにありません。どうやったらできるようになるのか、頭のどこから取り出せばいいのか……すごく不思議です」

「でもね、僕にしても、本当の意味で新しいことを思いついているわけじゃない。どこかで読んだものや、過去に解いたことがベースになっている。授業で習った問題、自分で考えた課題、本に載っていた例題、友人と議論した解法……それらが僕の中で、宝物を見つけ出す力・掘り出す力になっている」

僕が歩き出すと、テトラちゃんも並んで歩き出す。僕はさらに続ける。

「問題を解くときの心の動きは、不等式を使って数式の大きさを評価するのに似ている。いきなり等式で答えがびしっと見つかるとは限らない。《いまわかっていることから判断すると、答えはこれよりは大きいけれど、あれよりは小さいはず……》などと考える。これまで自分が知り得た手がかりを元にして、少しずつ答えに近づくんだ。すべてが一気にわかるとは限らない。わかったところに楔を打ち込み、梃子を使ってぐいっと岩を動かすんだ。既知の鍵で未知の扉を開くんだ」

テトラちゃんの目が輝く。

「テトラちゃん。勉強しながら、自分の中に《なるほど》という実感を積み重ねていこう。自分で思いつかなくてもいい。すばらしい証明を読んで《これはすごい》と感動する経験も大事だ」

「ええ、ええ、わかります。英語を勉強中に、ネイティブ・スピーカーの美しい発音を聞いて、あたしも、こう発音できたらなあ、って思いますから。……それにしても、先輩。あたし、先輩のお話をうかがっていると……とても元気が出てきます。あたし、あたし、ほんとうに……」

話しながら、彼女の歩みはますます遅くなる。いつも元気なテトラちゃんなのに、帰り道だけはゆっくり歩くのだ。

僕たちはしばらく黙って歩く。

「あ、そうだ。今度の土曜日、プラネタリウムに行かない？」

「え……先輩と？ プラネタリウム？ あたしが？」テトラちゃんは人差し指を自分の鼻に当てる。

「都宮から無料券もらったんだ。意外に見応えあるってさ。好きじゃない？」

「大好きです！ 行きます！ う、うわ……すっごく嬉しいです。先輩！ あ——でも《あの方》をお誘いしなくていいんですか？ あの……ミルカさん」

「ああ、そうだね。もしテトラちゃんの都合が悪いなら……」

「い、いえっ！ 都合悪くないですっ！ 絶対行きますっ！」

8.9　世界に素数が二つだけなら

　世界に人間がたった二人しかいないなら、人間の悩みはずいぶん減るんじゃないだろうか。人間が多すぎるから、比べて落ち込んだり、争ったりするんじゃないだろうか。たとえば、アダムとエバのように、たった二人しかいなかったら、トラブルは起きないんじゃないだろうか。いや、アダムとエバだけのときもトラブルはあったか。でも、そのときはヘビがいた。本当に二人しかいなかったら、問題は起きなかっただろうか。いや、やはり起きたかもしれない。それに、最初は二人でも、その二人から遅かれ早かれ増えていくことになる。そうすれば、豊かなバリエーションが生まれると同時に、悩みも生まれるかもしれないし——。

　「何を考えているのかな」とミルカさんが聞いた。

　「世界に人間が二人だけならどうなるか、について」と僕が答えた。

　「ふうん。数学のノートを広げて？ ——じゃ《世界に素数が二つだけなら》という話をしよう」

　ミルカさんは、いつものように僕のノートを引き寄せて式を書き始める。

8.9.1　コンボリューション

「順を追って話そう。まずは、次の形式的積を考える」とミルカさんが言った。僕は黙って聞いている。

$$(2^0 + 2^1 + 2^2 + \cdots) \cdot (3^0 + 3^1 + 3^2 + \cdots)$$

「この積は正の無限大に発散する。だから形式的積と言ったんだ。でも、始めの何項かを展開して観察しよう」

$$2^0 3^0 + 2^0 3^1 + 2^1 3^0 + 2^0 3^2 + 2^1 3^1 + 2^2 3^0 + \cdots$$

「指数の和によってグルーピングすると、パターンがはっきりする」

$$(2^0 3^0) + (2^0 3^1 + 2^1 3^0) + (2^0 3^2 + 2^1 3^1 + 2^2 3^0) + \cdots$$

「すなわち、次の二重和で表現できる」

$$\sum_{n=0}^{\infty} \sum_{k=0}^{n} 2^k 3^{n-k}$$

僕は式の展開に頷いて、口を開く。

「ミルカさん、これはコンボリューションだね。外側の $\sum_{n=0}^{\infty}$ で、n は $0, 1, 2, \ldots$ と増える。そして、そのそれぞれに対して、内側の $\sum_{k=0}^{n}$ では、2 と 3 の指数の和が n になる数を列挙している。いわば、2 と 3 で指数を《分けっこ》して——」

「分けっこ？　……ふうん、確かにそうも言えるね。さて、**2 または 3 だけを素因数に持つ正の整数は、この和のどこかに必ず一度だけ現れる**よね。なぜなら、2 と 3 の指数のところには、0 以上の整数の任意の組み合わせが一度だけ現れるからだ」

僕は「なるほど。確かにそうだ」と答えた。

「2 または 3 だけを素因数に持つといっても、1 も含めているけれど」と彼女は補足した。

8.9.2 収束する等比級数

ミルカさんは続けて、「今度は、以下のような無限級数の積を考えよう。名前を Q_2 としておく」と言った。

$$Q_2 = \left(\frac{1}{2^0} + \frac{1}{2^1} + \frac{1}{2^2} + \cdots \right) \cdot \left(\frac{1}{3^0} + \frac{1}{3^1} + \frac{1}{3^2} + \cdots \right)$$

「さっきは正の無限大に発散する形式的積だったけれど、今度は違う。なぜなら、Q_2 の因子になっている二つの無限級数は、収束する等比級数だから。等比級数の公式で二つの因子を計算すると、Q_2 は《積の形》になる」とミルカさんは言った。

$$\begin{aligned} Q_2 &= \left(\frac{1}{2^0} + \frac{1}{2^1} + \frac{1}{2^2} + \cdots \right) \cdot \left(\frac{1}{3^0} + \frac{1}{3^1} + \frac{1}{3^2} + \cdots \right) \\ &= \left(\frac{1}{1 - \frac{1}{2}} \right) \cdot \left(\frac{1}{1 - \frac{1}{3}} \right) \quad \text{《積の形》} \end{aligned}$$

彼女は続けて言う。「今度は、Q_2 を頭から展開してみよう。Q_2 を《和の形》にするんだよ。すると分母には、さきほどの $2^k 3^{n-k}$ という形が出てくる」

$$\begin{aligned} Q_2 &= \left(\frac{1}{2^0} + \frac{1}{2^1} + \frac{1}{2^2} + \cdots \right) \cdot \left(\frac{1}{3^0} + \frac{1}{3^1} + \frac{1}{3^2} + \cdots \right) \\ &= \underbrace{\left(\frac{1}{2^0 3^0} \right)}_{n=0} + \underbrace{\left(\frac{1}{2^0 3^1} + \frac{1}{2^1 3^0} \right)}_{n=1} + \underbrace{\left(\frac{1}{2^0 3^2} + \frac{1}{2^1 3^1} + \frac{1}{2^2 3^0} \right)}_{n=2} + \cdots \\ &= \sum_{n=0}^{\infty} \sum_{k=0}^{n} \frac{1}{2^k 3^{n-k}} \quad \text{《和の形》} \end{aligned}$$

「以上、Q_2 を二つの方法で求めた。したがって、以下の等式が成り立つ」とミルカさんは言った。

$$\left(\frac{1}{1-\frac{1}{2}}\right) \cdot \left(\frac{1}{1-\frac{1}{3}}\right) = \sum_{n=0}^{\infty} \sum_{k=0}^{n} \frac{1}{2^k 3^{n-k}}$$

「左辺は積、右辺は和だね」と僕は言った。

8.9.3　素因数分解の一意性

「ではここで《世界に素数が 2 と 3 の二つしかない》としよう。すると、すべての正の整数は、$\sum_{n=0}^{\infty} \sum_{k=0}^{n} \frac{1}{2^k 3^{n-k}}$ の分母 $2^k 3^{n-k}$ のどこかに必ず一度だけ現れる」とミルカさんが言った。

「え？　ミルカさん、$2^k 3^{n-k}$ で現れるのは、すべての整数じゃないよ。1 に加えて、2 か 3 だけを素因数に持つ正の整数だけだよね。たとえば 5 や 7 や 10 などは出てこない」と僕は言う。

「だから、《素数が 2 と 3 の二つしかない》としようって言ってるんだよ。世界に素数が 2 と 3 しかなかったら、5 や 7 や 10 なんて整数はないんだ。何を言っているか、まだわからないかな」と彼女は言った。

「ミルカさんが言っているのは、**素因数分解の一意性**のことだね。《1 より大きいすべての整数は素数の積で一意に書くことができる》ので、《世界に素数が 2 と 3 しかなかったら、5 や 7 なんて整数はない》と言いたいんだろうけれど……。ねえ、《世界に素数が二つしかない話》は、もうやめようよ。何だか実りがない」

「わかった。きみがそう言うなら、やめよう。素数が 2 個だからいけないんだな。まあ、素数が 2 個しかないなんてことはありえないからね。ではこうしよう。世界に素数が m 個しかないと仮定する」ミルカさんはにやにやして言う。

「いや、だから、だめだって。2 個だろうが m 個だろうが、同じことだよ。そんな仮定をしたら、素数が有限個だってことになる」いったい、ミルカさんは何を言っているんだろう。

「《素数が有限個》と仮定したんだよ。まだ気がつかないかな」

ミルカさんの表情で、僕は気がついた。

「背理法——か！」

8.9.4　素数の無限性の証明

背理法——それは証明の基本的スタイルの一つだ。背理法を一言でいえば《証明したい命題の否定を仮定して、矛盾を導く》となる。でも、自分が証明したい命題の否定をわざわざ仮定するというトリッキーな方法なので苦手な人も多い。

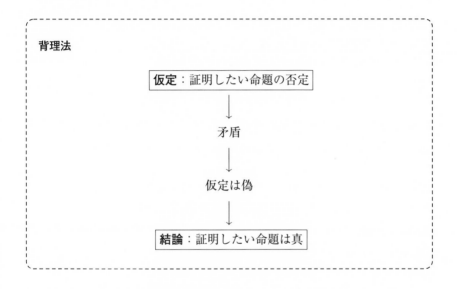

「それではこれから**素数は無数に存在する**という命題を背理法を使って証明する」

彼女はこう宣言して、まるで手術を始める外科医のように両手を広げる。

「ねえミルカさん、素数の無限性の証明というと、かのユークリッドの方法のこと？　素数を有限個と仮定すると、すべての素数を掛けて 1 足した数もまた素数になって——」

と言いかけると、ミルカさんは、目の前でさっと指を振り、僕の言葉を封じた。

「素数が有限個だと仮定する」きっぱりした声でミルカさんは続ける。

「素数の個数を m 個としよう。すると、すべての素数は小さい順に、

$$p_1, p_2, \cdots, p_k, \cdots, p_m$$

と表せる。最初の 3 個は $p_1 = 2$, $p_2 = 3$, $p_3 = 5$ だよ。そこで、次のような無限和の有限積 Q_m を考える」

$$Q_m = \left(\frac{1}{2^0} + \frac{1}{2^1} + \frac{1}{2^2} + \cdots \right) \cdot \left(\frac{1}{3^0} + \frac{1}{3^1} + \frac{1}{3^2} + \cdots \right)$$

$$\cdots \cdot \left(\frac{1}{p_m{}^0} + \frac{1}{p_m{}^1} + \frac{1}{p_m{}^2} + \cdots \right)$$

$$= \prod_{k=1}^{m} \left(\frac{1}{p_k{}^0} + \frac{1}{p_k{}^1} + \frac{1}{p_k{}^2} + \cdots \right)$$

$$= \prod_{k=1}^{m} \frac{1}{1 - \frac{1}{p_k}} \qquad 《積の形》$$

「要するに、さっきの Q_2 で 2 個だった素数を m 個にしたんだ。そして m 個の有限の値を掛けるのだから、Q_m もまた有限の値になる」

僕は式を追って考える。

「ええと、ははあ、なるほど。そうだね。素数 p_k は 2 以上だから、等比級数 $\frac{1}{p_k{}^0} + \frac{1}{p_k{}^1} + \frac{1}{p_k{}^2} + \cdots$ は $\frac{1}{1 - \frac{1}{p_k}}$ に収束する。つまり有限の値ということか」

「そう。でね、ここからがおもしろいんだよ……」

ミルカさんはそう言って、細い舌を出して上唇をゆっくり舐める。

「さっき、二つの素数 2 と 3 で行ったのと同じことを m 個の素数で行う。つまり有限であることを念頭に置いて、具体的に展開するんだ。今回は指数を 2 個で《分けっこ》するのではなく、m 個で《分けっこ》する——きみの表現を使えばね」

$$Q_m = \left(\frac{1}{2^0} + \frac{1}{2^1} + \frac{1}{2^2} + \cdots \right) \cdot \left(\frac{1}{3^0} + \frac{1}{3^1} + \frac{1}{3^2} + \cdots \right)$$

$$\cdots \cdot \left(\frac{1}{p_m{}^0} + \frac{1}{p_m{}^1} + \frac{1}{p_m{}^2} + \cdots \right)$$

$$= \underbrace{\left(\frac{1}{2^0 3^0 5^0 \cdots p_m^0} \right)}_{\text{指数の和が 0 の項}} + \underbrace{\left(\frac{1}{2^1 3^0 5^0 \cdots p_m^0} + \cdots + \frac{1}{2^0 3^0 5^0 \cdots p_m^1} \right)}_{\text{指数の和が 1 の項}} + \cdots$$

$$= \sum_{n=0}^{\infty} \underbrace{\sum \frac{1}{2^{r_1} 3^{r_2} 5^{r_3} \cdots p_m^{r_m}}}_{\text{指数の和が n の項}} \quad 《和の形》$$

「こういう形の式になる」とミルカさんが言った。

「え、ええと……。最後の式の意味がよくわからない。特に内側の $\sum$ には何も書いていないし」と僕は言った。

「何も書いていないけれど、ここでは、内側の $\sum$ は、$r_1 + r_2 + \cdots + r_m = n$ を満たす、すべての $r_1, r_2, \ldots, r_m$ に関する総和を取ることにする」

「それは《指数の和が n になるようなすべての組み合わせ》ということかな、ミルカさん？」

「そう。要するに、この Q_m は $\frac{1}{素数の積}$ という形をした項の和だよ。素数 p_k の指数を r_k と表して、指数の和が n になるようなすべての組み合わせに関して、$\frac{1}{素数の積}$ の和を取っているんだ。さて、ここで分母に注目する。すなわち《素数の積》の部分だよ。こうなっているね」

$$2^{r_1} 3^{r_2} 5^{r_3} \cdots p_m^{r_m}$$

「さて、背理法の仮定から、世界に素数は m 個しかない。素因数分解の一意性から、すべての正の整数は $p_1^{r_1} p_2^{r_2} p_3^{r_3} \cdots p_m^{r_m}$ の形に一意に素因数分解できる。ということは……Q_m を展開した各項の $\frac{1}{素数の積}$ の分母には、すべての正の整数が必ず一度だけ現れることになる」

「うんうん。これはさっきの 2 と 3 での議論と同じだね」

「分母に《すべての正の整数が必ず一度だけ現れる》ということは、要するに次の式が成り立つという意味だ」

$$Q_m = \frac{1}{1} + \frac{1}{2} + \frac{1}{3} + \frac{1}{4} + \cdots$$

「あっ！」調和級数だ。

「気がついたようだね」

「Q_m は有限のはずなのに、これじゃ発散してしまう」

「その通り。収束する無限等比級数を使って Q_m が有限であることはすでに示した」ミルカさんは畳み掛けるように言う。

$$Q_m = \prod_{k=1}^{m} \frac{1}{1 - \frac{1}{p_k}} \qquad \text{（有限の値）}$$

「ところが、今度は Q_m が調和級数 $\sum_{k=1}^{\infty} \frac{1}{k}$ に等しくなった」

$$Q_m = \sum_{k=1}^{\infty} \frac{1}{k} \qquad \text{（調和級数）}$$

「つまり、次の等式が示されたことになる」

$$\prod_{k=1}^{m} \frac{1}{1 - \frac{1}{p_k}} = \sum_{k=1}^{\infty} \frac{1}{k}$$

「左辺は、素数は有限個という背理法の仮定から《有限の値》になる。右辺は、調和級数だから《正の無限大に発散》する。これは矛盾だ」

「！」僕は言葉が出てこない。

「背理法の仮定《素数は有限個である》から矛盾が導けた。したがって仮定の否定、すなわち《素数は無数に存在する》が示された。Quod Erat Demonstrandum——証明終わり」

ミルカさんは指をぴんと立てて宣言する。

「はい、これで、ひと仕事おしまい」

調和級数の発散が、素数の無限性の証明に結びつくとは……驚きだ。なんという宝物だろう。

「この素晴らしい証明は、《鷲が飛翔するごとく、人が呼吸するごとく、彼

は計算をした》と言われている、私たちの師からの受け売りだよ」と彼女が
言った。

「僕たちの師、とは？」

「18世紀最大の数学者——レオンハルト・オイラーその人だよ」

ミルカさんは僕をまっすぐ見すえて言った。

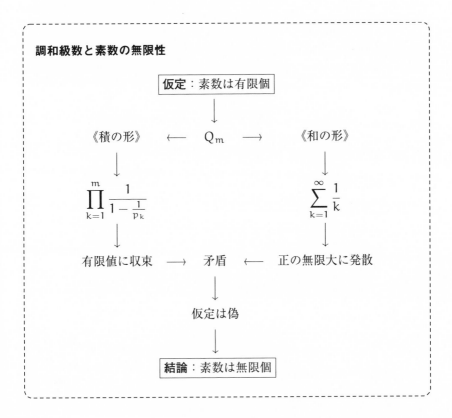

8.10 プラネタリウム

土曜日。

　プラネタリウムは、カップルや子供連れでいっぱいだった。僕とテトラちゃんは並んで席に着く。ドームの中央には奇妙な形をした黒い投影機が設置してある。

　「先輩といっしょにプラネタリウムに来るなんて、ちょっと緊張です。今朝なんか、すごく早起きしちゃいました。へっへー」テトラちゃんは頭をかく。

　しばらくして照明が落とされ、夕焼けの風景がいっぱいに映し出される。日が暮れるにつれて、星が一つ、また一つと増えていく。いつしか夜空は大小さまざまの光点で満ちる。

　「きれい……」

　すぐ隣のテトラちゃんから溜息（ためいき）が漏れた。確かに、これはきれいだ。

　——それではこれから、北極点へ向けて飛び立ちましょう——

　アナウンスと同時に全天空がゆさぶられ、いっせいにすべての星々が流れ始めた。本当に空に浮かび上がった錯覚にとらわれ、僕たちは思わず身を固くする。あっというまに北極点に到着だ。

　「オーロラ！」どこかで子供が声を上げる。

　ほのかな光が厚みを増し、カーテンを形作る。うねるようなグラデーションが幾重にも絡み合い、僕たちを取り囲む。観客もすっかり静まって、光のハーモニーに浸っている。

　いつもの世界、いつもの時間から切り離され、僕とテトラちゃんは二人で北極点にやってきた。遠く離れた世界、遠く離れた時間にやってきて、いっしょに宇宙（そら）を見上げる。有限個のはずなのに無数と呼びたくなるほどの星々を見る。

　と、そのとき——

　僕の心臓がどきり、と鳴った。

　右腕に、テトラちゃんの重みを感じたからだ。

　彼女は、僕のひじのあたりをそっと抱え、体を寄せ、体重を預けている。いつもの甘い香りが強くなる。

テトラちゃん……。

北極点から見える星座、地軸の傾き、それから白夜についての解説が続いていたようだけれど、僕の頭には何も残らない。

空には星が浮かび、心にはすぐそばにいるテトラちゃんの姿が浮かぶ。名前を呼ぶと顔を輝かすテトラちゃん。バタバタするテトラちゃん、真剣な表情のテトラちゃん。納得するまでじっくり考え、でもうっかりミスするテトラちゃん。一途で、ひたむきで、元気いっぱいのテトラちゃん。

そんなテトラちゃんが、僕のことを——？

僕は、もう、何を考えているかわからなくなる。

気持ちがぴったりと一致することはありえなくても、一致していると見なせるほどにじゅうぶん近づくことはできるのかな。たっぷり時間をかけるなら——漸化式のような歩みでも。

僕たちは、限られた現在を共有（シェア）してる。見えるものはほんのわずか、知りえることはほんのわずか。けれども、僕らは無限を捕まえる。見つけたものを手がかりに。知りえたことを梃子（てこ）にして。僕たちに翼はない。しかし僕たちには言葉がある。

……そのまま、どれほどの時間が過ぎただろう。やがて、天空のオーロラが吹き払われて消えていき、ガイダンスの落ち着いた声が、とまどう僕を現実に引き戻す。

——さて、しばしの旅、お楽しみいただけたでしょうか——

場内が明るくなる。星々が白いライトに飲み込まれて消える。いままで無数の星で満ちていたなめらかな天球は、多面体で近似されてごつごつしたスクリーンへと姿を変える。

ファンタジーから引き戻された観客たちは、なごり惜しそうに、でもどこかほっとする。咳払い。背伸び。帰り仕度。みなは、思い思いに日常へ回帰する。

でも。

でも、僕は、まだテトラちゃんに捕えられたままだ。僕たちは、北極点に残っている。遠い世界、北の果て、オーロラの下（もと）に。

ええと——なんて声をかけたらいいんだろう。僕は、ゆっくりと、彼女の
ほうを向く。

「……あれ？」

テトラちゃんは、僕にもたれたまま眠っていた。
しかも、ぐっすりと。

No.

Date　　・　・

「僕」のノート

部分和　$\displaystyle\sum_{k=1}^{n} a_k = a_1 + a_2 + a_3 + \cdots + a_n$

無限級数　$\displaystyle\sum_{k=1}^{\infty} a_k = a_1 + a_2 + a_3 + \cdots$

調和数　$\displaystyle H_n = \sum_{k=1}^{n} \frac{1}{k} = \frac{1}{1} + \frac{1}{2} + \frac{1}{3} + \cdots + \frac{1}{n}$

調和級数　$\displaystyle H_\infty = \sum_{k=1}^{\infty} \frac{1}{k} = \frac{1}{1} + \frac{1}{2} + \frac{1}{3} + \cdots$

ゼータ関数　$\displaystyle \zeta(s) = \sum_{k=1}^{\infty} \frac{1}{k^s}$

ゼータ関数と調和級数　$\displaystyle \zeta(1) = \sum_{k=1}^{\infty} \frac{1}{k}$

ゼータ関数とオイラー積　$\displaystyle \zeta(s) = \prod_{\text{素数 } p} \frac{1}{1 - \frac{1}{p^s}}$

第9章
テイラー展開とバーゼル問題

そこで私はひとつながりの数章をさいて、
多くの無限級数の性質とその総和を探求した。
それらの級数のいくつかには、無限解析の支援を受けなければ
ほとんど究明不能のように見えるというほどの性質が備わっている。
——オイラー [25]

9.1　図書室

9.1.1　二枚のカード

「せんぱーい、郵便ゆうびんっ！」

いつも元気なテトラちゃんが走り寄ってきた。大きな声を出して、手にしたカードを振り回している。それにしても、その音量はちょっと……。

「ねえ、テトラちゃん。ここは図書室。僕たちは高校生。求められているのは静寂。もう少し静かにしようよ」

「あ、はい……すみません」彼女は、われに返って頭を下げ、恥ずかしそうに周りを見回す。

いつもの図書室、いつもの放課後、いつものバタバタっ娘、テトラちゃん。

まあ確かに、図書室にいるのは僕たちだけ……でも、あまり騒いで司書の

瑞谷女史が動きだすと面倒だ。

「ええと——はいっ、これが先輩の分っ」彼女は、手にした二枚のカードを見比べてから、一枚を差し出した。そして「これがあたしの分」と言って、もう一枚を胸に当てた。

「あれっ、村木先生のカード、テトラちゃんも貰ったの？」

「えへへへへー。そうなのです。村木先生に《先輩に数学を教えていただいてます》っていう話をしたんです。そしたら先生、このカードをくださって、一枚はあたしの分、もう一枚は先輩の分だよって。そいでもって、あたくしテトラ、今日は郵便屋さんなのです」

くったくのない笑顔を見せるテトラちゃん。

僕のカードにはこんな式が書かれていた。

（僕のカード）

$$\sum_{k=1}^{\infty} \frac{1}{k^2}$$

そして、テトラちゃんのカードはこうだ。

（テトラちゃんのカード）

$$\sin x = \sum_{k=0}^{\infty} a_k x^k$$

「先輩……あたしのカード、《研究課題》ですよね」真面目な顔に戻ったテトラちゃんは、僕の隣に座りながら言った。

「そうだね。《研究課題》——このカードを出発点にして自分で問題を作

り、自由に考えてみなさいってことだ。村木先生はこういう課題をときどき
出すね」

　テトラちゃんは、自分のカードを両手で持って、顔に近づけている。式の
意味を考えているんだろう。

　「あの……でも先輩、$\sin x = \sum_{k=0}^{\infty} a_k x^k$ なんていう方程式、あたしには
どうやっても解けないような……」

　「テトラちゃん、これは x を求めるという問題じゃないよ。つまり、この
式は方程式じゃない」僕はにこっと笑う。

　「方程式じゃ——ない？」

　「うん。これは方程式じゃなくて、恒等式だ。このカードの式が恒等式
になるように——つまり、すべての x について成り立つように——数列
$a_0, a_1, a_2, \ldots$ を求めるという問題だと思う」

　「え、ええっと……先輩。とっかかりの部分だけ、も少し教えていただけ
ますか。実際の問題を解くところは自力でがんばりますから——始めのとっ
かかりだけ」

　と言いながら、目に見えない梯子（はしご）に手をひっかけるテトラちゃん。きっと
そこから空へ昇っていくのだろう。

　無限の彼方まで。

9.1.2　無限次の多項式

　「じゃあ、こんなふうに問題設定してみようか」僕はそう言いながら、テ
トラちゃんのカードに問題を書き込む。

問題 9-1

関数 $\sin x$ が以下のような冪級数に展開できると仮定する。このとき、
数列 $\langle a_k \rangle$ を求めよ。

$$\sin x = \sum_{k=0}^{\infty} a_k x^k$$

「べききゅうすう……っていうのは——」

「**冪級数**っていうのは、このカードの右辺にあるような無限次の多項式だ
ね。多項式——たとえば、x についての二次の多項式っていうのはわかる
よね」

「たとえば、こういうのですよね」彼女はノートを広げる。

$$ax^2 + bx + c \qquad 二次の多項式（？）$$

「そうだね。でも厳密には間違い。$a \neq 0$ という条件を付けなくちゃいけ
ない。でないと——たとえば $a = 0, b \neq 0$ なら二次の多項式じゃなくて一
次の多項式になっちゃうから。条件を付けてみて」

「はいっ」

すぐ返事をして、ノートに書き込む。素直だなあ。

$$ax^2 + bx + c \qquad 二次の多項式（a \neq 0）$$

「あの、先輩……ということは、無限次の多項式は、こう書くんでしょう
か。でも、なんか……変ですね」

$$ax^{\infty} + bx^{\infty-1} + cx^{\infty-2} + \cdots \qquad 無限次の多項式（？）$$

なるほど、そう書きたくなるのか……。

「いやいや、それは無茶だよ、テトラちゃん。無限次の多項式は、次数の
小さい項から書いていく。でないと、指数に ∞ を書くなんて変なことをし
なくちゃいけなくなる。無限次の《無限》という部分は、最後の点々（$\cdots$）

で表現することになっている。以下の式を見比べるとわかるよね」

$$a_0 + a_1 x + a_2 x^2 \qquad\qquad 二次の多項式 \ (a_2 \neq 0)$$

$$a_0 + a_1 x + a_2 x^2 + \cdots \qquad\qquad 無限次の多項式（冪級数）$$

「あ、なるほど。x の指数が小さいほうを先に書くんですね。そりゃそうですね……ところで、どうして $a, b, c, \ldots$ ではなく $a_0, a_1, a_2, \ldots$ を使ったんですか」

「だって、係数に $a, b, c, \ldots, z$ を使うと、0 次から 25 次までしか表現できないじゃない。アルファベットは 26 文字しかないから。それに……変数に x を使っているなら、係数に x は使えないし。それに、a_k のように k という変数を使うと、一般項を書きやすいという理由もあるね。《変数の導入による一般化》だ。……ではここで、問題 9-1 の式を $\sum$ を使わずに書いてみよう」

$$\sin x = a_0 + a_1 x + a_2 x^2 + \cdots + \underbrace{a_k x^k}_{一般項} + \cdots$$

「これで数列 $\langle a_k \rangle$ を求めたことになるんですか」

「違う違う。これは、さっきの問題 9-1 そのもの。$\sum$ を具体的に書いただけだ。$\sin x$ の振る舞いを手がかりにして、数列 $\langle a_k \rangle$ を求めるのが問題だよ。つまり、$a_0, a_1, a_2, \ldots$ の実際の値を見つけるんだ」

「実際の値が、わかるんですか。$a_0, a_1, a_2, \ldots$ って全部？」

「そう、全部。三角関数 $\sin x$ をグラフに描くと、こんな曲線になるよね。いわゆる**サインカーブ**だ。これを見れば、少なくとも a_0 はすぐに見つけられるよ」僕はグラフを描きながら言った。

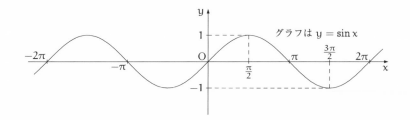

「テトラちゃん、このグラフを見て考えてごらん。a_0 は何だろうか。具体的な数で言えるかな」

「あ、あたしにもわかるんですか?」

「絶対わかる。がんばって考えてごらん。いま、ここで」

テトラちゃんは真剣に式とグラフを見比べて、a_0 の値を探り始める。

$$\sin x = a_0 + a_1 x + a_2 x^2 + a_3 x^3 + \cdots$$

彼女は表情が豊かだ。嬉しいとき、困っているとき、考え込んでいるとき、心の動きがダイレクトに顔に現れる。それを見ているだけで、こちらの気持ちまで一緒に動いてしまいそうなほどに。

うん。大きな目はテトラちゃんのチャームポイントだな。よく動く瞳、おおげさなジェスチャもいい感じ。そして何より、ストレートで素直な性格がすべてのベースにある。……でも、そんなことを解析するのはつまらないな。テトラちゃんは——テトラちゃんだ。

少しして、彼女は嬉しそうに顔を上げた。

「先輩。簡単です。わかりました。0 です! $a_0 = 0$ ですね!」

「その通り。どうして?」

「だって、このグラフを見れば、$\sin 0$ の値は 0 だとわかりますよね。グラフが $x = 0, y = 0$ を通っていますから。ということは、x が 0 なら、式 $a_0 + a_1 x + a_2 x^2 + \cdots$ も 0 に等しくなるはずです。$\sin 0$ に等しいんですから。それで、x が 0 なら、残るのは a_0 だけになります。だって、a_0 以外はすべて $x = 0$ が掛かっていますから、残るのは a_0 のみ。ということは——決定、a_0 の値は 0!」

「正解。でも、怒鳴っちゃ駄目だよ」

「あっと……すみません。求められているのは静寂——でしたね」

「そうじゃなくって、0! って怒鳴ると 1 になっちゃうからね」

「…………」

「…………」

「…………」

「…………つぎに進もうか。a_0 以外の値はわかるかな」

　自分の答え $a_0 = 0$ が正しいことがわかったテトラちゃんは、大きな目を
ますます開いて数式をにらみ、計算を始めた。

　うん。バタバタっ娘テトラちゃんも、いざというときの集中力はすごい。
それもまたチャームポイントかな。

　テトラちゃんは、問題 9-1 に取り組み始めた。

　僕は僕で、自分のカード $\sum_{k=1}^{\infty} \frac{1}{k^2}$ に向かう。ノートを開き、シャープペ
ンを握る。まずは……具体的な姿をつかむところからスタートかな。

　ここは図書室。僕たちは高校生。静寂の中での勉強開始。

9.2　自分で学ぶということ

　帰り道。僕とテトラちゃんはややこしく曲がった住宅地の路地を巡りなが
ら駅へ向かう。いつものように、僕はテトラちゃんのペースに合わせてゆっ
くり歩く。

　「$\sin x$ の冪級数はどこまで考えたの？」

$$\sin x = a_0 + a_1 x + a_2 x^2 + a_3 x^3 + \cdots$$

　「$x = 0$ を入れて $a_0 = 0$ というのがわかったので、$x = \frac{\pi}{2}$ や $x = \pi$ を入
れて計算しようと思ったんです。だって、あたしが $\sin$ について知っている
ことといえば、たとえば $\sin \frac{\pi}{2} = 1$ や、$\sin \pi = 0$ くらいですから……」

　彼女は人差し指を伸ばし、小さな声で（なみ、なみ、なみ）と言いながら、
サインカーブを空中に描く。

　「なるほど」僕は微笑を抑えきれない。

　「……でも、いくら $\sin \frac{\pi}{2} = 1$ だって知っていても、肝心の——右辺の冪
級数で x に $\frac{\pi}{2}$ を代入したときの値がわからないので、挫折しました。ふ
にゃ……」

　「ヒントを言ってもいい？」

　「あ、はい」

　「テトラちゃんは関数を研究する最強の武器を知っている？」

「武器、ですか」テトラちゃんは、左目をつぶって僕を撃つ真似。

「関数を研究する最強の武器の一つは**微分**なんだ」

「微分——まだ、それは習ってませんね。ええっと、耳にしたことはあるし、興味もあるんですけれど」

「テトラちゃんは、そのあたりは受け身なの？」

「受け身……？」

「図書館や本屋に行けば山ほど本があるよね。学習参考書から専門的な本まで、よりどりみどりだ。学校で先生から習うことは、学ぶきっかけとして大事。でも、1 から 10 まで、ガッコーでセンセーが教えてくれるのを口を開けて待っているのは受け身過ぎるよ。もしも、興味があるって言うならね」

「ええっと……」

彼女はとまどい気味だ。ちょっと言い方がきつすぎたかな。

「テトラちゃんは英語が好きだから——洋書、読むでしょ？」

「そうですね。paperback をよく読みます」

「わからない単語があったとき、学校で先生が教えてくれるまで待つ？」

「いえ、自分で辞書を引いて調べます。授業で習うまで待つなんてことはありません。だって、先を読みたいですから……ああ、先輩のおっしゃるのはそういうことですか」

「そ。僕たちは好きで学んでいる。先生を待つ必要はない。授業を待つ必要はない。本を探せばいい。本を読めばいい。広く、深く、ずっと先まで勉強すればいい」

「確かに——英語で本を読むときには、どんどん先に進みます。《次はどんな本を読もうかな》って楽しみにします。単語をただ調べるだけじゃなく、synonym を thesaurus で探したりします。そっか、数学もそうやって自分から進んで学んでいいんですね。考えてみれば当たり前かあ……。何だか、勝手に先へ進んじゃいけないような気持ちになってました。授業でやっていないからって」

「……話がそれちゃったけれど。なに話してたんだっけ」

「Where were we?」

「ええと……」

「ねえ先輩——《ビーンズ》でいっしょに思い出しませんか？」

テトラちゃんの上目遣いの提案に、僕は抵抗する力を持っていない。

9.3 《ビーンズ》

9.3.1 微分のルール

駅前のコーヒーショップ《ビーンズ》にテトラちゃんと一緒に来るのも、もう何回目になるだろう。いつのまにか僕たちは、並んで座る習慣になっていた。なぜって——なぜって、向かい合わせだと数式が読みにくいからだ。席につくと、僕たちはすぐノートを広げる。

「これからの話は、三角関数の微分と多項式の微分がわかっていないと少しつらい。でも、難しいところは《微分のルール》としてポイントだけ教えるから——」

「大丈夫です。がんばりますから！」テトラちゃんは両手をぐっ、と握る。

「$\sin x$ が次のような冪級数で表現できるとする」

$$\sin x = a_0 + a_1 x + a_2 x^2 + \cdots$$

「$\sin x$ がこんなふうに表現できるのは自明じゃない。きちんと証明しなくちゃいけないことだけれど、いまは深入りしない。で、無限数列 $\langle a_k \rangle = a_0, a_1, a_2, \ldots$ がどんな数列になっているかを明らかにするのが目標。$\sin x$ という関数を $\langle a_k \rangle$ という数列に分解するわけだ。これを関数の冪級数展開という——ここまでは、いいかな」

テトラちゃんは、真面目な顔で頷く。

「このうち、a_0 の値はさっきテトラちゃんが $x = 0$ を使って見つけ出した。$\sin 0 = 0$ から、以下の式が成り立つ」

$$a_0 = 0$$

テトラちゃんを見ると、小さく頷いている。よし、では先に進もう。

「きみは、まだ微分のことを知らない。でも、いまは時間もないし、微分

の定義から話をするのはやめておく。その代わりに、微分を単なる計算ルールだと思ってみよう。微分を《関数から関数を作り出す計算》だと思うんだ──まあ、それは嘘でも何でもないんだけれどね」

「《関数から関数を作り出す計算》──ですか」

「そう。f(x) という関数を微分すると、別の関数が得られる。その関数のことを、f(x) の**導関数**と呼ぶ。f(x) の導関数は f′(x) と書く。他にも書き方はあるけれど、f′(x) はよく使われる」

$$f(x) \qquad\qquad 関数\ f(x)$$

$$\downarrow 微分する$$

$$f'(x) \qquad\qquad 関数\ f(x)\ の導関数$$

「ここで微分の約束ごと《微分のルール》をいくつか並べておくよ。微分の定義を学べば、これらのルールは微分の定義からきちんと証明できるけれど、ここでは先に進むことにしよう」

《微分のルール（1）》定数の微分は 0 になる

$$(a)' = 0$$

《微分のルール（2）》x^n を微分すると nx^{n-1} になる

$$(x^n)' = nx^{n-1} \qquad (指数が降りてくる)$$

《微分のルール (3)》 $\sin x$ **を微分すると** $\cos x$ **になる**

$$(\sin x)' = \cos x$$

「これらの《微分のルール》は、a priori に given とするのですね」とテトラちゃんが言った。

「え？」ア・プリオリにギヴン？

「《微分のルール》は最初から与えられていることにするのですね」とテトラちゃんが言い直した。

「——うん。その通り。では、次の式の両辺を x で微分してみよう」僕はノートに式を書く。

$$\sin x = a_0 + a_1 x + a_2 x^2 + a_3 x^3 + a_4 x^4 + \cdots$$
$$\downarrow$$
$$(\sin x)' = (a_0 + a_1 x + a_2 x^2 + a_3 x^3 + a_4 x^4 + \cdots)'$$

「微分した結果、次のようになるのは理解できるかな、テトラちゃん」

$$\cos x = a_1 + 2a_2 x + 3a_3 x^2 + 4a_4 x^3 + \cdots$$

彼女は《微分のルール》と、上の式を何度も見比べる。

「ええと——左辺は《微分のルール (3)》ですね。$\sin x$ を微分すると $\cos x$ になる、と。右辺は《微分のルール (2)》を各項で使ったのですね」

「そう。ほんとうは微分演算子の線形性と冪級数への適用可能性も証明しなくちゃいけないんだけれどね」

「あ、でも a_0 はどうして消えちゃったんですか」

「a_0 は x とは無関係な定数だから《微分のルール (1)》を使った。定数の微分は 0 になる」

「わかりました、先輩。《微分のルール》によって、以下の式が出てくることは理解しました」

$$\cos x = a_1 + 2a_2 x + 3a_3 x^2 + 4a_4 x^3 + \cdots$$

9.3.2 さらに微分

「じゃ、次の式を見て、テトラちゃんは a_1 の値がわかるかな。$y = \cos x$ のグラフがあればわかるはずだよ」

$$\cos x = a_1 + 2a_2 x + 3a_3 x^2 + 4a_4 x^3 \cdots$$

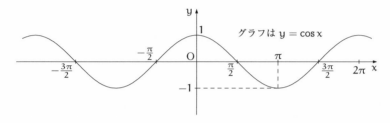

「えっ……あっ、もしかして、さっきと同じですか？ $\cos x = \cdots$ の式で、x に 0 を代入すればいいですね。ええと——こうですねっ！」

$$\cos 0 = a_1 + 2a_2 \cdot 0 + 3a_3 \cdot 0^2 + 4a_4 \cdot 0^3 \cdots$$
$$= a_1$$

「ここでグラフから $\cos 0 = 1$ ですから……。こうなりますっ！」

$$a_1 = 1$$

「そうだね」僕は頷く。

テトラちゃんは笑みを浮かべる。

「……先輩！ この先も見えましたよ。次は $\cos x$ を微分するんでしょう？」

「そう、その通り。そのためには $(\cos x)'$ の計算ルールがあればいい。$\cos x$ 用の《微分のルール》だ」

《**微分のルール (4)**》$\cos x$ **を微分すると** $-\sin x$ **になる**

$$(\cos x)' = -\sin x$$

「ということは、$\cos x$ を微分して……」

$$\cos x = a_1 + 2a_2 x + 3a_3 x^2 + 4a_4 x^3 + \cdots$$
$$\downarrow$$
$$(\cos x)' = (a_1 + 2a_2 x + 3a_3 x^2 + 4a_4 x^3 + \cdots)'$$

「こうなりますね！」テトラちゃんは紅潮した顔を上げて言った。

$$-\sin x = 2a_2 + 6a_3 x + 12a_4 x^2 + \cdots$$

「うん、そうだね。これで求まる係数は？」と僕は尋ねる。

「a_2 です。いつものように $x = 0$ を代入します」テトラちゃんは急いでノートに書く。

$$-\sin x = 2a_2 + 6a_3 x + 12a_4 x^2 + \cdots \quad \text{上で得た式}$$
$$-\sin 0 = 2a_2 \quad\quad\quad x = 0 \text{ を代入した}$$
$$a_2 = 0 \quad\quad\quad\quad \sin 0 = 0 \text{ を使い、式を整理}$$

「これで $a_2 = 0$ まで求まりました。最強の武器を使いまくっているみたいですね。調子が出てきましたよぅ——はい、次の《微分のルール》は何ですか」

「もう、なくても大丈夫」

「だってこんどは $-\sin x$ を微分しなくちゃ……あ、これは $\sin x$ の微分からわかるんですね！」

「そう。あとはぐるぐる繰り返すだけだ」

「ぐるぐる？」

「$\sin x$ を微分すると $\cos x$ になり、$\cos x$ を微分すると $-\sin x$ になり、……これは次のような《周期が 4 の繰り返し》になる。これが三角関数の微分の特徴だ」と僕は言った。

三角関数の微分

$$\sin x \quad \xrightarrow{\text{微分}} \quad \cos x$$

$$\Big\uparrow\text{微分} \qquad\qquad \text{微分}\Big\downarrow$$

$$-\cos x \quad \xleftarrow[\text{微分}]{} \quad -\sin x$$

「わかりました。じゃあ次は a_3 を求めてみます」

$$-\sin x = 2a_2 + 6a_3 x + 12a_4 x^2 + \cdots \qquad \text{さっき得た式}$$

$$(-\sin x)' = (2a_2 + 6a_3 x + 12a_4 x^2 + \cdots)' \qquad \text{両辺を微分}$$

$$-\cos x = 6a_3 + 24a_4 x + \cdots \qquad \text{《微分のルール》から}$$

$$-\cos 0 = 6a_3 \qquad x = 0 \text{ を代入}$$

$$a_3 = -\frac{1}{6} \qquad \cos 0 = 1 \text{ を使い、式を整理}$$

「……はい、$a_3 = -\frac{1}{6}$ と求まりました。じゃあ次は a_4 を……」

「ちょっと待って。そうやって一つ一つ係数を求めていくのもいいけれど、まとめて考えてみようか。大丈夫？」

「え？ ……ええ！ 大丈夫ですよ！」

9.3.3 sin x のテイラー展開

　僕たちは、すっかり冷たくなったコーヒーを飲んで、ノートの新しいページを広げる。僕は口頭でヒントを与え、テトラちゃんは自分でノートに数式を書く。

　「いま、僕たちは $\sin x$ の冪級数展開を作ろうとしている。さっきは係数のうち a_0, a_1, a_2, a_3 の4個を求めた。これから、係数をまとめて求めてみよう。$\sin x$ の冪級数展開の式をもう一度書いてごらん」と僕は言った。

　「はい、これですね」

$$\sin x = a_0 + a_1 x + a_2 x^2 + a_3 x^3 + a_4 x^4 + a_5 x^5 + \cdots$$

　「うん、それでいい。そうだ。x は x^1 としておこうか」

$$\sin x = a_0 + a_1 x^1 + a_2 x^2 + a_3 x^3 + a_4 x^4 + a_5 x^5 + \cdots$$

　「両辺を何度も微分していく。その際に、係数を計算しないで、積の形を残しておくのがポイント」

　「え？ 先輩……計算しないんですか？」

　「そう。計算しない。積を残しておくほうが《規則性》を見つけやすいからだ。さあ、やってみよう。特に定数項に注目するんだよ」

　「はい！」

$$\sin x = \underline{a_0} + a_1 x^1 + a_2 x^2 + a_3 x^3 + a_4 x^4 + a_5 x^5 + \cdots$$

↓微分する

$$\cos x = \underline{1 \cdot a_1} + 2 \cdot a_2 x^1 + 3 \cdot a_3 x^2 + 4 \cdot a_4 x^3 + 5 \cdot a_5 x^4 + \cdots$$

↓微分する

$$-\sin x = \underline{2 \cdot 1 \cdot a_2} + 3 \cdot 2 \cdot a_3 x^1 + 4 \cdot 3 \cdot a_4 x^2 + 5 \cdot 4 \cdot a_5 x^3 + \cdots$$

↓微分する

$$-\cos x = \underline{3 \cdot 2 \cdot 1 \cdot a_3} + 4 \cdot 3 \cdot 2 \cdot a_4 x^1 + 5 \cdot 4 \cdot 3 \cdot a_5 x^2 + \cdots$$

↓微分する

$$\sin x = \underline{4 \cdot 3 \cdot 2 \cdot 1 \cdot a_4} + 5 \cdot 4 \cdot 3 \cdot 2 \cdot a_5 x^1 + \cdots$$

↓微分する

$$\cos x = \underline{5 \cdot 4 \cdot 3 \cdot 2 \cdot 1 \cdot a_5} + \cdots$$

↓微分する

$$\vdots$$

「先輩！　《規則性》が見えてきました。$5 \cdot 4 \cdot 3 \cdot 2 \cdot 1$ という規則的な積が出てきました。……なるほどぉ。《微分のルール（2）》に出てきた《指数が降りてくる》というのが効いているんですね。掛ける数が規則的に変化するのがよくわかります」

「そうそう。自分で手を動かして数式を書いてみると、その感覚がよくわかるよね。目で追うだけじゃなく、手で書くことがとても大事なんだよ、テトラちゃん」

「本当にそうですね」

「次は、ここに出てきた導関数で $x = 0$ にしたらどうなるかを観察してみよう」

「はいっ。観察って、子供のころのアサガオ観察日記みたいですね。——ええと、$\sin 0 = 0$ に $\cos 0 = 1$ だから……」

$$0 = a_0$$
$$+1 = 1 \cdot a_1$$
$$0 = 2 \cdot 1 \cdot a_2$$
$$-1 = 3 \cdot 2 \cdot 1 \cdot a_3$$
$$0 = 4 \cdot 3 \cdot 2 \cdot 1 \cdot a_4$$
$$+1 = 5 \cdot 4 \cdot 3 \cdot 2 \cdot 1 \cdot a_5$$
$$\vdots$$

「《規則性》が見えますねえ……」

「うん。左辺の 1 を +1 って書いたのはなかなかいいかも。さて、いまほしいのは数列 $\langle a_k \rangle$ だよね。上の式を、各 a_k が左辺に来るように整理して、$5 \cdot 4 \cdot 3 \cdot 2 \cdot 1$ は階乗だから 5! と書いてみようね。さ、これで、$\sin x$ が冪級数展開できたよ。以下の式の a_k を具体的に書こう」

$$\sin x = a_0 + a_1 x^1 + a_2 x^2 + a_3 x^3 + \cdots$$

「はいっ！ 0 は飛ばしていいから $a_1, a_3, a_5, \ldots$ っと。……はいっ、できましたっ！」

「うん。テトラちゃんが書いたその冪級数展開は、$\sin x$ の**テイラー展開**というんだよ」

$\sin x$ **のテイラー展開**

$$\sin x = +\frac{x^1}{1!} - \frac{x^3}{3!} + \frac{x^5}{5!} - \frac{x^7}{7!} + \cdots$$

「テトラー展開、って呼びたいところですね」

「…………」

「…………」

「…………」

「…………でっ、でもこれ、覚えるの難しそうですねっ、複雑で」

「確かに複雑だけれど、よく観察してごらん。導出のなごりが式のあちこちに残っているのがわかるよ。たとえば分母に $1!, 3!, 5!$ のような階乗が出てくるのは、何回も微分して、指数を降ろしたからだよね。$+$ と $-$ の符号が交互に出てくることや、x の偶数乗の項がないのは、$0, +1, 0, -1$ という繰り返しに由来している。自分で手を動かして導出すると忘れないものだよ」

「ははあ……なるほど。それほど、難しくもない——かも」

「わざと階乗と冪乗を使わずに書き直すと、リズミカルな数式ができて楽しいよ」

$$\sin x = +\frac{x}{1} - \frac{x \cdot x \cdot x}{1 \cdot 2 \cdot 3} + \frac{x \cdot x \cdot x \cdot x \cdot x}{1 \cdot 2 \cdot 3 \cdot 4 \cdot 5} - \frac{x \cdot x \cdot x \cdot x \cdot x \cdot x \cdot x}{1 \cdot 2 \cdot 3 \cdot 4 \cdot 5 \cdot 6 \cdot 7} + \cdots$$

「へえ……何だかきれいですね。こんなふうに書いてもいいんですか」

「もちろんいい。自分の理解と楽しみのために、いろんな書き方をしてみるのはよいことだ。オイラーも本の中で x^2 を xx などと書くことがあったらしいよ。でも、テストのときに $x \cdot x$ なんて書いちゃまずいけれどね。さてこれで、カードに書いた問題 9-1 が解けたことになる」

「え、あ、はい。あたし、カードのこと、すっかり忘れていました。……これですね」

問題 9-1

関数 $\sin x$ が以下のような冪級数（べききゅうすう）に展開できると仮定する。このとき、数列 $\langle a_k \rangle$ を求めよ。

$$\sin x = \sum_{k=0}^{\infty} a_k x^k$$

「数列 $\langle a_k \rangle$ は k を 4 で割った余りで分類できる」と僕は言った。

解答 9-1

$$
a_k = \begin{cases} 0 & \text{k を 4 で割った余りが 0 の場合} \\ +\dfrac{1}{k!} & \text{k を 4 で割った余りが 1 の場合} \\ 0 & \text{k を 4 で割った余りが 2 の場合} \\ -\dfrac{1}{k!} & \text{k を 4 で割った余りが 3 の場合} \end{cases}
$$

9.3.4 極限としての関数の姿

「ところで、sin x のテイラー展開の意味について、もっと深く考えてみよう。もう一度 sin x のテイラー展開を書いてみて」

「あの——リズミカルなテイラー展開でもいいですか。何だか書いてみたくって」

$$\sin x = +\frac{x}{1} - \frac{x \cdot x \cdot x}{1 \cdot 2 \cdot 3} + \frac{x \cdot x \cdot x \cdot x \cdot x}{1 \cdot 2 \cdot 3 \cdot 4 \cdot 5} - \frac{x \cdot x \cdot x \cdot x \cdot x \cdot x \cdot x}{1 \cdot 2 \cdot 3 \cdot 4 \cdot 5 \cdot 6 \cdot 7} + \cdots$$

「ねえ、テトラちゃん。この式は無限級数——つまり無限個の項からなる和になっているよね。無限級数から有限個だけ項を取り出した部分和を考えてみよう。ここで、x^k の項まで取り出した部分和に、仮に $s_k(x)$ と名前を付ける。もちろん、$s_k(x)$ も x の関数だね」

$$s_1(x) = +\frac{x}{1}$$
$$s_3(x) = +\frac{x}{1} - \frac{x \cdot x \cdot x}{1 \cdot 2 \cdot 3}$$
$$s_5(x) = +\frac{x}{1} - \frac{x \cdot x \cdot x}{1 \cdot 2 \cdot 3} + \frac{x \cdot x \cdot x \cdot x \cdot x}{1 \cdot 2 \cdot 3 \cdot 4 \cdot 5}$$
$$s_7(x) = +\frac{x}{1} - \frac{x \cdot x \cdot x}{1 \cdot 2 \cdot 3} + \frac{x \cdot x \cdot x \cdot x \cdot x}{1 \cdot 2 \cdot 3 \cdot 4 \cdot 5} - \frac{x \cdot x \cdot x \cdot x \cdot x \cdot x \cdot x}{1 \cdot 2 \cdot 3 \cdot 4 \cdot 5 \cdot 6 \cdot 7}$$

　僕はカバンからグラフ用紙を取り出す。

　「関数 $s_1(x), s_3(x), s_5(x), s_7(x), \ldots$ のグラフを描いてみよう。つまり、$y = s_k(x)$ のグラフを $k = 1, 3, 5, 7, \ldots$ で描くということだ。すると、この関数の列が次第に $\sin x$ に近づいていく様子がよくわかるよ」

　僕はグラフを描く。

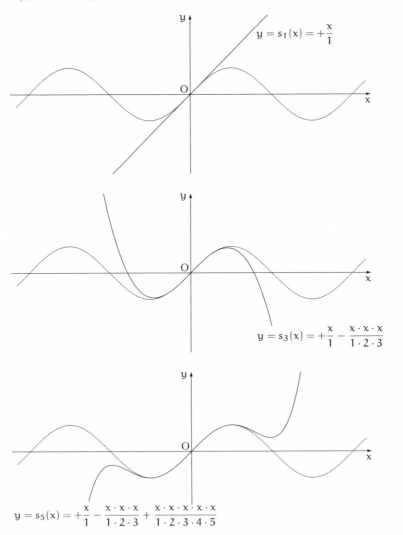

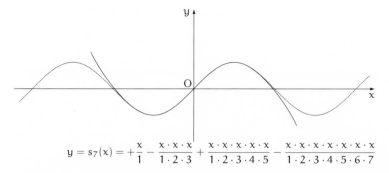

$$y = s_7(x) = +\frac{x}{1} - \frac{x \cdot x \cdot x}{1 \cdot 2 \cdot 3} + \frac{x \cdot x \cdot x \cdot x \cdot x}{1 \cdot 2 \cdot 3 \cdot 4 \cdot 5} - \frac{x \cdot x \cdot x \cdot x \cdot x \cdot x \cdot x}{1 \cdot 2 \cdot 3 \cdot 4 \cdot 5 \cdot 6 \cdot 7}$$

「へええ……。なるほどぉ。先輩、あたし、$\sin x$ を冪級数で表すって意味をわかっていませんでした。《微分のルール》でそういう式が出てくるのは理解したんですけれど、「だから、何？」みたいに思ってました。でも、このグラフを見て、k が大きくなると $s_k(x)$ が $\sin x$ に近づいていく様子がよくわかりました。サインカーブに、ぺたーりとくっついていく様子が可愛いですねえ」

「そうだね」

「あ、あのう……先輩。うまく言えないんですけれど、$\sin x$ っていうのは——名前に過ぎないんですね。とある関数を $\sin x$ って書き表しただけ。テイラー展開も、その同じ関数を冪級数の形で書き表しただけ。《$\sin x$》と《冪級数》とでは、数式としてずいぶん見た目が違うんですけれど、関数の性質は同じ。それでですね、冪級数の形になっていれば——とても便利って思ったんです。う……うまく言えなくてごめんなさい」

「いや、いやいや、テトラちゃん、きみはとてもすごい。本質をよくわかっている。そうなんだ。関数を研究したいとき、その関数がテイラー展開できるなら、扱いやすい多項式の延長線上で研究ができる。たとえば、さっきの $s_k(x)$ のように近似的な振る舞いを考える助けにもなる。無限次だから取り扱いに注意は必要だけれど、冪級数の形は非常に便利だ。そういえば、フィボナッチ数列やカタラン数を解くときに使った母関数も冪級数の形だった」

「……何だか、あたし、学校の授業を聞いていると、細かなところばかり気になってしまって、大づかみの話がわからないんです。何のために何をやっているか、混乱してしまう。でも、先輩のお話はまったく逆です。細かいところ——自分でも後で埋められそうなところをうまく飛ばしてくださって、

何のためにそれをするのかという大きな流れがくっきりとわかるんです」

「うーん、そうじゃなくて、テトラちゃんの理解力の——」

「そうなんです！」

テトラちゃんは、僕の言葉を遮る。

「そうなんですよ、先輩。たとえば今日、あたしは微分もさっぱりわかっていなくて、冪級数やテイラー展開という言葉も、生まれて初めて聞きました。でも、あたし、わかっちゃいました。テイラー展開を使えば、普通の多項式をいじるような感覚で、関数を研究できるってことを。一人でやってみろと言われてもできませんけれど……難しい関数を、無限次の多項式——冪級数——x^k の無限和——に落とし込む手法があるってことは、あたし、もう、つかみましたよ」

胸元で拳をぎゅっと握りしめるテトラちゃん。

「あたし、今日先輩からお聞きしたテイラー展開のこと、忘れないと思います。関数を研究したくなったとき《テイラー展開してみたらどうかな？》という発想があることを、あたし、今日、しっかり捕まえました。先輩のおかげで——」

彼女は、僕の顔からふっと目をそらし、テーブルに広げたグラフ用紙に目を落とす。なぜか頬が真っ赤になっている。

「だから、だから……あたし、先輩の貴重な時間を使って申し訳ないんですけれど、先輩のお話を聞くのがとても、とても好きなんです。先輩、あたし——」

そこでテトラちゃんは顔を上げ、僕を見てきっぱりと言った。

「——あたし、先輩が教えてくださったテイラー展開、一生忘れません！」

9.4　自宅

夜。

僕は自室で、村木先生からもらったカードを見る。僕の設定した問題は、こうだ。

問題 9-2

次の無限級数が収束するならその値を求め、収束しないならそのことを
証明せよ。

$$\sum_{k=1}^{\infty} \frac{1}{k^2}$$

まずは、$\overset{\text{シグマ}}{\sum}$ を具体的に書いて式の感じをつかもう。

$$\sum_{k=1}^{\infty} \frac{1}{k^2} = \frac{1}{1^2} + \frac{1}{2^2} + \frac{1}{3^2} + \frac{1}{4^2} + \frac{1}{5^2} + \cdots$$

しばらくつついてみたけれど、手がかりは簡単につかめそうにない。数値
計算をしてみようか。つまり、$\sum_{k=1}^{\infty} \frac{1}{k^2}$ という無限級数ではなく、$\sum_{k=1}^{n} \frac{1}{k^2}$
という部分和を具体的な n で計算してみよう。昼間は、テトラちゃんのカー
ドにばかり気を取られていたから、数値計算もやりかけだった。踏み込んで
計算してみよう。

$$\sum_{k=1}^{1} \frac{1}{k^2} \quad = \frac{1}{1^2} \qquad\qquad\qquad = 1$$

$$\sum_{k=1}^{2} \frac{1}{k^2} \quad = 1 + \frac{1}{2^2} \qquad\qquad = 1.25$$

$$\sum_{k=1}^{3} \frac{1}{k^2} \quad = 1.25 + \frac{1}{3^2} \qquad\quad = 1.3611\cdots$$

$$\sum_{k=1}^{4} \frac{1}{k^2} \quad = 1.3611\cdots + \frac{1}{4^2} \qquad = 1.423611\cdots$$

$$\sum_{k=1}^{5} \frac{1}{k^2} \quad = 1.423611\cdots + \frac{1}{5^2} \qquad = 1.463611\cdots$$

$$\sum_{k=1}^{6} \frac{1}{k^2} \quad = 1.463611\cdots + \frac{1}{6^2} \qquad = 1.491388\cdots$$

$$\sum_{k=1}^{7} \frac{1}{k^2} \quad = 1.491388\cdots + \frac{1}{7^2} \qquad = 1.511797\cdots$$

$$\sum_{k=1}^{8} \frac{1}{k^2} \quad = 1.511797\cdots + \frac{1}{8^2} \qquad = 1.527422\cdots$$

$$\sum_{k=1}^{9} \frac{1}{k^2} \quad = 1.527422\cdots + \frac{1}{9^2} \qquad = 1.539767\cdots$$

$$\sum_{k=1}^{10} \frac{1}{k^2} \quad = 1.539767\cdots + \frac{1}{10^2} \qquad = 1.549767\cdots$$

うーん、よくわからない。グラフでも描いてみようかな。

「あれ？」

カバンを開けたけれど、グラフ用紙は見つからなかった。学校に置いてきたんだっけ。

ま、この部分和は、急激には増加しないようだ。でも、収束するともいえない。先日計算した調和級数のようにゆるやかにゆるやかに発散する級数だってあるわけだし。

そういえば、この式は調和級数と非常に似ている。

$$\sum_{k=1}^{\infty} \frac{1}{k^2} \qquad\qquad \text{今回の問題 9-2}$$

$$\sum_{k=1}^{\infty} \frac{1}{k} \qquad\qquad \text{調和級数}$$

　違いは一点だけ。k の指数だ。今回の問題 9-2 は $\frac{1}{k^2}$ の和だから、k の指数は 2 だ。一方、調和級数は $\frac{1}{k^1}$ の和だから、k の指数は 1 になる。

　指数、指数っと。そういえば、ミルカさんが ζ 関数のことを教えてくれた。僕は ζ 関数の定義式をもう一度ノートに書く。

$$\zeta(s) = \sum_{k=1}^{\infty} \frac{1}{k^s} \qquad (\text{ゼータ関数の定義式})$$

この定義を使うと、調和級数は $\zeta(1)$ と表せる。

$$\zeta(1) = \sum_{k=1}^{\infty} \frac{1}{k^1} \qquad (\text{調和級数をゼータ関数で表す})$$

問題 9-2 も ζ 関数の形に書けるな。指数は 2 だから、$\zeta(2)$ だ。

$$\zeta(2) = \sum_{k=1}^{\infty} \frac{1}{k^2} \qquad (\text{問題 9-2 をゼータ関数で表す})$$

　名前、名前っと。でも——こんなふうに名前が付いたからといって、視界が開けたわけじゃない。

9.5　代数学の基本定理

「君は《代数学の基本定理》を知っているよね」

　朝、教室に入ると、ミルカさんがいきなり僕を指さしてこう言った。

　ミルカさんは僕のクラスメイト。彼女は数学が得意だ。学校での数学から

すっかり離れて、自分の好きな本を読み、問題を見つけ出し、そして解く。僕も決して数学が苦手なほうではないけれど、ミルカさんにはまったくかなわない。でも、コンプレックスを感じているのとも違うと思う。ただ、彼女が見ている世界を、僕も見てみたいと思っているんだ。

　数学が作り出す美しさ、ものすごさ、奥深さを、僕はほんのちょっぴり味わい始めている。書店で理数系の棚の前に立つとき、ああ、僕はここに並んでいる本の大半をまだ理解できないんだ、と思う。それと同時に、彼女のことを思う。ミルカさんはどれだけの広さを知っているのだろう、と思う。

　そこで、僕は自分がわからなくなる。数学のことを考えているのか、自分のことを考えているのか、彼女のことを考えているのか……。僕は自分の幼さをうっとうしく感じる。彼女はどんなこともスマートにこなしているように見える。それに比べて、僕は、毎日数式をいじり回しているだけで、何百歩も遅れをとっているような気がするのだ。

　いやいや、こんなことを考えていても仕方がない。テトラちゃんのように「がんばりますっ」と気合いを入れようか。

　「ミルカさん、代数学の基本定理？　《n 次方程式は n 個の解を持つ》だっけ」

　「まあ、だいたい OK だね。《係数が複素数の n 次方程式は、n 個の複素数解を持つ。ただし、重解は多重度も合わせてカウントする》というところかな」

　「長いね」

　「ガウス先生がこの発見をしたんだけれど、驚くべきことにそのときガウス先生は 22 歳だった。しかも、学位論文で証明しちゃった。学位論文でこんなに根本的な定理を証明してしまうというのはさすがだ」

　どうも、ミルカさんは饒舌講義モードになっているようだ。僕が来る前は都宮相手に話をしていたらしい。僕が来たとたん、都宮は自分の席にそっと戻っていった。饒舌才媛のお相手はよろしく、というつもりか。

　ミルカさんは僕を前の黒板まで引っ張っていき、「講義」を始める。

　「実は本当の《代数学の基本定理》は、《任意の複素数係数の n 次方程式は少なくとも 1 個の解を持つ》だけで十分なんだ。少なくとも 1 個の解 α を持てば、x − α という因数で n 次多項式を割ってやればいいか

らね。これから、n 次方程式 $a_n x^n + a_{n-1} x^{n-1} + \cdots + a_1 x^1 + a_0 = 0$ が少なくとも 1 個の解を持つことを証明してみよう。まず、関数 $f(x) = a_n x^n + a_{n-1} x^{n-1} + \cdots + a_1 x^1 + a_0$ を考える。そして、この関数の絶対値 $|f(x)|$ がどれだけ小さくなるかを調べる。最小値が 0 になるなら、解を持つということだからね。その前に、複素数についての復習をしておこうか。いいかい……」

ミルカさんは、ものすごい速度で板書をして、ガウスの証明を見せてくれた。彼女の「講義」を聞きながら、僕は自分の複素数の理解がまだまだ足りないのだな、ということを心に刻む。雰囲気はわかったけれど、後から自分の手で数式を展開してみないことには納得できない。自分の手で証明を追いかけ、さらにその証明を何も見ないで書き下せるまでにならなくちゃな。ミルカさんのように、それを人にリアルタイムに説明できるっていうのは、さらにその次の段階だろうか。

僕はそんなことを考えながら、ミルカさんの指先から流れ出る数式を読んでいた。「講義」は、代数学の基本定理と因数定理の解説を終え、解を使った n 次多項式の因数分解に入っていた。

「……具体的に書いてみよう。n 次方程式を $a_n x^n + a_{n-1} x^{n-1} + \cdots + a_1 x^1 + a_0 = 0$ として、n 個の解を $\alpha_1, \alpha_2, \ldots, \alpha_n$ とすると、左辺の n 次多項式は、こんなふうに因数分解できる」ミルカさんはそう言いながら板書する。

$$a_n x^n + a_{n-1} x^{n-1} + \cdots + a_1 x^1 + a_0 = a_n (x - \alpha_1)(x - \alpha_2) \cdots (x - \alpha_n)$$

「つまり、方程式の解を見出すことは、因数分解に直結しているんだ。この式で、右辺の始めに a_n が付いているけれど、これは最高次 x^n の係数合わせと考えるとわかりやすい。最初から両辺を a_n で割っておき、n 次の係数を 1 にして考えてもよかったのだけれどね。n 次多項式と言ってるんだから $a_n \neq 0$ なので、a_n で割ることには問題はないし」

そのとき、教室の入り口で誰かが僕を呼んだ。

「おおい、噂の妹キャラ、バタバタっ娘の面会!」

　下級生の訪問をおもしろがっている僕のクラスメイトたちから無理矢理教室に引っ張り込まれたテトラちゃんは、顔を真っ赤にして、僕のグラフ用紙を差し出した。

　「先輩……教室までお邪魔して、すみません。これをお届けにきただけなんです」

　それから彼女は、ちょっと拗ねたように言った。「先輩……。あたしって、そんなにバタバタしてますか……ちょっとショックです。それに《妹キャラ》っていったい何ですか。今度から、お兄ちゃんって呼んじゃいますよ」

　「あ……いや……」

　「喜ぶかもね、お兄ちゃんは」黒板に向かって数式を書き続けたまま、ミルカさんは、こちらも見ずにそんなことを言う。

　いつのまにか、二人、協調してるし。息もぴったり。おかしいなあ。

　「うわ……この黒板いっぱいの数式は？　ミルカさんがお書きになったんですか」

　「そういえば、テトラは《代数学の基本定理》を知っているよね」

　……どうやら、わがクラスの饒舌才媛は、今度は元気少女を相手に「講義」を始めるらしい。

　ミルカさんは、テトラちゃんを相手に《代数学の基本定理》、《因数定理》、そして《n 次方程式における解と係数の関係》までを超スピードで話す。

　「……二次方程式 $ax^2 + bx + c = 0$ の解を α, β とすると、$ax^2 + bx + c = a(x - \alpha)(x - \beta)$ が成り立つ。方程式の解を見出すことは、因数分解に直結しているんだ。解と係数の関係は次のようになる」とミルカさんは話した。

$$-\frac{b}{a} = \alpha + \beta$$

$$+\frac{c}{a} = \alpha\beta$$

　「同じようにして、三次方程式 $ax^3 + bx^2 + cx + d = 0$ の解を α, β, γ とすると……」

$$-\frac{b}{a} = \alpha + \beta + \gamma$$

$$+\frac{c}{a} = \alpha\beta + \beta\gamma + \gamma\alpha$$

$$-\frac{d}{a} = \alpha\beta\gamma$$

「一般化して、n 次方程式 $a_n x^n + a_{n-1}x^{n-1} + \cdots + a_1 x + a_0 = 0$ の解を $\alpha_1, \alpha_2, \ldots, \alpha_n$ とすると……」

$$-\frac{a_{n-1}}{a_n} = \alpha_1 + \alpha_2 + \cdots + \alpha_n$$

$$+\frac{a_{n-2}}{a_n} = \alpha_1\alpha_2 + \alpha_1\alpha_3 + \cdots + \alpha_{n-1}\alpha_n$$

$$-\frac{a_{n-3}}{a_n} = \alpha_1\alpha_2\alpha_3 + \alpha_1\alpha_2\alpha_4 + \cdots + \alpha_{n-2}\alpha_{n-1}\alpha_n$$

$$\vdots$$

$$(-1)^k \frac{a_{n-k}}{a_n} = (\alpha_1, \alpha_2, \ldots, \alpha_n \text{ から } k \text{ 個を掛けた項すべての和})$$

$$\vdots$$

$$(-1)^n \frac{a_0}{a_n} = \alpha_1\alpha_2\ldots\alpha_n$$

「はい、これが《n 次方程式における解と係数の関係》ね」

そこで、予鈴が鳴った。さすがの元気少女も、「数式が頭からこぼれそうです……」と言いながら、よろよろと一年生の教室へ戻っていった。

「かわいい子だよね、お兄ちゃん」

ミルカさんはそう言って、前髪をそっと払う。中指で眼鏡のブリッジを押し上げて、長い髪に沿って指をすべらせ、耳を見せた。彼女の手と指が優雅

な曲線を空間に描いた。僕は、彼女がリアルタイムに描き出すカーブを、つい目で追ってしまう。

　曲線といえば、彼女の頬が描くラインも好きだ。そして、ミルカさんの唇と、そこから発せられる声。もっと、もっと、聞いていたいと思いたくなる、豊かな響きを持った声。楽器にたとえると、そうだな、さしずめ……。

　「ζだったね」とその声が言った。

　「え？」

　「前回に続いて村木先生の問題はゼータだったね、って言ったんだよ」ミルカさんは僕にカードを見せた。

（ミルカさんのカード）

$$\zeta(2)$$

やっぱり。

　先日もそうだった。ハーモニック・ナンバー（調和数）のときも、ミルカさんにはゼータのカードが来ていたから、今回は $\zeta(2)$ が来ていると思ってたんだ。村木先生は、一つの問題が持っている、二つの姿を見せるんだ……ん？　でもテトラちゃんには違うカードだったな。

　「もう解いたの？　ミルカさん」

　「解いたっていうか……。バーゼル問題の答えは覚えていたから、カードをもらったときに先生に即答しちゃった」

　「バーゼル問題？　答えを……覚えていたって？」

　「そう。**バーゼル問題**。$\zeta(2)$ を求める問題だね。——私が答えを言ったら、村木先生苦笑して、別に答えがほしいわけじゃない。答えを知っているなら、この式から面白い問題を引き出して持ってくるように、だって」ミルカさんは肩をすくめた。

「はあ……。そんなに有名な問題なのか」

「バーゼル問題は、18世紀初頭の数学者をなぎ倒した、当時の超難問ね。オイラー先生が登場するまで、誰一人正解に達することができなかった問題。オイラー先生は、このバーゼル問題を解いて一躍有名になった」

「ちょっと待った。そんな難しい問題、僕らの力で解けるのか」

「解ける」

ミルカさんは真顔になった。

「18世紀の初めには難しかったけれど、私たちの手にはいまやたくさんの武器がある。毎日、磨きをかけている武器が」

「でも、ミルカさんは答えを覚えていたんだろう？」

「それは、単なる記憶力。せっかくの先生のカードだから、私は別の問題を考えているところ。x を z にして、複素数の範囲に広げていじってる」

「へえ……ところで、バーゼル問題——だっけ。この $\zeta(2)$ は発散するのかな？」

「聞きたいの？」ミルカさんは驚いた顔で僕を見る。一瞬、眼鏡が光る。

「いやいや、違う。いまのは失言。僕もまだ考えている途中だから、言わないでほしい」僕はあわてて答える。

僕はカードの最後に「バーゼル問題」とメモをする。

問題 9-2

次の無限級数が収束するならその値を求め、収束しないならそのことを証明せよ。

$$\sum_{k=1}^{\infty} \frac{1}{k^2}$$

(バーゼル問題)

9.6 図書室

9.6.1 テトラちゃんの試み

「せんぱーい、大発見だいはっけんっ！」

いつもの図書室、いつもの放課後。さて、今日の計算を始めようと思っていたところに、元気少女テトラちゃんがバタバタやってきた。

「……何？ テトラちゃん」

最近、連日テトラちゃんの相手をしてるので、そろそろ自分の計算をしたいなと、そんなふうに思わないでもない。

「あのですね。昨日、$\sin x$ をテイラー展開したじゃないですか。あたし、考えているうちに、気がついたことがあるんです。$\sin x$ って、x の値を変化させていると、何回でも 0 になりますよね。たとえば——」

と言いながら、テトラちゃんは自分のノートを取り出して、僕に向けて広げる。

$$\sin \pi = 0, \quad \sin 2\pi = 0, \quad \sin 3\pi = 0, \quad \ldots, \quad \sin n\pi = 0, \quad \ldots$$

こんなふうに、$n = 1, 2, 3, \ldots$ のとき、$\sin n\pi = 0$ になります」

「そうだね」そう答えながらも、僕はいらついていた。そんなことは当たり前じゃないか。それに——

「ねえ、テトラちゃん。n が 0 以下のときを忘れている。ちゃんと一般化したいなら、こうなる」

$$\sin n\pi = 0 \qquad n = 0, \pm 1, \pm 2, \ldots$$

「あちゃちゃ。そ、そうですね。確かに、マイナスもありました」

「それから、ゼロも。そんなの、グラフを描いて x 軸との交点を考えれば一発じゃないか」

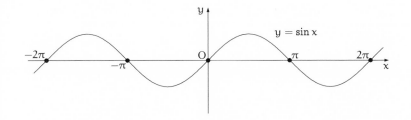

「……何だか、あたし一人ではしゃいでましたね。すみません。お忙しい
のに、先輩に甘えて、お邪魔してしまって……」

僕のきつい口調で、テトラちゃんのテンションが一気に落ちていく。彼女
は、喜ぶときだけでなく、落ち込むときもストレートなんだな。僕はさすが
に恥じて、フォローを入れた。

「きのうの話と関連付けて、何か考えたの?」

「あ、ええ、いいえ、でも、大したことない話なんです……」テトラちゃん
は僕の顔色をうかがうようにして話し出した。

そして——

僕は——

テトラちゃんの次の一言に、ひどく驚かされることになる。

「sin x を、因数分解してみたんです」

は?

はあ?

「sin x を——《因数分解》したって? いったいどういう意味?」

「えっと、あのあの——あのですね。sin x = 0 を満たすような x をたくさ
ん見つけましたよね。ということは、そのような x は——

$$\sin x = 0$$

——という方程式の解ってことですよね!」

僕の返事も待たずに、テトラちゃんは続ける。

「今日、ミルカさんがおっしゃっていたじゃないですか。《方程式の解を見
出すことは、因数分解に直結している》って」

確かにそうだけれど……sin x を《因数分解》するって？　僕はテトラちゃんの言葉の意味をはかりかねる。

黙っている僕に向かってテトラちゃんは話を続ける。

「さっき先輩がおっしゃったように、解が $x = 0, \pm\pi, \pm2\pi, \pm3\pi, \ldots$ とすると、

$$\sin x = x(x + \pi)(x - \pi)(x + 2\pi)(x - 2\pi)(x + 3\pi)(x - 3\pi) \cdots \quad (?)$$

という因数分解ができますよね！」

僕はまだピンと来ない。え？　これでいいのか……？　確かに $x = n\pi$ を代入すると 0 になるけれど——。

「いや、テトラちゃん、これは変だよ。だって、sin x には、こういう有名な極限の式がある」

$$\lim_{x \to 0} \frac{\sin x}{x} = 1$$

「つまり、$x \to 0$ のとき、$\frac{\sin x}{x} \to 1$ になるはずだ。x が 0 に非常に近いとき、$\frac{\sin x}{x}$ は 1 に非常に近い。でも、テトラちゃんの式で、$x \neq 0$ にして両辺を x で割るとこうなる」

$$\frac{\sin x}{x} = (x + \pi)(x - \pi)(x + 2\pi)(x - 2\pi)(x + 3\pi)(x - 3\pi) \cdots \quad (?)$$

「$x \to 0$ のとき、この式の左辺の極限値は 1 だけれど、右辺の極限値が 1 とは思えない。明らかに何かが変だよ」

9.6.2　どこへ行き着く？

「テトラもバーゼル問題を考えているの？」

「うわっ！」

「きゃあ！」

僕たちの真後ろから声が聞こえて、僕たちは驚いた。ミルカさんが立っている。まったく気づかなかったぞ。

　あわてたテトラちゃんは、ノートとペンケースを全部机から落としてしまった。シャープペンや消しゴム、ラインマーカが音を立てて散らばった。

　「ミルカさん、違う違う。テトラちゃんはバーゼル問題じゃなくて、$\sin x$ の《因数分解》らしきものを考えていたんだ」

　「先輩、あの——バーゼル問題って、何ですか」シャープペンを拾いながら、テトラちゃんは言った。

　僕は、テトラちゃんにカードを見せてバーゼル問題の説明をした。正整数の 2 乗の逆数和を求める問題。僕のカードの表現で言えば $\sum_{k=1}^{\infty} \frac{1}{k^2}$ の値、ミルカさんのカードの表現で言えば $\zeta(2)$ の値を求める問題だ。もちろん、値を求めるっていうのは「収束すれば」ということだけれど。

　テトラちゃんは僕の説明を聞いて、怪訝そうな顔をする。そりゃそうだ。自分が考えていない問題の説明をされてもね。

　そのあいだにミルカさんは、テトラちゃんのノートを机の下から拾い上げ、ページをめくり始める。

　「ふうん……」

　「あ、それ……」テトラちゃんはノートを取り返そうとしたが、ミルカさんの視線に気圧されて手を引っ込めた。

　「きみは——」ミルカさんは、ノートから目を離さず、僕に話しかける。「——きみは、テトラに $\sin x$ のテイラー展開を教えたのか。……ふうん、なるほどね。これもまた村木先生の作戦か……。ところで、この《一生、忘れない！》という書き込みは？」

　「すっ、すみませんっ！」テトラちゃんはひったくるようにノートを取り返す。

　「ふうん」ミルカさんは、そっと目を閉じて、指揮者のように指先を振る。彼女がそんなふうにしているとき、周りの人は、言葉を失ってしまう。沈黙したまま、彼女を注目してしまう。ミルカさんが何かを考えている姿には、僕たちを惹きつける力がある。

　ミルカさんが目を開けた。

　「$\sin x$ のテイラー展開から始める」

　彼女はそう言って、僕のシャープペンとノートを取り、数式を書く。

$$\sin x = +\frac{x}{1!} - \frac{x^3}{3!} + \frac{x^5}{5!} - \frac{x^7}{7!} + \cdots \qquad \sin x \text{ のテイラー展開}$$

「ここで $x \neq 0$ として、x で両辺を割り、次の式を得る。これは $\frac{\sin x}{x}$ を《和》で表していることを指摘しておこう」

$$\frac{\sin x}{x} = 1 - \frac{x^2}{3!} + \frac{x^4}{5!} - \frac{x^6}{7!} + \cdots \qquad x \neq 0 \text{ として } x \text{ で両辺を割った}$$

「ところでテトラは次の方程式を考えた」

$$\sin x = 0$$

「この方程式の解は、次のように表される——としよう」ミルカさんは続けて言う。

$$x = n\pi \qquad (n = 0, \pm 1, \pm 2, \pm 3, \dots)$$

「この解を使って $\sin x$ を《因数分解》しようというのがテトラのアイディア、でしょう？」

ミルカさんの、急に語尾を上げる独特な問いかけに、テトラちゃんは、こっくりと頷く。彼女は、さっきミルカさんから取り返したノートをまだ胸に抱えている。《一生、忘れない！》と書かれているノート。テイラー展開を抱き締めるテトラちゃん。

「でも、うまくいきませんでした。$x \to 0$ のとき、$\frac{\sin x}{x}$ の極限は 1 になるそうなんですが、あたしの因数分解じゃ、そうはならなくて——」テトラちゃんが言いかけた。

「それなら——」ミルカさんはいたずらっぽい表情を浮かべて言った。「——それなら、$\sin x$ をこんなふうに《因数分解》したらどうかな」

$$\sin x = x \left(1 + \frac{x}{\pi}\right) \left(1 - \frac{x}{\pi}\right) \left(1 + \frac{x}{2\pi}\right) \left(1 - \frac{x}{2\pi}\right) \left(1 + \frac{x}{3\pi}\right) \left(1 - \frac{x}{3\pi}\right) \cdots$$

僕とテトラちゃんは一瞬顔を見合わせてから、ミルカさんの書いた因数分解の式を見る。テトラちゃんは、胸に抱えたノートをすばやく広げて計算を始める。

「え、えっと……確かに成り立ちますね。$x = 0$ のときは、全体が 0 になるし、$x = n\pi$ のときも、どこかには $\left(1 - \frac{x}{n\pi}\right)$ という因子があるから——全体は 0 になります。だから $x = 0, \pm\pi, \pm2\pi, \ldots$ のとき、$\sin x = 0$ になるんですね」

僕も、その言葉を受けて口を開く。

「しかも、次のように $\frac{\sin x}{x}$ を表すと、$x \to 0$ のとき、$\frac{\sin x}{x} \to 1$ になりそうだ」

僕は、テトラちゃんのノートにこう書いた。

$$\frac{\sin x}{x} = \left(1 + \frac{x}{\pi}\right)\left(1 - \frac{x}{\pi}\right)\left(1 + \frac{x}{2\pi}\right)\left(1 - \frac{x}{2\pi}\right)\left(1 + \frac{x}{3\pi}\right)\left(1 - \frac{x}{3\pi}\right)\cdots$$

「テトラ」優しいけれど、力のあるミルカさんの声。

「テトラ、いま彼が書いた $\frac{\sin x}{x}$ の右辺を、もっと簡単にしてごらん」

テトラちゃんは、「えとえと」と言って考え始めた。

「簡単に……あ、なりますね。《和と差の積は 2 乗の差》ですね。$\left(1 + \frac{x}{\pi}\right)\left(1 - \frac{x}{\pi}\right) = 1^2 - \frac{x^2}{\pi^2}$ だから……」テトラちゃんは僕をちらっと見てから、こう書いた。

$$\frac{\sin x}{x} = \left(1 - \frac{x^2}{\pi^2}\right)\left(1 - \frac{x^2}{2^2\pi^2}\right)\left(1 - \frac{x^2}{3^2\pi^2}\right)\cdots$$

（ここからどこに進むんだろう）と僕は考えた。ずっと先まで見通しているようなミルカさんの話に、何だか落ち着かなくなってきた。ミルカさんは何をどこまでわかっているんだろう。なぜバーゼル問題の話をしたんだろう。村木先生の作戦とは何だろう。わからないことだらけだ。でも、何かすごいものが飛び出してきそうな、そんな予感がする。

ミルカさんは僕に向かって言った。「いま、テトラは $\frac{\sin x}{x}$ を《積》で表現した。因数分解は式を積で表現することだからね。一方、きみが書いたテイラー展開は、同じ $\frac{\sin x}{x}$ を《和》で表現していた。では——」

ミルカさんはそこでいったん言葉を切り、一呼吸置いてから先を続けた。

「ここで、テトラの《積》と、きみの《和》を等しいと見なそう」

$$\frac{\sin x}{x} \text{ の積の形} = \frac{\sin x}{x} \text{ の和の形}$$

$$\left(1 - \frac{x^2}{1^2\pi^2}\right)\left(1 - \frac{x^2}{2^2\pi^2}\right)\left(1 - \frac{x^2}{3^2\pi^2}\right)\cdots = 1 - \frac{x^2}{3!} + \frac{x^4}{5!} - \frac{x^6}{7!} + \cdots$$

ここまで書いたミルカさんは、のぞき込むようにして式を読んでいたテトラちゃんに顔をすうっと近づけて「そろそろ、気づいたかな、テトラ」と言った。

テトラちゃんは顔を赤らめ、身を引きながら「な、なにに――」と言った。

ミルカさんはそこで僕たちに両手を広げ、ささやくような声で言った。

「x^2 の、係数比較」

僕は、式を見た。

係数比較？

一瞬の、計算。

係数比較！

息を飲む。

まさか。

すごい――これはすごい。

僕は、ミルカさんを見る。

ミルカさんは、テトラちゃんを見ている。

テトラちゃんは――

「え？　どういうことですか？　え、え？」

――とまどっている。まだ気づいていない。

「左辺の x^2 の係数が何か、テトラにはわかるかな」とミルカさんが言った。

「そんな――そんなの、わかるんですか。無限個の積、ですよね……」

「実際に展開してみようね、テトラ。いまから、次の式を展開する」

$$\left(1 - \frac{x^2}{1^2\pi^2}\right)\left(1 - \frac{x^2}{2^2\pi^2}\right)\left(1 - \frac{x^2}{3^2\pi^2}\right)\left(1 - \frac{x^2}{4^2\pi^2}\right)\cdots$$

「でも、π などがごちゃごちゃしていて読みにくい。だから、

$$a = -\frac{1}{1^2\pi^2}, \quad b = -\frac{1}{2^2\pi^2}, \quad c = -\frac{1}{3^2\pi^2}, \quad d = -\frac{1}{4^2\pi^2}, \cdots$$

と定義しよう。すると、次のような無限積になる」

$$(1 + ax^2)(1 + bx^2)(1 + cx^2)(1 + dx^2) \cdots$$

「これを左から順に展開していくよ」

$$\underbrace{(1 + ax^2)(1 + bx^2)}_{\text{最初の 2 因子に注目}}(1 + cx^2)(1 + dx^2) \cdots$$

$$= \underbrace{\left(1 + (a + b)x^2 + abx^4\right)}_{\text{展開した}}(1 + cx^2)(1 + dx^2) \cdots$$

$$= \underbrace{\left(1 + (a + b)x^2 + abx^4\right)(1 + cx^2)}_{\text{次の 2 因子に注目}}(1 + dx^2) \cdots$$

$$= \underbrace{\left(1 + (a + b + c)x^2 + (ab + ac + bc)x^4 + abcx^6\right)}_{\text{展開した}}(1 + dx^2) \cdots$$

$$\vdots$$

「へえ……何だか規則的ですね」ミルカさんの展開を見ながらテトラちゃんが言った。

「実はこれ、けさ話していた解と係数の関係なんだよ。x^2 の係数の規則性はわかるかな」とミルカさんが言った。

さっきからミルカさんはテトラちゃんだけに話しかけている。式の展開もいつもよりゆっくりだ。テトラちゃんが読みやすいように配慮しているのかもしれない。

「はい、よくわかります。x^2 の係数は $a + b + c + d + \cdots$ になるんですね」

「そうね。この無限積の、各因子にある x^2 の係数 $(a, b, c, d, \dots)$ の無限和 $(a + b + c + d + \cdots)$ が、展開後の x^2 の係数になる。では、さっきの《因数分解》の式に戻るよ」とミルカさんが言った。

$$\frac{\sin x}{x} \text{ の積の形} = \frac{\sin x}{x} \text{ の和の形}$$

$$\left(1 - \frac{x^2}{1^2\pi^2}\right)\left(1 - \frac{x^2}{2^2\pi^2}\right)\left(1 - \frac{x^2}{3^2\pi^2}\right)\cdots = 1 - \frac{x^2}{3!} + \frac{x^4}{5!} - \frac{x^6}{7!} + \cdots$$

ミルカさんは淡々と話を続ける。

「左辺を展開したときの《x^2 の係数》は、左辺の各因子の《x^2 の係数の和》を作ればよい。$a+b+c+d+\cdots$ すなわち $-\frac{1}{1^2\pi^2} - \frac{1}{2^2\pi^2} - \frac{1}{3^2\pi^2} - \frac{1}{4^2\pi^2} - \cdots$ になる。一方、右辺の《x^2 の係数》はすぐにわかる。そこまで考えたところで、両辺の x^2 の係数を比較しよう。次の等式が成立する」

$$-\frac{1}{1^2\pi^2} - \frac{1}{2^2\pi^2} - \frac{1}{3^2\pi^2} - \frac{1}{4^2\pi^2} - \cdots = -\frac{1}{3!}$$

テトラちゃんは、ミルカさんの等式を確認する。「x^2 の係数を抜き出して……はい。そうですね」

「まだ気づかないかな？　テトラ」

「な、何にですか？」テトラちゃんは大きな目をきょろきょろさせる。

ミルカさんは（あわてなくて大丈夫）という笑みを浮かべ、ノートに向かい、テトラちゃんへの説明を続ける。

「式を整理すると、こうなる」

$$\frac{1}{1^2\pi^2} + \frac{1}{2^2\pi^2} + \frac{1}{3^2\pi^2} + \frac{1}{4^2\pi^2} + \cdots = \frac{1}{6}$$

「両辺に π^2 を掛けてみると——」

$$\frac{1}{1^2} + \frac{1}{2^2} + \frac{1}{3^2} + \frac{1}{4^2} + \cdots = \frac{\pi^2}{6}$$

「あ、あああああああっ！」

テトラちゃんが大きな声を上げる。だから、ここは図書室だというのに。でも、叫びたくなる気持ちはよくわかる。

「解けてる。解けてるっ！バーゼル問題が解けてますよっ！」

テトラちゃんはミルカさんを見て、それから僕を見る。

ミルカさんは頷いて、詠唱するように言う。

「解けた。バーゼル問題が解けた。18 世紀の数学者を悩ませた難問、バーゼル問題が解けた。なんて楽しい解き方だろう」

ミルカさんは、改めて式を書き直す。

$$\sum_{k=1}^{\infty} \frac{1}{k^2} = \frac{\pi^2}{6}$$

「もちろん、こう書いてもいい」と、もう一筆添える。

$$\zeta(2) = \frac{\pi^2}{6}$$

「はい、これでひと仕事おしまい」人差し指を立てて、ちょっと首を傾け、にっこり笑う。最高の笑みだ。

「な、なんでっ！ い、いつのまにっ！ お、おかしいっ！」

テトラちゃんはまだ混乱している。

解答 9-2 （バーゼル問題）

$$\sum_{k=1}^{\infty} \frac{1}{k^2} = \frac{\pi^2}{6}$$

9.6.3 無限への挑戦

「これを解いたのは私たちの師、レオンハルト・オイラーだよ。彼がバーゼル問題を世界で初めて解いた。ときに 1735 年、オイラー先生は 28 歳、結婚して二年目――」ミルカさんは言った。

僕たちは二世紀半以上の時を飛び越えて、オイラーの解法を味わったのか。当時のオイラーは僕たちと 10 歳ほどしか違わない……結婚して二年目？

「あたしたちも、これで解いたことになるんですか？」とテトラちゃんが
言った。

「そうね。オイラー先生はバーゼル問題に対する解法をいくつか残してい
る。これはそのうちの一つ。私たちはそれをなぞって解いたことになる」

「あたしはこの証明——途中はよくわからなかったんですけれど、とても
驚きました」とテトラちゃんが言った。「いつのまにかバーゼル問題が解け
たことは、ほんとうに驚きでした。あたし、$x = n\pi$ が $\sin x = 0$ の解にな
るから、$\sin x$ を因数分解できるんじゃないかって思ったんです。これって、
すごい発見、と思いました。でも、それはそこまで。ところがミルカさんが
別の因数分解を見せてくださって、あれよあれよという間に x^2 の係数比較
でバーゼル問題を解いてしまった」

「それから、もう一つ」とテトラちゃんが続けた。「$\sum_{k=1}^{\infty} \frac{1}{k^2}$ の和が $\frac{\pi^2}{6}$ に
なったことは衝撃でした。なぜ整数の逆 2 乗和で π が出てくるのか……」

僕たちはしばし沈黙する。無理数である円周率 π が突然登場する不思議
を味わいながら。

「——ところで、どうしてテトラちゃんの《因数分解》では駄目だったん
だろう」と僕は言った。「あれもちゃんと $x = n\pi$ （$n = \pm1, \pm2, \dots$）は
$\frac{\sin x}{x} = 0$ の解になっていたはずなのに」

$$\frac{\sin x}{x} = (x + \pi)(x - \pi)(x + 2\pi)(x - 2\pi)(x + 3\pi)(x - 3\pi)\cdots \qquad (\,?\,)$$

ミルカさんが、僕の疑問に答える。

「確かに $n\pi$ は $\frac{\sin x}{x} = 0$ の解になっているけれど、この《因数分解》はま
だ冗長。自由度がある。だって、$x = n\pi$ が解であるという条件だけなら、
こんなふうに全体を C 倍してもいいことになる。一意に決まらない」

$$\frac{\sin x}{x} = C \cdot (x + \pi)(x - \pi)(x + 2\pi)(x - 2\pi)(x + 3\pi)(x - 3\pi)\cdots \qquad (\,?\,)$$

「んん、ミルカさん、そうか。$\lim_{x \to 0} \frac{\sin x}{x} = 1$ という条件は、この《因
数分解》だけでは表現されていないんだね」

「そうよ。n 次の多項式なら n 次の係数合わせで定数倍の調整ができる。普通は最高次の係数が定まっているからスケール合わせができるわけだ。でも、無限次の多項式では最高次の係数合わせなんかできない。x^∞ の係数なんてわからないから。$(x - n\pi)$ を作ってから係数合わせする代わりに、$\lim_{x \to 0} \frac{\sin x}{x} = 1$ であることを始めから組み込んだ因子 $(1 - \frac{x}{n\pi})$ の積を作ったことが勝因かな。無限の歩みを始める前にスケールを合わせた仕込みが効いている」

ミルカさんは、眼鏡に指を触れてから話を続ける。

「でも、厳密なことを言い出すと、さっきの論理の流れはだいぶ甘い。なぜなら、$\sin x = 0$ の解を求めるのに、グラフで x 軸との交点を考えて $x = n\pi$ としたけれど、虚数解は x 軸との交点として現れてこないから、虚数解の可能性を議論していない。実際、オイラー先生はこれ以外にも何個か証明を残している。でも、$\sin x$ の冪級数展開を使ったこの証明には素敵な魅力がある。x^2 の係数を比べて $\zeta(2)$ を求めたように、$x^{\text{正の偶数}}$ の係数を比べれば $\zeta(正の偶数)$ を求めることができるし」

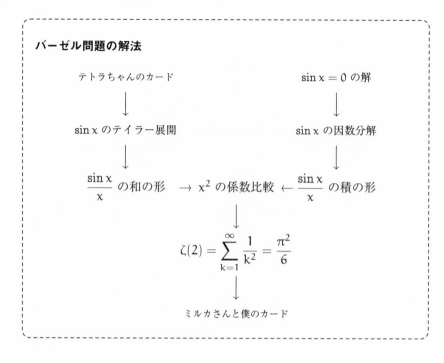

バーゼル問題の解法

「今回、最後の整理をしたのは私だけれど、オイラー先生の解法を私はもともと知っていた——」

ミルカさんは、こう言いながら立ち上がった。

「うまくいかなかったとはいえ、《方程式の解を使って $\sin x$ を因数分解》しようとしたテトラのアイディアはすばらしい。厳密でない部分もあるけれど、そこには無限への挑戦がある」

そしてミルカさんは、座っているテトラちゃんの頭に右手を乗せる。

「我らの師、オイラー先生に敬意を表しつつ——いまはテトラに拍手しよう」

ミルカさんは拍手する。僕も立ち上がり、拍手。二人でスタンディング・オベーション。

「ミルカさん……。先輩……。そんな——」

テトラちゃんは、両手を真っ赤な頬にあてて、大きな目をぱちぱちさせた。

ここは図書室。僕たちは高校生。求められているのは静寂。

でも、そんなこと、構うもんか。

僕らの元気少女、テトラちゃんに拍手！

このようにして明るみに出されるように、

$1 + \dfrac{1}{2^n} + \dfrac{1}{3^n} + \dfrac{1}{4^n} + \cdots$ という一般的な形状に包摂される

あらゆる無限級数の和は、

n が偶数のとき、半円周 π の助けを借りて書き表される。

実際、このような級数の和はつねに、π^n に対して有理比をもつのである。

——オイラー [25]

第 10 章
分割数

告白の答え銀河の果てにあり
——小松美和 [8]

10.1　図書室

10.1.1　分割数

「もらってきたよ」ミルカさんが、図書室に入ってきた。村木先生の問題を持ってきたらしい。いつもの放課後だ。

　机の上に広げた紙を、僕とテトラちゃんがのぞき込む。

（村木先生からのカード）

額面が、1円、2円、3円、4円、……になっているコインがあるとする。合計 n 円を支払うためのコインの組み合わせが何通りあるかを考えよう。この組み合わせの個数を P_n とする（各支払い方法を n の**分割**と呼び、分割の個数すなわち P_n を、n の**分割数**と呼ぶ）。

たとえば、3円を支払う方法には「3円玉が1枚」「2円玉が1枚と1円玉が1枚」「1円玉が3枚」という3通りがあるため、$P_3 = 3$ である。

問題 10-1

P_9 を求めよ。

問題 10-2

$P_{15} < 1000$ は成り立つか。

「これ、支払い方法を数えるだけですから、簡単ですねっ」後輩にして高校一年の元気少女、テトラちゃんが言う。

「そうかな」と僕が言う。

「え？ P_9 っていうのは、合計9円を支払う場合の数ですよね。《1円玉を使う場合》、《2円玉を使う場合》……と順番に考えていけばいいんじゃないんですか」

「そう簡単にはいかないよ、テトラちゃん。同じ額面のコインを何枚使ってもいいんだから、1円を使う場合といっても《何枚使うか》という点まで考えなくちゃいけないんだよ」

「先輩……いつもいつも条件を忘れるうっかりテトラではありません。枚数のことも、ちゃんとわかっています。落ち着いて数え上げればできますって」テトラちゃんは自信ありげだ。

「そうかな。数え上げでやろうとすると失敗するよ。一般的に解いたほうが安全だと思うな。問題 10-1 の P_9 はさておき、問題 10-2 の P_{15} はたぶん

《とんでもないこと》になるはずだよ」

「そうでしょうか、先輩。《とんでもないこと》とは？ たった 15 円の支払い方法ですよね」

「テトラちゃん、15 円といってもね、組み合わせの数というものはすぐに爆発して——」

ばうんっ。

黙っていたミルカさんが平手で机を叩く。爆発音？

僕たちは、さっと話をやめる。

「テトラは、あそこの隅に行く。君はそっちの窓際の席。私はここ。みんな口を閉じて、静かに考える」

ミルカさんの命令に、テトラちゃんと僕は小刻みに 頷 く。

「わかったら、すぐ動く」

——放課後の図書室。口を閉じて、勉強開始。

10.1.2　具体例を考える

額面が正の整数（$1, 2, 3, 4, \ldots$）になっている変わったコイン。そのコインを使ってお金を n 円支払う。支払う方法の場合の数——分割数 P_n——を求める問題だ。

いつものように僕は、小さな数で具体的に考えていくところから始めた。**具体例で感触をつかむことはとても大事だ。**

$n = 0$ のとき、つまり支払う金額が 0 円の場合は……「支払わない」という方法が一つだけある。場合の数は 1 だ。$P_0 = 1$ といえる。

$$P_0 = 1 \qquad \text{0 円を支払う方法は 1 通り}$$

$n = 1$ のときは……「1 円玉を 1 個使う」という方法が一つだけあるので、$P_1 = 1$ だ。

$$P_1 = 1 \qquad \text{1 円を支払う方法は 1 通り}$$

　n = 2 のときは……「2 円玉を 1 個使う」と「1 円玉を 2 個使う」という
方法があるので、$P_2 = 2$ だ。

$$P_2 = 2 \qquad 2 円を支払う方法は 2 通り$$

　n = 3 のときは……「3 円玉を 1 個使う」と「2 円玉を 1 個と 1 円玉を 1
個使う」と「1 円玉を 3 個使う」の 3 通りある。

　こうやって文章で書いていくのは面倒だな。「2 円玉を 1 枚、1 円玉を 1
枚使う」という支払い方法を、2 + 1 のように表現しよう。つまり、

$$\underbrace{2}_{2 円玉を 1 枚} + \underbrace{1}_{1 円玉を 1 枚}$$

と考える。そうすると、n = 3 のときは、以下の 3 通りで表現できる。

$$
\begin{aligned}
3 &= 3 \\
&= 2 + 1 \\
&= 1 + 1 + 1
\end{aligned}
$$

　つまり、$P_3 = 3$ だ。

$$P_3 = 3 \qquad 3 円を支払う方法は 3 通り$$

　ふむ。P_3 というのは、「3 円を支払う場合の数」とも言えるけれど、「3 を
いくつかの正の整数に**分割する**場合の数」と言ってもよい。だから「分割
数」という名前が付いているんだろう。

　n = 4 なら、次の 5 通り。5 個の分割がある。うん、コツがわかってき
たぞ。

$$
\begin{aligned}
4 &= 4 \\
&= 3 + 1 \\
&= 2 + 2 \\
&= 2 + 1 + 1 \\
&= 1 + 1 + 1 + 1
\end{aligned}
$$

$$P_4 = 5 \qquad 4 円を支払う方法は 5 通り$$

$n = 5$ なら……以下のように 7 通り見つかる。

$$5 = 5$$
$$= 4 + 1$$
$$= 3 + 2$$
$$= 3 + 1 + 1$$
$$= 2 + 2 + 1$$
$$= 2 + 1 + 1 + 1$$
$$= 1 + 1 + 1 + 1 + 1$$

$P_5 = 7$ 　　5 円を支払う方法は 7 通り

　このくらい n が大きくなると、規則性らしきものが少しずつ見えてくる。数が大きくないと、規則性を見つけるのが難しい。以前、ミルカさんが《少ないサンプルでは、ルールは姿を現さない》と言っていた。でも、数が大きいと、今度は具体的に列挙するのが難しくなる。

さ、次に進もう。$n = 6$ とする。以下のように 11 通りの表現方法がある。

$$6 = 6$$
$$= 5 + 1$$
$$= 4 + 2$$
$$= 4 + 1 + 1$$
$$= 3 + 3$$
$$= 3 + 2 + 1$$
$$= 3 + 1 + 1 + 1$$
$$= 2 + 2 + 2$$
$$= 2 + 2 + 1 + 1$$
$$= 2 + 1 + 1 + 1 + 1$$
$$= 1 + 1 + 1 + 1 + 1 + 1$$

$$P_6 = 11 \qquad 6 \text{ 円を支払う方法は 11 通り}$$

む。$\langle P_2, P_3, P_4, P_5, P_6 \rangle = \langle 2, 3, 5, 7, 11 \rangle$ ということは、素数が関係しているパターンなのかな。

P_7 は 13 になるだろうか。

$$7 = 7$$
$$= 6 + 1$$
$$= 5 + 2$$
$$= 5 + 1 + 1$$
$$= 4 + 3$$
$$= 4 + 2 + 1$$
$$= 4 + 1 + 1 + 1$$
$$= 3 + 3 + 1$$
$$= 3 + 2 + 2$$
$$= 3 + 2 + 1 + 1$$
$$= 3 + 1 + 1 + 1 + 1$$
$$= 2 + 2 + 2 + 1$$
$$= 2 + 2 + 1 + 1 + 1$$

$$= 2 + 1 + 1 + 1 + 1 + 1$$
$$= 1 + 1 + 1 + 1 + 1 + 1 + 1$$

$P_7 = 15$　　7円を支払う方法は 15 通り

P_7 は 15 通り。残念。素数ではない。

それにしても、どんどん増えていくなあ。このまま、$n = 8$ と $n = 9$ を考えても大丈夫か。数え間違いしないだろうか。いや、そんなことを言っている間に根気よく試そう。

$n = 8$ の場合。

$$8 = 8$$
$$= 7 + 1$$
$$= 6 + 2$$
$$= 6 + 1 + 1$$
$$= 5 + 3$$
$$= 5 + 2 + 1$$
$$= 5 + 1 + 1 + 1$$
$$= 4 + 4$$
$$= 4 + 3 + 1$$
$$= 4 + 2 + 2$$
$$= 4 + 2 + 1 + 1$$
$$= 4 + 1 + 1 + 1 + 1$$
$$= 3 + 3 + 2$$
$$= 3 + 3 + 1 + 1$$
$$= 3 + 2 + 2 + 1$$
$$= 3 + 2 + 1 + 1 + 1$$
$$= 3 + 1 + 1 + 1 + 1 + 1$$
$$= 2 + 2 + 2 + 2$$
$$= 2 + 2 + 2 + 1 + 1$$
$$= 2 + 2 + 1 + 1 + 1 + 1$$
$$= 2 + 1 + 1 + 1 + 1 + 1 + 1$$
$$= 1 + 1 + 1 + 1 + 1 + 1 + 1 + 1$$

$$P_8 = 22 \qquad 8\,円を支払う方法は 22 通り$$

いよいよ $n = 9$ の場合だ。

$$9 = 9$$
$$= 8 + 1$$
$$= 7 + 2$$
$$= 7 + 1 + 1$$
$$= 6 + 3$$
$$= 6 + 2 + 1$$
$$= 6 + 1 + 1 + 1$$
$$= 5 + 4$$
$$= 5 + 3 + 1$$
$$= 5 + 2 + 2$$
$$= 5 + 2 + 1 + 1$$
$$= 5 + 1 + 1 + 1 + 1$$
$$= 4 + 4 + 1$$
$$= 4 + 3 + 2$$
$$= 4 + 3 + 1 + 1$$
$$= 4 + 2 + 2 + 1$$
$$= 4 + 2 + 1 + 1 + 1$$
$$= 4 + 1 + 1 + 1 + 1 + 1$$
$$= 3 + 3 + 3$$
$$= 3 + 3 + 2 + 1$$
$$= 3 + 3 + 1 + 1 + 1$$
$$= 3 + 2 + 2 + 2$$
$$= 3 + 2 + 2 + 1 + 1$$
$$= 3 + 2 + 1 + 1 + 1 + 1$$
$$= 3 + 1 + 1 + 1 + 1 + 1 + 1$$
$$= 2 + 2 + 2 + 2 + 1$$
$$= 2 + 2 + 2 + 1 + 1 + 1$$
$$= 2 + 2 + 1 + 1 + 1 + 1 + 1$$
$$= 2 + 1 + 1 + 1 + 1 + 1 + 1 + 1$$

$$= 1 + 1 + 1 + 1 + 1 + 1 + 1 + 1 + 1$$

$$P_9 = 30 \qquad 9 \text{ 円を支払う方法は } 30 \text{ 通り}$$

　うん、これで村木先生の問題のうち、問題 10-1 ができたことになる。9 円を支払うには 30 通りもの方法があるのか。9 の分割は 30 個。

　問題 10-2 はどうしようか。いきなり P_{15} を数えると、きっと《とんでもないこと》になるはずだ。P_n の一般項を求めてから考えるべきだろう。

「下校時間です」

　瑞谷先生の登場！　もうそんな時間か。

　瑞谷女史は、定時になると現れる司書の先生だ。視線が読めないほど濃い色の眼鏡を掛けていて、ロボットのように精密な動きで図書室の中央まで進み、そこで下校時間を宣言する。

　とりあえず、ここまでか——問題 10-1 の答えは、$P_9 = 30$ だとわかった。問題 10-2 の答えは、まだわからない。

解答 10-1

$$P_9 = 30$$

10.2　帰路

10.2.1　フィボナッチ・サイン

　駅までの帰り道を三人で歩く。

テトラちゃんが、じゃんけんでもするように指を振っている。

「何しているの?」と僕が言った。

「フィボナッチ・サインです」

「なにそれ」

「ご存じないのも無理ありません。あたしが考えたハンドサインなんですから」

「……?」

「これはですね、《私は数学大好きですよ!》という合図なんです。数学愛好者の挨拶ですね。会ったときでも、別れるときでも、どっちで使ってもOK ですよ。ジェスチャなので、言葉が通じなくても、離れていても、相手に伝わります。えへん」

得意げだし。

「じゃ、やってみますね」

テトラちゃんは、目の前にいる僕の鼻先で、ぴぴぴぴっ、と指を四回振る。

「わかりました?」

「……何が?」

「指の数をちゃんと見ててくださいよう。1, 1, 2, 3 と指の数が増えているでしょう?」

テトラちゃんは、もう一度同じように指を振る。確かに、振るたびに 1, 1, 2, 3 と指を増やしているね。それで?

「それで、このフィボナッチ・サインを見たらですね、手をじゃんけんのパーの形にして応えるんです。1, 1, 2, 3 の次は 5 ですからね。指の数でフィボナッチ数列。これがフィボナッチ・サイン」

「……あ、そうだ。ミルカさん。さっきの P_9 なんだけれど……」

「あ、あああ、せんぱーい。テトラをさくっと無視しないでくださーい」

ミルカさんのほうを見ると、彼女も指をぴっぴっぴっぴっと振っている。

「……ねえ、ミルカさんまで、何やってるの」僕はあきれた。

「フィボナッチ・サインよ。ところでテトラ、5 の次はどうするの。両手の指で 3 + 5 = 8 を作る? このフィボナッチ・サインを続けていったら、あっという間に世界中の人の両手をふさぎそう」とミルカさんは言った。

「いえ、5 でストップです。じゃ、いっしょにやりましょう。あたしが

1, 1, 2, 3 を出したら 5 で応えるんですよ……。いーち、いーち、にーい、さー
ん、……。はいっ」

ミルカさんは、くすくす笑って手を開く。

……かなり、恥ずかしいぞ。小学生じゃあるまいし。

でも、テトラちゃんは、3 本指を立てたまま、おっきな目を開いて僕を見
ている。これには抵抗できないなあ。僕は、しかたなく手を開いて応える。

「……ご」

「はいー。ありがとうございます」

元気少女は、今日もテンションが高い。

10.2.2　グルーピング

表通りに出た。ガードレールで歩道が狭くなっていて、テトラちゃん、僕、
ミルカさんの順に一列に進む。テトラちゃんは、しょっちゅう振り向いて危
なっかしい。僕はといえば、ミルカさんに背後を取られていて、何だかくす
ぐったい。

「問題 10-1 は手の運動で、問題 10-2 は頭の運動だね」とミルカさんが
言った。

テトラちゃんが振り向いた。「あたし、問題 10-1 はできました。いまは
問題 10-2 の途中で、P_{15} を実際に書き出そうとしているんですが、《とん
でもないこと》の意味がわかりました。すごい数に膨れ上がっているんで
す。50 通りまでは書き出したんですが、なかなか終わりません。でも、絶
対 1000 はいかないと思うんですよ」

「テトラちゃん、うしろうしろ。電信柱あぶないって」

「大丈夫ですよ、先輩。ところで、P_9 のほうは 29 通りでいいんですよ
ね？」テトラちゃんが僕にノートを開いてみせる。

「え……29 通り？ 30 通りじゃなかったっけ」

①+⑧　　　　　②+⑦　　　　　①×2+⑦

③+⑥　　　　　①+②+⑥　　　①×3+⑥

④+⑤　　　　　①+③+⑤　　　②×2+⑤

①×2+②+⑤　　①×4+⑤　　　①+④×2

①×2+③+④　　①+②×2+④　　①×3+②+④

①×5+④　　　　③×3　　　　　①+②+③×2

①×3+③×2　　②×3+③　　　①×2+②×2+③

①×4+②+③　　①×6+③　　　①+②×4

①×3+②×3　　①×5+②×2　　①×7+②

①×9　　　　　　⑨

「これは、どう読むの？」と僕が聞く。

「え、見た通りですよ。たとえば①×3っていうのは、1円玉が3個っていう意味です」

「あ、なるほど。いろんな書き方があるもんだね」

「②+③+④がない」背後から、僕の肩越しにミルカさんがのぞき込んで言った。長い髪が僕に触れる。ほんのりフルーティな香り。

「あちゃちゃ。何度も確かめたのになあ……あいたっ！」テトラちゃんが看板に頭を打った。だから言ったのに。

　　駅に到着。

「じゃ、私はここで。また明日」ミルカさんは、テトラちゃんの頭をぽんっと叩いて、さっさと行ってしまった。僕やテトラちゃんとは、帰る方向が逆なのだ。

「あ、ああ、ミルカさーん……。せっかくフィボナッチ・サインでさよならしようと思ったのになあ」テトラちゃんは口をとがらせ、指をぴぴぴっと振る。

　すると、ミルカさんは右手を挙げて、ひらひらっと5本の指をひらめかせた。歩くペースを落とさずに。こちらを振り向きもせず。

10.3 《ビーンズ》

コーヒー飲んでいきませんかとテトラちゃんが誘うので、僕たちは駅前の《ビーンズ》に入る。彼女は今日、向かい側に座る。

テトラちゃんはコーヒーにミルクを入れた後、スプーンでかき混ぜるのも忘れて、ぼうっとしている。いつもとちょっとモードが違うようだ。やがて、独り言のように話し出した。

「あたしも、もっと数学できるようになりたいなあ。条件を落とさないことは大切だけど、それだけじゃ駄目って大変だなあ。P_{15} を手で数えようとして《とんでもないこと》になっちゃうし……」

大きな溜息をついた。

「あーあ、先輩の中に、あたしの場所は、あるのかなあ……」

「え？」

「え？」テトラちゃんの顔がみるみる赤くなる。「あたし、いま口に出したっ？ いまの、なしですっ！ あ、違うっ。なしじゃないっ！ ……ああ、もうっ」

彼女は顔の前で両手をばたばた振る。フィボナッチ・サインではない。

——ややあって。

テトラちゃんは、顔を下に向けて、ゆっくり話し始めた。

「……先輩が中三で、あたしが中二のとき。先輩、文化祭で発表なさいましたよね。二進法について。その発表の最後に、先輩がおっしゃいました。《数学は、時を越える》って。歴史的にたくさんの数学者が二進法を研究して、そして、それが現代のコンピュータでも生きているって。あたし、その《数学は、時を越える》という phrase が心に残ったんです。たとえば、二進法を研究した 17 世紀のライプニッツは、21 世紀のコンピュータのこと、知りませんよね。ライプニッツはこの世を去ってしまったけれど——数学は、時を越えて生きていて、現代の人に伝わっている。……そのことを、先輩の言葉を通して感じたんです。ああ、ほんとうにそうだ、数学は時を越えるんだって素直に思えたんです」

——そういえば、そんな発表したなあ。

「先輩はあのころ、放課後は図書ルームにいらっしゃいましたよね。文化祭が終わってから、あたし、図書ルームに通うようになりました。何だか、先輩の近くにいたいなあって思って……。図書ルームの隅っこで本を読んで過ごしてたんです。先輩はずっと計算していらっしゃいましたから、気づいてませんよね。そんなこんなで、あの冬、図書ルーム利用者ベストテンに入っちゃったテトラです」

彼女は顔を上げ、えへへ、と照れくさそうに笑った。

——へえ、それは気づいてなかった。誰も来ない図書ルームで、僕は一人きりだと思っていたよ。

「あたし……、先輩がいる高校に入学できたとき、本当にうれしかった。思い切って先輩にお手紙を書いてよかった。《テトラちゃん》と呼ばれるのはとても好きです。《テトラちゃんはすごいよ》と言われると、あたし、ほんとうに、いろんなことができそうに思えてきます。プラネタリウムにも連れてっていただいて……。先輩と——ミルカさんとも——数学の話ができるのがうれしい」

——そういえば行ったね、プラネタリウム。

「でも……あたし、落ち込むときもあります。先輩たちに話を合わせていただいているけれど、あたしは一人じゃ何もできない。今日みたいに、あたしだけ失敗しちゃうし」

——うん、その気持ちはわかるな。僕だって、ミルカさんを見ていてそう思うときがある。

「あたしの場所……。先輩の心の中に、あたしの場所はありますか？ 先輩にとって、あたしはバタバタしている後輩の一人にすぎないと思いますけれど……。先輩の心の隅っこに、ちょっと置いてくださって、ときどき、数学を教えていただければなあ……って」

——僕の心の中、目には見えない空間にある領域。テトラちゃんのための領域……。

僕は口を開く。

「うん。いまでも、そうしてるよ。テトラちゃんと話すのはとても好きだ。きみの素直さと理解力はすごいと思う。以前《がくら》で約束したように、いつでも数学を教えてあげるよ。うん、きみとの約束はまったく変わらな

い。──僕自身も、一人では何もできないんだ。中学の図書ルームで計算していたときは楽しかった。でも、いまのほうがずっと楽しい。数学を自由に話せる相手がいて……。僕の心の中に、テトラちゃんの場所はちゃんとある。僕にとって、きみは間違いなく、大事な友達だよ」

「ストップです──」テトラちゃんは、右手を広げて僕に向ける。5本の指。「あ、ありがとうございます。あたし、とてもうれしいです。でも、いま、あたし──あらぬことまで言いそうで、もうストップ、です」

うねうね道は、空間を巡る。

ああ、そうか──帰り道、テトラちゃんがゆっくり歩く理由。

彼女は、僕とシェアする領域を拡大しようとしてたんだ。

高校生活の、限りある時空間の中で。

10.4　自宅

自宅。

デジタル時計は23時59分を示している。23も59も素数だな。

家族は眠っている。僕は自室で数学をする。至福の時間だ。

僕がどんな数式にチャレンジしているのか、親は興味がない。おもしろい数式変形ができたとき、嬉しくて思わず説明したけれど、ひとこと「すごいね」と言われただけだった。

友人は貴重だ。ミルカさんとテトラちゃん。問題を出し合う。解き合う。検討し合う。知力を尽くして戦う。解法を共に磨きあげる。数式というコトバを通して話し合う……。そんな時間が僕は好きだ。図書ルームで過ごした中学時代とは、ずいぶん変わった。あのころは、ずっと一人で計算していた──っと、いやいや、あの時、あの場所にはテトラちゃんもいたのか……。

……さて、村木先生の問題にかかろう。分割数 P_n について考えていた。$P_{15} < 1000$ は成り立つかどうかという問題 10-2 を、**母関数**で解けないかチャレンジしてみよう。

母関数とは、x の冪乗を使って、数列のすべての項をたった一つの関数の中に結びつけたものだ。これまで僕とミルカさんは、母関数を使って、フィ

ボナッチ数列やカタラン数などの一般項を求めてきた。今回の P_n も、母関数で一般項を求められないだろうか。一般項 P_n の《n について閉じた式》が見つかりさえすれば、問題 10-2 はすぐに解ける。

これまでわかった分割数 P_n をまとめておこう。

n	0	1	2	3	4	5	6	7	8	9	...
P_n	1	1	2	3	5	7	11	15	22	30	...

この数列の母関数を $P(x)$ とする。$P(x)$ は次のように書ける。これは母関数の定義そのままだ。

$$P(x) = P_0x^0 + P_1x^1 + P_2x^2 + P_3x^3 + P_4x^4 + P_5x^5 + \cdots$$

$P_0, P_1, \ldots$ の値を具体的に埋めよう。n 次の係数が P_n なのだから、次のようになる。

$$P(x) = 1x^0 + 1x^1 + 2x^2 + 3x^3 + 5x^4 + 7x^5 + \cdots$$

形式的な変数 x は数列の各項が混濁しないためにある。数列を係数として抱え込み、育む母体、それが母関数だ。

さて、次のステップは、母関数の《x について閉じた式》を作ること。

フィボナッチ数 F_n のときには、漸化式を使って閉じた式を求めた。x を乗じて $F(x)$ の係数をシフトしたのがなつかしい。

カタラン数 C_n のときには、母関数の積を利用して閉じた式を求めた。《分けっこ》を楽しんだ。

分割数 P_n はどうだろう。母関数を作ったからといって魔法のように問題が解けるわけじゃない。その数列について、何か本質的な発見が必要なのだ。

分割数の母関数をさらに研究しよう。夜は、まだ長い。

10.4.1 選び出すために

僕は、部屋の中を歩き回って考える。手を動かして具体的な数を調べるのは大事だ。でもそれだけではやがて組み合わせの爆発に負けてしまう。《とんでもないこと》になる前に、一般的に解くための飛躍が必要だ。ミルカさんは「頭の運動」と表現していた。考えろ。考えろ。

……窓を開ける。夜の空気を吸う。どこか遠くで犬が吠えている。——僕はなぜ数学が好きなんだろう。数学っていったい何だろう。ミルカさんがこんなことを言っていた。

> 「カントールが言うように《数学の本質は自由にあり》なんだ。オイラー先生は自由だよ。無限大や無限小の概念を、自分の研究のために融通無碍に用いた。円周率の π も、虚数単位の i も、そして、自然対数の底の e も、オイラー先生が使い始めた文字だ。先生は、当時渡れなかった川に橋を架けたんだよ。ケーニヒスベルグに新しい橋を架けたようなものかな」

橋——僕も、いつかどこかに新しい橋を架けることができるのだろうか。

母関数からちょっと離れて考えてみよう。似た問題を解いたことがあるかどうか、思い出してみよう。思い出して——。

> 《……覚えていません。すみません》
> 《……思い出すんじゃなく、考えるんだよ。考える》

テトラちゃんとの、そんなやりとりがあった。《考えるのが大事》ということを《思い出している》自分に気がついて、僕はちょっと笑う。考えるのは大事だが、思い出すのも大事だな。

テトラちゃんとの会話は、二項定理の話をしたときだった。$(x+y)^n$ を計算すると、組み合わせの数が出てきて、テトラちゃんは驚いていた。$\binom{n}{k}$ が $_nC_k$ と同じ意味であることを教えたときだ。

$(x+y)$ を n 乗するときには、n 個の因子 $(x+y)$ のそれぞれから x または y を選ぶ。選んだ x と y の積が項になる。同類項をまとめると、選び方

の場合の数が係数に出てくるんだ。

たとえば $(x+y)^3$ を展開するとき、x と y を3個の各因子からピックアップすると、つぎの8個の項が生まれる。

$$\Big(\textcircled{x}+y\Big)\Big(\textcircled{x}+y\Big)\Big(\textcircled{x}+y\Big) \quad \rightarrow \quad xxx = x^3y^0$$

$$\Big(\textcircled{x}+y\Big)\Big(\textcircled{x}+y\Big)\Big(x+\textcircled{y}\Big) \quad \rightarrow \quad xxy = x^2y^1$$

$$\Big(\textcircled{x}+y\Big)\Big(x+\textcircled{y}\Big)\Big(\textcircled{x}+y\Big) \quad \rightarrow \quad xyx = x^2y^1$$

$$\Big(\textcircled{x}+y\Big)\Big(x+\textcircled{y}\Big)\Big(x+\textcircled{y}\Big) \quad \rightarrow \quad xyy = x^1y^2$$

$$\Big(x+\textcircled{y}\Big)\Big(\textcircled{x}+y\Big)\Big(\textcircled{x}+y\Big) \quad \rightarrow \quad yxx = x^2y^1$$

$$\Big(x+\textcircled{y}\Big)\Big(\textcircled{x}+y\Big)\Big(x+\textcircled{y}\Big) \quad \rightarrow \quad yxy = x^1y^2$$

$$\Big(x+\textcircled{y}\Big)\Big(x+\textcircled{y}\Big)\Big(\textcircled{x}+y\Big) \quad \rightarrow \quad yyx = x^1y^2$$

$$\Big(x+\textcircled{y}\Big)\Big(x+\textcircled{y}\Big)\Big(x+\textcircled{y}\Big) \quad \rightarrow \quad yyy = x^0y^3$$

これを全部加えて《同類項をまとめる》と、積の展開になる。

$$(x+y)(x+y)(x+y) = \underline{1}x^3y^0 + \underline{3}x^2y^1 + \underline{3}x^1y^2 + \underline{1}x^0y^3$$

係数の $1, 3, 3, 1$ は、x を3個、2個、1個、0個選び出す場合の数にそれぞれ一致している。つまり、係数を $\binom{n}{k}$ で表すと、次の式になる。

$$(x+y)(x+y)(x+y) = \binom{3}{3}x^3 + \binom{3}{2}x^2y + \binom{3}{1}xy^2 + \binom{3}{0}y^3$$

そこまで思い出して、テトラちゃんの感心した顔が心に浮かんだ瞬間、部屋を歩き回っていた僕の足が止まった。

ん？

何か大事なものにぶつかったような——気がする。

《テトラちゃんの感心した顔》……いや、もっと前だ。

《思い出すんじゃなく、考える》……もっと後。

《選び方の場合の数が係数に出てくる》……これだ。

選び方の場合の数が係数に出てくる。

テトラちゃんのグルーピングを使って——因子からピックアップして——うん、つながりそうだ。分割数の母関数に、きっとつながる。無限和の無限積にすればいい。わかったぞ。

《わかったら、すぐ動く》ミルカさんの声が心に響いた。

僕は急いで、計算を始める。無限積だから《x について閉じた式》とはいえないけれど、積の形になった母関数 $P(x)$ は得られそうだ。

——真夜中の自宅。口を閉じて、勉強開始。

問題 10-3 （僕の設定した問題）

分割数の母関数を $P(x)$ とする。積の形になった $P(x)$ を求めよ。

10.5 音楽室

次の日。

放課後の音楽室で、エィエィ、僕、それにミルカさんの三人が話している。

「《オイラーを読め、オイラーを読め》やて？ うちなら《バッハを弾け、バッハを弾け》って言うけど」

エィエィは、グランドピアノでゴールドベルグ変奏曲を弾きながらそんなことを言う。彼女は高校二年生。同学年だけれど、僕やミルカさんとは違うクラスだ。ピアノ愛好会《フォルティティシモ》のリーダーをしている。鍵盤大好き少女だ。

「ん、バッハはいいね」ミルカさんは、にこにこしながら手を後ろに組み、ピアノにあわせて、一歩一歩を楽しむように、音楽室を歩き回っている。機

嫌が良い。

「ところで今日はテトラっちは来ぃひんの？ あんたのいるとこ、どこにでもやってくるやん」エィエィが演奏を続けながら僕に向かって言う。

テトラっち。

「別に、あの子は僕を追っかけているわけじゃないよ」と僕は言った。

ちょうどそのとき、ノートを抱えたテトラちゃんが音楽室に入ってきた。

「あ、こちらにいらしたんですね。図書室にいらっしゃらないので、どうしたのかなあと思って」

（しっかり追っかけてるやん）エィエィが小声で言う。

「お邪魔でしたか……？」テトラちゃんは、僕たちを見回す。

「大丈夫だよ、テトラちゃん。特に何をしているわけじゃないし」と僕が言った。

「うちの感動的な演奏を聴いてたんちゃうの？」

「はいはい。……あ、そうだ」と僕は言った。「テトラちゃんが来たならちょうどいい。みんな、ちょっと数学モードになって聞いてくれないかな、昨晩の成果。ミルカさん、分割数の式を書いてもいい？」

「一般項 P_n の閉じた式を求めたという意味？」ミルカさんは急に立ち止まり、厳しい顔つきになって僕に言った。

「いや、違う。一般項 P_n の閉じた式を求めたわけじゃない。母関数 $P(x)$ を無限積の形で得たという意味」と僕は言った。

「それならいいよ」ミルカさんは再び微笑みに戻った。

「じゃ、前の黒板を使おうかな」

僕は音楽室の前に進み、スライド式の黒板を動かして準備する。ミルカさんとテトラちゃんも集まる。

エィエィは「あやあ、数学が始まるんか」と言ってピアノの手を休めた。

10.5.1 僕の発表（分割数の母関数）

「僕は問題 10-2 を解くため、分割数 P_n の一般項を求めようと思った。そしてそのために、まず母関数 $P(x)$ を求めようと考えたんだ。母関数 $P(x)$ は、以下のように書ける」

$$P(x) = P_0 x^0 + P_1 x^1 + P_2 x^2 + P_3 x^3 + P_4 x^4 + P_5 x^5 + \cdots$$

「これは定義をそのまま書いただけだ。僕は、《積の形になった母関数 $P(x)$ を見つける》という問題 10-3 を自分で設定した。でも、問題 10-3 を解く前に——説明のため、次の問題 10-4 を考えることにしよう。コインの枚数と種類に制限を付けた《制限付きの分割数》だ」

問題 10-4 《制限付きの分割数》

1 円玉と 2 円玉と 3 円玉が 1 枚ずつあるとする。3 円を支払う方法は何通りあるか。

「この問題 10-4 は難しくない。コインは 1, 2, 3 円玉の 3 種類に限られ、しかも 1 枚ずつしかないのだから、3 円を支払うのは「1 円玉と 2 円玉」と「3 円玉」の 2 通りになる。これが答えだ」

解答 10-4

2 通り。

「ところで、この問題 10-4 を使って母関数の説明をしよう。各コインを使って支払う金額を次のようにリストアップする」

①を使って支払う金額は、0 円または 1 円のいずれか、
②を使って支払う金額は、0 円または 2 円のいずれか、
③を使って支払う金額は、0 円または 3 円のいずれか。

「ここで、次のような式を考えよう。形式的な変数 x を使い、その指数部分で《支払う金額》を表現するんだ。わかりやすいように、1 は x^0 と書く」

$$(x^0 + x^1)(x^0 + x^2)(x^0 + x^3)$$

「なるほど。おもしろいね」ミルカさんが言った。

「だよね」僕は微笑んだ。

「ミルカさん、何が《なるほど》なんですか。先輩、何が《だよね》なんですか。わかりませんよ。お姉さまにお兄さま、ちゃんと順を追って話してくださいよぅ」テトラちゃんがクレームをつける。すかさず、エィエィがコミカルなフレーズをピアノで鳴らす。

「続けたら」ミルカさんが言った。

「テトラちゃん、さっきの式は次のように読むんだよ」と僕は言った。

$$\underbrace{(x^0 + x^1)}_{①の分}\underbrace{(x^0 + x^2)}_{②の分}\underbrace{(x^0 + x^3)}_{③の分}$$

「展開すると意味がわかるだろう。各コインの支払い担当分が指数になり、しかも、支払うことのできるすべての可能性が項となって登場する」

$$
\begin{aligned}
(x^0 + x^1)(x^0 + x^2)(x^0 + x^3) = \ & x^{0+0+0} \\
+ & x^{0+0+3} \\
+ & x^{0+2+0} \\
+ & x^{0+2+3} \\
+ & x^{1+0+0} \\
+ & x^{1+0+3} \\
+ & x^{1+2+0} \\
+ & x^{1+2+3}
\end{aligned}
$$

「たとえば、x^{1+2+0} という項の指数 $1 + 2 + 0$ は次のように読む」

$$
\begin{aligned}
1 &\longrightarrow ①を使って支払う金額は 1 円 \\
2 &\longrightarrow ②を使って支払う金額は 2 円 \\
0 &\longrightarrow ③を使って支払う金額は 0 円
\end{aligned}
$$

「……先輩、ちょっと待ってください。x^{1+2+0} の意味がまだわかりませ

ん。①を 1 枚、②を 1 枚、③を 0 枚使うんでしたら、指数は $1 + 2 + 0$ じゃなくて $1 + 1 + 0$ になって欲しいんじゃないんですか？」懸命な表情で式を追ってきたテトラちゃんが聞いた。

「いや違う。ここではね、《k 円玉の枚数》ではなく、《k 円玉で支払う金額》を考えているんだ」

「私なら《k 円玉の寄与分》と呼ぶな」ミルカさんがコメントした。

「先輩、少しわかりました。確かに、展開した式を見ると x の指数のところには、①と②と③で支払うすべての可能性が出てきていますね。……ええと、でも、不思議です。どうして $(x^0 + x^1)(x^0 + x^2)(x^0 + x^3)$ という式を考えなくちゃいけなかったんですか」

「それはね——《式の展開方法》が、《支払い方法のすべての可能性の作り方》とちょうど同じだからなんだ。$(x^0 + x^1)(x^0 + x^2)(x^0 + x^3)$ を展開したときの各項はこうやって作る」

- $x^0 + x^1$ から項を選び、
- $x^0 + x^2$ から項を選び、
- $x^0 + x^3$ から項を選び、積を作る。

「このやり方は、次のように支払い方法を考えるときとちょうど同じだ」

- ①で支払う金額を選び、
- ②で支払う金額を選び、
- ③で支払う金額を選び、和を作る。

「ははあ、なるほどお。わかってきましたよ。すべての組み合わせを作り出すために、式の展開に便乗しているんですね。……へええ」テトラちゃんは納得したようだ。

僕は説明を続ける。

「展開した後の式を整理すると次のようになる。同じ x^k を持つ項を集めて、（つまり同類項をまとめて）指数が小さい順に並べ替える」

$$
(x^0 + x^1)(x^0 + x^2)(x^0 + x^3) \qquad\qquad \text{注目している式}
$$

$$
\begin{aligned}
&= x^{0+0+0} + x^{0+0+3} + x^{0+2+0} + x^{0+2+3} \qquad\qquad \text{展開} \\
&\qquad + x^{1+0+0} + x^{1+0+3} + x^{1+2+0} + x^{1+2+3}
\end{aligned}
$$

$$
= x^0 + x^3 + x^2 + x^5 + x^1 + x^4 + x^3 + x^6 \qquad\qquad \text{指数を計算}
$$

$$
= x^0 + x^1 + x^2 + 2x^3 + x^4 + x^5 + x^6 \qquad\qquad \begin{array}{l}\text{同類項をまとめて、}\\ \text{指数の順に並べ替え}\end{array}
$$

「テトラちゃん、x^3 の係数が 2 になっているよね。これは何を表していると思う？」

「ええと、係数がなぜ 2 になるかというと……x^3 になる項が 2 個あるからです。具体的には x^{0+0+3} と x^{1+2+0} のことです。——なるほど、わかりました。x^3 の係数が 2 になっているのは、支払い金額が 3 になる場合の数が 2 通りあることを表しています」

「その通り。いまテトラちゃんが言ってくれたことをもう一度よく考える。僕たちの目の前には、形式的変数 x を使った冪の和がある。そして、x^n の係数は《支払い金額が n になる場合の数》だ。《支払い金額が n になる場合の数》って何だろう」

「《支払い金額が n になる場合の数》は——あ、分割数！」

「そうだね。この問題 10-4 では、コインの枚数と種類に制限が付いているから、村木先生の問題 10-1 と問題 10-2 に出てきた分割数とは違う。でも、とても似ている。形式的変数 x を使った冪の和があって、その係数は《支払い金額が n になる場合の数》になっている——これは母関数にほかならない。つまり、$(x^0 + x^1)(x^0 + x^2)(x^0 + x^3)$ というのは、《制限付きの分割数》の母関数なんだ」

> **問題 10-4 の《制限付きの分割数》の母関数**
>
> $$(x^0 + x^1)(x^0 + x^2)(x^0 + x^3)$$

「なるほど……母関数のお話って、無限級数が出てきて大変そうと思っていたんですが、$(x^0 + x^1)(x^0 + x^2)(x^0 + x^3)$ っていう、ちっちゃな有限積でも母関数になるんですね。ミニミニ母関数……」テトラちゃんはおにぎりを作るようなジェスチャをする。

「さて」と僕は話を続けた。

◎　◎　◎

さて、ここまでの話は《制限付きの分割数》だった。ここからは、コインの枚数と種類の制限を解除する。でも、議論の進め方は同じだ。$(x^0 + x^1)(x^0 + x^2)(x^0 + x^3)$ という《有限和の有限積》ではなく、次のような《無限和の無限積》を考察する。

$$
\begin{aligned}
&(x^0 + x^1 + x^2 + x^3 + \cdots) &&\text{①の寄与分}\\
&\times(x^0 + x^2 + x^4 + x^6 + \cdots) &&\text{②の寄与分}\\
&\times(x^0 + x^3 + x^6 + x^9 + \cdots) &&\text{③の寄与分}\\
&\times(x^0 + x^4 + x^8 + x^{12} + \cdots) &&\text{④の寄与分}\\
&\times\cdots\\
&\times(x^{0k} + x^{1k} + x^{2k} + x^{3k} + \cdots) &&\text{⑂の寄与分}\\
&\times\cdots
\end{aligned}
$$

無限和が出てくるのは、コインの枚数に制限を付けないことに対応する。無限積が出てくるのは、コインの種類に制限を付けないことに対応する。この無限和の無限積を展開すると、支払い方法の可能性すべてを一気に作

り出す。積を取って同類項をまとめた後、x^n の項を調べる。すると、x^n の
係数は n の分割数になっている。なぜかというと、x^n の係数は、《n 円の支
払い方法》の場合の数に相当するからだ。

　《係数が分割数になる形式的冪級数》——つまり上に書いた無限和の無限
積は《分割数の母関数》だ。ならば、$P(x)$ は次のように書ける。

$$
\begin{aligned}
P(x) = {}&(x^0 + x^1 + x^2 + x^3 + \cdots) \\
&\times (x^0 + x^2 + x^4 + x^6 + \cdots) \\
&\times (x^0 + x^3 + x^6 + x^9 + \cdots) \\
&\times (x^0 + x^4 + x^8 + x^{12} + \cdots) \\
&\times \cdots \\
&\times (x^{0k} + x^{1k} + x^{2k} + x^{3k} + \cdots) \\
&\times \cdots
\end{aligned}
$$

　さて、ここで視点を変える。形式的変数の x を、$0 \leqq x < 1$ の範囲にある
実数だと思い、等比級数の公式を使う。すると、k 円玉の寄与分は次のよう
な分数にできる。

$$
x^{0k} + x^{1k} + x^{2k} + x^{3k} + \cdots = \frac{1}{1 - x^k}
$$

　$P(x)$ に出てくる無限和は、すべてこの公式で分数にできる。

$$
\begin{aligned}
P(x) = {}&\frac{1}{1 - x^1} \\[6pt]
&\times \frac{1}{1 - x^2} \\[6pt]
&\times \frac{1}{1 - x^3} \\[6pt]
&\times \frac{1}{1 - x^4} \\[6pt]
&\times \cdots
\end{aligned}
$$

$$\times \frac{1}{1 - x^k}$$

$$\times \cdots$$

《無限和の無限積》が《分数の無限積》になった。これが、積の形になった母関数 $P(x)$ だ。$\times$ は $\cdot$ にしておこう。

解答 10-3（分割数 P_n の母関数 $P(x)$《積の形》）

$$P(x) = \frac{1}{1 - x^1} \cdot \frac{1}{1 - x^2} \cdot \frac{1}{1 - x^3} \cdots$$

ここまでを整理しよう。僕は、村木先生の問題 10-2 を解くために P_{15} を求めようと思い、一般項 P_n を得たいと考えた。そして、そのために、P_n の母関数 $P(x)$ の姿をとらえようと思い、問題 10-3 を設定した。その結果、上の解答 10-3 に示したように積の形になった母関数 $P(x)$ を手に入れた。

これから僕は、次の問題 X を考えようと思っている。

問題 X

以下の関数 $P(x)$ を冪級数展開したときの x^n の係数は何か。

$$P(x) = \frac{1}{1 - x^1} \cdot \frac{1}{1 - x^2} \cdot \frac{1}{1 - x^3} \cdots$$

---

x^n の係数は P_n だ。一般項 P_n を求めてから、問題 10-2 の不等式 $P_{15} < 1000$ を検討するんだ。

《分割数の一般項を求める》旅の地図

分割数　　　────→　　　母関数 P(x)

問題 10-3

分割数の一般項 P_n ←────　積の形の母関数 P(x)
　　　　　　　　　問題 X

ここで僕は口を閉じた。

◎　　◎　　◎

「きみは、正面突破しようというわけか」ミルカさんがすかさず口を開いた。

「そうだね」

「ふうん。でも、問題 10-2 の不等式を証明するだけなら、必ずしも P_n を求める必要はない──よね？」ミルカさんが言った。

「まあ……理屈の上では……そうだけれど……」僕は不安になってくる。

「なぜなら、私は、一般項 P_n を求めることも、P_{15} を求めることもせずに、問題 10-2 を解いてしまったから」とミルカさんは淡々と言った。

「えっ……？」

10.5.2　ミルカさんの発表（分割数の上界）

「問題 10-2 の不等式 $P_{15} < 1000$ を証明するためには、必ずしも P_{15} は求めなくてもよい」

ミルカさんは、そう言いながら、僕と入れ替わりで黒板の前に立った。

「テトラが《とんでもないこと》になったように、分割数 P_n は急激に増加する。そこで、私は分割数 P_n の**上界**をまず調べようと思った」

「上界って何ですか」テトラちゃんがすぐに聞く。

「上界とは、任意の整数 $n \geqq 0$ に対して $P_n \leqq M(n)$ を満たす関数 $M(n)$

のこと。n が大きくなれば P_n も大きくなるけれど、$M(n)$ よりは大きくならない。そんな $M(n)$ のこと。上界は無数にある。一種類とは限らない」

「上のほうに限界がある、ってことでしょうか」頭の上に手のひらを乗せるテトラちゃん。

「そう。上界という用語は定数の意味で使うこともあるけれど、ここでは定数ではない。$M(n)$ はあくまで n の関数。さて、P_0, P_1, P_2, P_3, P_4 を観察すると、これはそれぞれフィボナッチ数の F_1, F_2, F_3, F_4, F_5 に等しくなっている」

$$P_0 = F_1 = 1$$
$$P_1 = F_2 = 1$$
$$P_2 = F_3 = 2$$
$$P_3 = F_4 = 3$$
$$P_4 = F_5 = 5$$

ミルカさんは $1, 1, 2, 3$ と指を振り、5 で止める。

「でも、残念ながら P_5 と F_6 は等しくない。$P_5 = 7$，$F_6 = 8$ だから、

$$P_5 < F_6$$

になってしまう。——そこで私は、$P_n = F_{n+1}$ という等式は成り立たないけれど、

$$P_n \leqq F_{n+1}$$

という不等式なら成り立つのではないかと推測した。そして、実際にそれが成り立つことを証明した。つまり、上界を $M(n) = F_{n+1}$ としたわけだ。証明には数学的帰納法を使う」とミルカさんは言った。

◎　　◎　　◎

フィボナッチ数による分割数 P_n の上界

分割数を $\langle P_n \rangle = \langle 1, 1, 2, 3, 5, 7, \ldots \rangle$ とし、フィボナッチ数列を $\langle F_n \rangle = \langle 0, 1, 1, 2, 3, 5, 8 \ldots \rangle$ とする。このとき、すべての整数 $n \geqq 0$ について、以下が成り立つ。

$$P_n \leqq F_{n+1}$$

証明には**数学的帰納法**を使う。

まず、$n = 0$ および $n = 1$ では、$P_n \leqq F_{n+1}$ が成り立つ。

あとは、任意の整数 $k \geqq 0$ について、

$$P_k \leqq F_{k+1} \quad \overset{かつ}{\wedge} \quad P_{k+1} \leqq F_{k+2} \quad \overset{ならば}{\Longrightarrow} \quad P_{k+2} \leqq F_{k+3}$$

が成り立つことを証明すればよい。

> なぜなら、これが言えれば、
> - $P_0 \leqq F_1$ と $P_1 \leqq F_2$ から $P_2 \leqq F_3$ が言える。
> - $P_1 \leqq F_2$ と $P_2 \leqq F_3$ から $P_3 \leqq F_4$ が言える。
> - $P_2 \leqq F_3$ と $P_3 \leqq F_4$ から $P_4 \leqq F_5$ が言える。
> - $P_3 \leqq F_4$ と $P_4 \leqq F_5$ から $P_5 \leqq F_6$ が言える……。
>
> つまり、任意の整数 $n \geqq 0$ に対して $P_n \leqq F_{n+1}$ が成り立つと言えるからだ。……というのは、数学的帰納法の解説。これは頭の上に大きな疑問符を掲げているテトラのための補足説明だよ。

いま、《$k + 2$ 円の支払い方法》が一つ与えられたとすると、その支払い方法は、使われている最少額面のコインによって以下の 3 つの場合に分けられる。

(1) 最少額面コインが ① の場合

(2) 最少額面コインが ② の場合

(3) 最少額面コインが ③ 以上の場合

これから、以下に示す操作を行って、《k + 2 円の支払い方法》を《k + 1 円の支払い方法》または《k 円の支払い方法》に変換する。

(1) 最少額面コインが①の場合、①を 1 枚取り除く。すると、残りのコインは《k + 1 円の支払い方法》になっている。

(2) 最少額面コインが②の場合、②を 1 枚取り除く。すると、残りのコインは《k 円の支払い方法》になっている。しかも、その支払い方法の最少額面コインは①ではない。

(3) 最少額面コインが③以上の場合、最少額面コインを⑩として、そのコイン⑩1 枚を次のように両替する。

$$②+\underbrace{①+①+\cdots+①}_{m-2\,枚}$$

そして、両替後に②を 1 枚取り除く。すると、残りのコインは《k 円の支払い方法》になっている。しかも、その支払い方法の最少額面コインは①である。

すなわち、上に示した操作で任意の《k + 2 円の支払い方法》から《k + 1 円の支払い方法》または《k 円の支払い方法》を作り出すことができる。そのとき、作り出された支払い方法はすべて異なるものになる。つまり、作り出された支払い方法がかち合うことはない。

ちょっとわかりにくいかな。k + 2 = 9 の分割に対して具体的にやってみると、次の表のようになる。取り除くコインは二重取り消し線で示し、両替は下線で示す。たくさんの 1 が並ぶところは ･･･ で省略する。

P_9	(1) P_8の一部	(2) P_7の一部	(3) P_7の一部
9			~~2~~+1+⋯+1
8+1	8+~~1~~		
7+2		7+~~2~~	
7+1+1	7+1+~~1~~		
6+3			6+~~2~~+1
6+2+1	6+2+~~1~~		
6+1+1+1	6+1+1+~~1~~		
5+4			5+~~2~~+1+1
5+3+1	5+3+~~1~~		
5+2+2		5+2+~~2~~	
5+2+1+1	5+2+1+~~1~~		
5+1+1+1+1	5+1+1+1+~~1~~		
4+4+1	4+4+~~1~~		
4+3+2		4+3+~~2~~	
4+3+1+1	4+3+1+~~1~~		
4+2+2+1	4+2+2+~~1~~		
4+2+1+1+1	4+2+1+1+~~1~~		
4+1+⋯+1+1	4+1+⋯+1+~~1~~		
3+3+3			3+3+~~2~~+1
3+3+2+1	3+3+2+~~1~~		
3+3+1+1+1	3+3+1+1+~~1~~		
3+2+2+2		3+2+2+~~2~~	
3+2+2+1+1	3+2+2+1+~~1~~		
3+2+1+1+1+1	3+2+1+1+1+~~1~~		
3+1+⋯+1+1	3+1+⋯+1+~~1~~		
2+2+2+2+1	2+2+2+2+~~1~~		
2+2+2+1+1+1	2+2+2+1+1+~~1~~		
2+2+1+⋯+1+1	2+2+1+⋯+1+~~1~~		
2+1+⋯+1+1	2+1+⋯+1+~~1~~		
1+⋯+1+1	1+⋯+1+~~1~~		

　このような操作が存在することから、《$k+2$ 円の支払い方法》の個数は、《$k+1$ 円の支払い方法》の個数と《k 円の支払い方法》の個数を加えた値を越えることはない。

　さて、以上の議論から、すべての整数 $k \geqq 0$ について、分割数 $P_{k+2},\ P_{k+1},\ P_k$ の間には以下の不等式が成り立つ。

$$P_{k+2} \leqq P_{k+1} + P_k$$

　さて、

$$P_k \leqq F_{k+1} \quad \overset{かつ}{\wedge} \quad P_{k+1} \leqq F_{k+2}$$

が成り立っていると仮定したとき、上の結果を合わせると、以下の式が成り立つ。

$$P_{k+2} \leqq F_{k+2} + F_{k+1}$$

フィボナッチ数の定義から、右辺は F_{k+3} に等しい。そのため、以下の式が成り立つ。

$$P_{k+2} \leqq F_{k+3}$$

よって、任意の整数 $k \geqq 0$ について、

$$P_k \leqq F_{k+1} \quad \overset{\text{かつ}}{\wedge} \quad P_{k+1} \leqq F_{k+2} \quad \overset{\text{ならば}}{\Longrightarrow} \quad P_{k+2} \leqq F_{k+3}$$

が成り立つ。

数学的帰納法により、任意の整数 $n \geqq 0$ について、$P_n \leqq F_{n+1}$ が成り立つ。

はい、これでひと仕事おしまい。分割数 P_n は、フィボナッチ数 F_{n+1} で頭がおさえられているのだね。——おっと、ひと仕事おしまいじゃなかった。まだ問題 10-2 の決着はついていない。$F_{k+2} = F_{k+1} + F_k$ を使ってフィボナッチ数の表を作ろう。

n	0	1	2	3	4	5	6	7	8	9	10	11	12	13	14	15	16	...
F_n	0	1	1	2	3	5	8	13	21	34	55	89	144	233	377	610	987	...

この表から、$F_{16} = 987$ がわかるね。だから、以下のようになる。

$$P_{15} \leqq F_{16} = 987 < 1000$$

つまり、こうなる。

$$P_{15} < 1000$$

したがって、問題 10-2 の不等式は成り立つ。

はい、これで本当にひと仕事おしまい。

一般項 P_n を求めずに、それどころか P_{15} すら求めずに、証明が完了し

たね。

解答 10-2
$P_{15} < 1000$ は成り立つ。

　ミルカさんは、満足そうに話を閉じた。

10.5.3　テトラちゃんの発表

　「あ、あのう……」テトラちゃんが手を挙げた。

　「はい、テトラ。何か質問？」ミルカさんが指さす。

　「いえ、質問じゃなくって……あたしも、問題 10-2 を解いたので発表を」とテトラちゃんが言った。

　「ふうん。それなら交代」と言って、ミルカさんはチョークを差し出した。

　「いえ、あの、発表はすぐ終わります。15 円の支払い方法をすべて書き上げました。数えると P_{15} の値は 176 でした。なので、

$$P_{15} = 176 < 1000$$

が言えます。したがって、問題 10-2 の不等式は成り立ちます」

　テトラちゃんはそう言って、僕たちにノートを広げて見せた。

① × 15	① × 13 + ②
① × 11 + ② × 2	① × 9 + ② × 3
① × 7 + ② × 4	① × 5 + ② × 5
① × 3 + ② × 6	① + ② × 7
① × 12 + ③	① × 10 + ② + ③
① × 8 + ② × 2 + ③	① × 6 + ② × 3 + ③
① × 4 + ② × 4 + ③	① × 2 + ② × 5 + ③
② × 6 + ③	① × 9 + ③ × 2
① × 7 + ② + ③ × 2	① × 5 + ② × 2 + ③ × 2
① × 3 + ② × 3 + ③ × 2	① + ② × 4 + ③ × 2
① × 6 + ③ × 3	① × 4 + ② + ③ × 3
① × 2 + ② × 2 + ③ × 3	② × 3 + ③ × 3
① × 3 + ③ × 4	① + ② + ③ × 4
③ × 5	① × 11 + ④
① × 9 + ② + ④	① × 7 + ② × 2 + ④
① × 5 + ② × 3 + ④	① × 3 + ② × 4 + ④
① + ② × 5 + ④	① × 8 + ③ + ④
① × 6 + ② + ③ + ④	① × 4 + ② × 2 + ③ + ④
① × 2 + ② × 3 + ③ + ④	② × 4 + ③ + ④
① × 5 + ③ × 2 + ④	① × 3 + ② + ③ × 2 + ④
① + ② × 2 + ③ × 2 + ④	① × 2 + ③ × 3 + ④
② + ③ × 3 + ④	① × 7 + ④ × 2
① × 5 + ② + ④ × 2	① × 3 + ② × 2 + ④ × 2
① + ② × 3 + ④ × 2	① × 4 + ③ + ④ × 2
① × 2 + ② + ③ + ④ × 2	② × 2 + ③ + ④ × 2
① + ③ × 2 + ④ × 2	① × 3 + ④ × 3
① + ② + ④ × 3	③ + ④ × 3
① × 10 + ⑤	① × 8 + ② + ⑤
① × 6 + ② × 2 + ⑤	① × 4 + ② × 3 + ⑤
① × 2 + ② × 4 + ⑤	② × 5 + ⑤

①×7+③+⑤　　　　①×5+②+③+⑤
①×3+②×2+③+⑤　　①+②×3+③+⑤
①×4+③×2+⑤　　　①×2+②+③×2+⑤
②×2+③×2+⑤　　　①+③×3+⑤
①×6+④+⑤　　　　①×4+②+④+⑤
①×2+②×2+④+⑤　　②×3+④+⑤
①×3+③+④+⑤　　　①+②+③+④+⑤
③×2+④+⑤　　　　①×2+④×2+⑤
②+④×2+⑤　　　　①×5+⑤×2
①×3+②+⑤×2　　　①+②×2+⑤×2
①×2+③+⑤×2　　　②+③+⑤×2
①+④+⑤×2　　　　⑤×3
①×9+⑥　　　　　①×7+②+⑥
①×5+②×2+⑥　　　①×3+②×3+⑥
①+②×4+⑥　　　　①×6+③+⑥
①×4+②+③+⑥　　　①×2+②×2+③+⑥
②×3+③+⑥　　　　①×3+③×2+⑥
①+②+③×2+⑥　　　③×3+⑥
①×5+④+⑥　　　　①×3+②+④+⑥
①+②×2+④+⑥　　　①×2+③+④+⑥
②+③+④+⑥　　　　①+④×2+⑥
①×4+⑤+⑥　　　　①×2+②+⑤+⑥
②×2+⑤+⑥　　　　①+③+⑤+⑥
④+⑤+⑥　　　　　①×3+⑥×2
①+②+⑥×2　　　　③+⑥×2
①×8+⑦　　　　　①×6+②+⑦
①×4+②×2+⑦　　　①×2+②×3+⑦
②×4+⑦　　　　　①×5+③+⑦
①×3+②+③+⑦　　　①+②×2+③+⑦
①×2+③×2+⑦　　　②+③×2+⑦

$$①×4+④+⑦ \qquad ①×2+②+④+⑦$$
$$②×2+④+⑦ \qquad ①+③+④+⑦$$
$$④×2+⑦ \qquad ①×3+⑤+⑦$$
$$①+②+⑤+⑦ \qquad ③+⑤+⑦$$
$$①×2+⑥+⑦ \qquad ②+⑥+⑦$$
$$①+⑦×2 \qquad ①×7+⑧$$
$$①×5+②+⑧ \qquad ①×3+②×2+⑧$$
$$①+②×3+⑧ \qquad ①×4+③+⑧$$
$$①×2+②+③+⑧ \qquad ②×2+③+⑧$$
$$①+③×2+⑧ \qquad ①×3+④+⑧$$
$$①+②+④+⑧ \qquad ③+④+⑧$$
$$①×2+⑤+⑧ \qquad ②+⑤+⑧$$
$$①+⑥+⑧ \qquad ⑦+⑧$$
$$①×6+⑨ \qquad ①×4+②+⑨$$
$$①×2+②×2+⑨ \qquad ②×3+⑨$$
$$①×3+③+⑨ \qquad ①+②+③+⑨$$
$$③×2+⑨ \qquad ①×2+④+⑨$$
$$②+④+⑨ \qquad ①+⑤+⑨$$
$$⑥+⑨ \qquad ①×5+⑩$$
$$①×3+②+⑩ \qquad ①+②×2+⑩$$
$$①×2+③+⑩ \qquad ②+③+⑩$$
$$①+④+⑩ \qquad ⑤+⑩$$
$$①×4+⑪ \qquad ①×2+②+⑪$$
$$②×2+⑪ \qquad ①+③+⑪$$
$$④+⑪ \qquad ①×3+⑫$$
$$①+②+⑫ \qquad ③+⑫$$
$$①×2+⑬ \qquad ②+⑬$$
$$①+⑭ \qquad ⑮$$

　ミルカさんは、テトラちゃんが列挙した支払い方法をすばやくチェックした。

　「……合ってるね。これは……テトラの粘り勝ちだ」ミルカさんは苦笑して、テトラちゃんの頭をなでる。

　「えへへ。今度は間違えませんでしたー」とテトラちゃんは言った。

僕は何も言えない。

10.6　教室

カバンを取りに教室に戻った僕は、急に気分が悪くなった。

自分の椅子に座り込み、机に顔を伏せる。

一般項 P_n を求めることに固執したのは失敗だった。問題文もわざわざ不等式になっていたじゃないか。調子に乗って母関数は求めたけれど、問題解決には何にも役立っていない。

悔しい。

問題が与えられる。目的地が遠くに見えている。その問題を解くための小さな問題を自分で見つける。目的地に至るための道探しだ。僕は、道を間違えた。分割数の一般項が、フィボナッチ数やカタラン数のように見つかると思っていたのだけれど。

悔しい。

教室に誰かが入ってきた。この足音は──ミルカさんだ。足音が近づく。

「どうしたのかな」ミルカさんの声。

僕は答えない。顔も上げない。

「ふうん。──何だか暗いな」

静かな教室。ミルカさんは動かない。

沈黙。

僕は、根負けして顔を上げた。

彼女は、いつものすまし顔とは違い、どこか困ったような表情をしていた。やがて、ミルカさんは、指を振り始める。

$$1\quad 1\quad 2\quad 3$$

フィボナッチ・サイン。数学愛好者のあいさつ。でも、僕は、手を広げて応える気分になれない。

ミルカさんは手を後ろに組み、横を向いて言った。

「……テトラは、可愛いよね」

僕は答えない。

「私は、あんなに可愛くなれないな……」

僕は——答えない。

教室のスピーカーから、ドボルザークの「家路」が流れ始めた。

「……解けなかった——道を間違えたんだ」と僕は言った。

「ふうん……」とミルカさんが言った。「……地球上のあちこちで、膨大な時間の中で、数学者たちはさまざまな問題の解を探し求めてきた。何も見つからずに終わることも多いだろう。では、探すことは無駄かな？　違う。探さなければ、見つかるかどうか、わからない。やってみなければ、できるかどうか、わからない。……私たちは旅人だ。疲れることがあるかもしれない。道を間違うことがあるかもしれない。それでも、私たちは旅を続ける」

「僕は……知ったかぶりをして、得意がって、母関数を求めた。けれど、問題を解くのには何の役にも立たなかった。……馬鹿みたいだ」と僕は言った。

「それなら……」ミルカさんがこちらを向いて言った。「……それなら、きみが見つけた母関数 P(x) を使う問題を、私が見つけよう」と言って彼女は微笑んだ。

ミルカさんは、もういちど指を振る。フィボナッチ・サイン。

$$1\quad 1\quad 2\quad 3...$$

続けて彼女は手を開き、自分のサインに自分で応える。

$$...5$$

そして、開いた手をそのまま、座っている僕に向けて伸ばす。あたたかい指が、僕の頬に触れる。

「疲れたなら、休めばよい。道を間違えたなら、戻ればよい。——そのすべてが、私たちの旅なんだから」

彼女はそう言うと、前かがみになり、すうっと顔を寄せてくる。

僕たちの眼鏡が触れそうになる。

レンズの向こうに見える、深い瞳。

それから彼女は、

心持ち顔を傾けて、

ゆっくりと――。

「ここで瑞谷先生が現れたら、驚きだな」と僕は思わず言った。

「口を閉じて」とミルカさんは言った。

10.7 よりよい上界を見つける長い旅

数日が過ぎた。

放課後、急にミルカさんが言い出した。

「フィボナッチ数よりも良い分割数の上界が得られたから、聞いてほしいな。そうだ、テトラも呼ぼう」

10.7.1 母関数が出発点

ミルカさんがチョークを持って教壇に立つ。

呼び出されたテトラちゃんと僕は、教室の最前列で彼女の「講義」を聞く。僕たち三人のほかには誰もいない。

「分割数 P_n の上界を求めるというのは、$P_n \leqq M(n)$ になる関数 $M(n)$ を求めることだ。このあいだはフィボナッチ数が分割数の上界になっていることを証明した。これから、もっと良い上界を求めよう」

「もっと良い上界っていうことは、フィボナッチ数よりも小さい上界ってことですね」手を挙げてテトラちゃんが質問した。

「そう。でも n がとても大きいときの話ね」ミルカさんは簡単に答える。

そして「私たちの出発点は母関数」と言って目を細めた。

◎　◎　◎

　私たちの出発点は母関数。まずは分割数 P_n と母関数 $P(x)$ の大小関係を考えてみることにしよう。$0 < x < 1$ の範囲で考えると、P_n に x^n を掛けた式は、$P(x)$ より小さい。

$$P_n x^n < P(x)$$

　なぜなら、母関数の定義の中には、$P_n x^n$ が含まれているからね。以下の式で、右辺の各項はすべて正だから、左辺は右辺よりも小さいに決まっている。

$$\underline{P_n x^n} < P_0 x^0 + P_1 x^1 + \cdots + \underline{P_n x^n} + \cdots$$

　ところで私たちは、母関数 $P(x)$ の別の姿を知っている。そう、積の姿だ（ここで彼女は、僕のほうをちらっと見た）。だから、右辺は以下のように変形できる。

$$P_n x^n < \frac{1}{1 - x^1} \cdot \frac{1}{1 - x^2} \cdot \frac{1}{1 - x^3} \cdots$$

　両辺を x^n で割る。

$$P_n < \frac{1}{x^n} \cdot \frac{1}{1 - x^1} \cdot \frac{1}{1 - x^2} \cdot \frac{1}{1 - x^3} \cdots$$

　この右辺は P_n よりも大きくなっている。つまり上界の候補になる。でも、無限積は扱いにくい。だから、n 枚までと枚数に制限を付けておいて、以下のような有限積で考えを進めることにする。

$$P_n \leqq \frac{1}{x^n} \cdot \frac{1}{1 - x^1} \cdot \frac{1}{1 - x^2} \cdot \frac{1}{1 - x^3} \cdots \cdot \frac{1}{1 - x^n}$$

　さて、この不等式までは比較的まっすぐな道のりだった。ただし、右辺の積はまだ扱いにくそうだ。ここで頭を絞ろう。

　——私はこう考えた。積がやっかいなら、和に変えてしまえばよい。積を和に変えるにはどうする？

10.7.2 《始めの曲がり角》積を和に変えるには

「対数を取ればよい。対数を取れば、積を和にすることができる」と僕は
言った。

「その通り」とミルカさんは答えた。

◎ ◎ ◎

その通り。

$$P_n \leqq \frac{1}{x^n} \cdot \frac{1}{1-x^1} \cdot \frac{1}{1-x^2} \cdot \frac{1}{1-x^3} \cdots \cdot \frac{1}{1-x^n}$$

この両辺の対数を取る。ここが《始めの曲がり角》だ。私たちは家を出発
し、《P_n の上界を探す道》から、《$\log_e P_n$ の上界を探す道》へ移ったことに
なる。テトラ、大丈夫だよね。個々の議論も大事だけれど、大きな流れを見
失わないようにするんだよ。

$$\log_e(P_n) \leqq \log_e \left(\frac{1}{x^n} \cdot \frac{1}{1-x^1} \cdot \frac{1}{1-x^2} \cdot \frac{1}{1-x^3} \cdots \cdot \frac{1}{1-x^n} \right)$$

対数を取ると積は和に変わる。これで以下の式を得る。

$$\log_e P_n \leqq \log_e \frac{1}{x^n}$$
$$+ \log_e \frac{1}{1-x^1} + \log_e \frac{1}{1-x^2} + \log_e \frac{1}{1-x^3} + \cdots + \log_e \frac{1}{1-x^n}$$

長い式はうっとうしいね。$\sum$ を使ってこう書こう。同じ意味だよ。

$$\log_e P_n \leqq \log_e \frac{1}{x^n} + \sum_{k=1}^{n} \left(\log_e \frac{1}{1-x^k} \right)$$

さあ、ここで問題は西と東の二つの道に分かれる。《分かれ道》だ。後で
またここに戻ってくるから、この場所をよく覚えておくこと。

$$\log_e P_n \leqq \underbrace{\log_e \frac{1}{x^n}}_{《西の丘》} + \underbrace{\sum_{k=1}^{n} \left(\log_e \frac{1}{1-x^k} \right)}_{《東の森》}$$

西に進めば丘があり、東に向かえば森がある。

10.7.3 《東の森》テイラー展開

まずは《東の森》を評価しよう。

$$《東の森》= \sum_{k=1}^{n} \left(\log_e \frac{1}{1-x^k} \right)$$

東の森は n 本の木でできている。《東の森》を構成している《東の木》、つまり $\log_e \frac{1}{1-x^k}$ の上界を求めよう。

現在の問題は、以下の関数を評価すること。

$$《東の木》= \log_e \frac{1}{1-x^k}$$

この関数を考える代わりに、$t = x^k$ とした関数 $f(t)$ を考えてみる。

$$f(t) = \log_e \frac{1}{1-t}$$

この関数 $f(t)$ を研究したい。どうしたらよいかな。はい、テトラ、どうする？

◎　◎　◎

「え、あたし——ですか？ まだ log ってよく知らないので……すみません」

「わからない関数 $f(t)$ がここにある。ほらほら、テトラ。《一生忘れない！》んじゃなかった？」

「あ——テイラー展開！」

「そう」とミルカさんが言った。「$f(t)$ をテイラー展開で冪級数に直してみ

よう」

◎　◎　◎

f(t) をテイラー展開で冪級数に直してみよう。

対数関数の微分と、合成関数の微分が必要だから、ここでは結果だけ書くよ。

関数 $f(t) = \log_e \frac{1}{1-t}$ は次のような冪級数にテイラー展開できる。

$$\langle\!\langle \text{東の木} \rangle\!\rangle = \log_e \frac{1}{1-t}$$
$$= \frac{t^1}{1} + \frac{t^2}{2} + \frac{t^3}{3} + \cdots \qquad \text{ただし } 0 < t < 1$$

ここで、$t = x^k$ に戻せば、$\langle\!\langle \text{東の木} \rangle\!\rangle$ の冪級数展開が得られる。

$$\log_e \frac{1}{1-x^k} = \frac{x^{1k}}{1} + \frac{x^{2k}}{2} + \frac{x^{3k}}{3} + \cdots \qquad \text{ただし } 0 < x^k < 1$$

この式で $k = 1, 2, 3, \ldots, n$ に関する和を取る。要するに $\langle\!\langle \text{東の木} \rangle\!\rangle$ から $\langle\!\langle \text{東の森} \rangle\!\rangle$ を作るんだ。

$$\langle\!\langle \text{東の森} \rangle\!\rangle = \sum_{k=1}^{n} \langle\!\langle \text{東の木} \rangle\!\rangle$$
$$= \sum_{k=1}^{n} \log_e \frac{1}{1-x^k}$$

テイラー展開しよう。

$$= \sum_{k=1}^{n} \left(\frac{x^{1k}}{1} + \frac{x^{2k}}{2} + \frac{x^{3k}}{3} + \cdots \right)$$

内側の和も $\sum$ で表す。

$$= \sum_{k=1}^{n} \left(\sum_{m=1}^{\infty} \frac{x^{mk}}{m} \right)$$

和の順序を入れ替える。

$$= \sum_{m=1}^{\infty} \left(\sum_{k=1}^{n} \frac{x^{mk}}{m} \right)$$

ここで、m は内側の $\sum$ には束縛されていないので、$\frac{1}{m}$ を外に出す。

$$= \sum_{m=1}^{\infty} \left(\frac{1}{m} \sum_{k=1}^{n} x^{mk} \right)$$

内側の $\sum$ を開いて自分の理解を確かめてみよう。

$$= \sum_{m=1}^{\infty} \frac{1}{m} \left(x^{1m} + x^{2m} + x^{3m} + \cdots + x^{nm} \right)$$

　途中で和の順序を入れ替えている。無限級数で和の順序を入れ替えるときには、注意が必要なんだけれど、ここでは深入りしない。

　では、ここで一息つこう。いま求めたいのは上界なんだから、《東の森》よりも大きい式を探そう。そこで、有限和を無限和にして不等式を作る。無限和にしたのは、等比級数の和の公式を使いたいからだ。評価を続けるよ。

$$《東の森》= \sum_{m=1}^{\infty} \frac{1}{m} \left(x^{1m} + x^{2m} + x^{3m} + \cdots + x^{nm} \right)$$

内側の有限和を無限和にして不等式を作ろう。

$$< \sum_{m=1}^{\infty} \frac{1}{m} \left(x^{1m} + x^{2m} + x^{3m} + \cdots + x^{nm} + \cdots \right)$$

$0 < x^{m} < 1$ として、等比級数の公式を使う。

$$= \sum_{m=1}^{\infty} \frac{1}{m} \cdot \frac{x^m}{1-x^m}$$

　ここでまたストップしよう。ここでも、最後の式そのものを求めなくても
よい。いまは上界を求めているのだから、これより大きい式ならいい。そこ
で、分数 $\frac{x^m}{1-x^m}$ の分母 $1-x^m$ に注目する。この分母をより小さい式で置き
換えれば、また不等式が作れる。

　いいかな。ここでやっているのは「より扱いやすい式にすること」と「少
し大きな式を作ること」の交換なんだ。より扱いやすい式を作る代わりに、
少し大きい上界になってしまうことに妥協する。妥協するたびに不等号が出
てくる。

　では、《東の森》の評価を続けるよ。

$$《東の森》< \sum_{m=1}^{\infty} \frac{1}{m} \cdot \frac{x^m}{1-x^m}$$

分母を因数分解しよう。

$$= \sum_{m=1}^{\infty} \frac{1}{m} \cdot \frac{x^m}{(1-x)\underbrace{(1+x+x^2+\cdots+x^{m-1})}_{m\ 個}}$$

分母の項のうち、一番小さい x^{m-1} だけの和にして不等式を作る。

$$< \sum_{m=1}^{\infty} \frac{1}{m} \cdot \frac{x^m}{(1-x)\underbrace{(x^{m-1}+x^{m-1}+\cdots+x^{m-1})}_{m\ 個}}$$

x^{m-1} が m 個あるので積で表す。

$$= \sum_{m=1}^{\infty} \frac{1}{m} \cdot \frac{x^m}{(1-x)\cdot m \cdot x^{m-1}}$$

◎　◎　◎

「これを整理すると、テトラは急に大声を上げる」ミルカさんはテトラちゃんに、いたずらっぽく微笑んだ。

「え？　ミルカさん、どうしてあたしが大声を上げるんですか？」

「試してみようか」

$$《東の森》< \sum_{m=1}^{\infty} \frac{1}{m} \cdot \frac{x^m}{(1-x) \cdot m \cdot x^{m-1}}$$

式を整理する。

$$= \sum_{m=1}^{\infty} \frac{1}{m^2} \cdot \frac{x}{1-x}$$

束縛されてない因子を $\sum$ の外へ出してみると……

$$= \frac{x}{1-x} \cdot \sum_{m=1}^{\infty} \frac{1}{m^2}$$

「あ、あああああああああっ！」

「ほらね」

「バーゼル問題！ $\frac{\pi^2}{6}$ ですよ、これ！」テトラちゃんが叫ぶ。

「その通り」とミルカさんが人差し指を立てる。

◎　◎　◎

その通り。ここで、オイラー先生が解いたバーゼル問題の答えを謹んで使おう。

$$\sum_{m=1}^{\infty} \frac{1}{m^2} = \frac{\pi^2}{6} \qquad \text{バーゼル問題}$$

これを使って、評価をさらに続けるよ。

$$\langle\!\langle 東の森 \rangle\!\rangle = \sum_{k=1}^{n} \log_e \frac{1}{1-x^k}$$

$$< \frac{x}{1-x} \cdot \sum_{m=1}^{\infty} \frac{1}{m^2}$$

$$= \frac{x}{1-x} \cdot \frac{\pi^2}{6} \qquad \text{バーゼル問題}$$

　《東の森》の評価はこのくらいにしておくよ。

　そうだ、後のことを考えて、$t = \frac{x}{1-x}$ としておこう。すると、《東の森》は以下のように評価される。

《東の森》の上界

$$\sum_{k=1}^{n} \log_e \frac{1}{1-x^k} < \frac{\pi^2}{6}t \qquad \text{ただし } t = \frac{x}{1-x}$$

10.7.4　《西の丘》ハーモニック・ナンバー

　旅も半ばを過ぎた。《分かれ道》に戻って、今度は《西の丘》へ向かう。

　$0 < x < 1$ であるとする。いまから、$\log_e \frac{1}{x^n}$ を評価しよう。

　先ほどと同じように、$t = \frac{x}{1-x}$ とおく。すると、$0 < x < 1$ から $0 < t$ と言える。また、$x = \frac{t}{1+t}$ でもある。

$$《西の丘》= \log_e \frac{1}{x^n}$$

$$= n \log_e \frac{1}{x} \qquad\qquad \log_e a^n = n \log_e a\ より$$

$$= n \log_e \frac{t+1}{t} \qquad\qquad x を t で表した$$

$$= n \log_e \left(1 + \frac{1}{t} \right)$$

ここで、$\log_e \left(1 + \frac{1}{t} \right)$ に注目する。$u = \frac{1}{t}$ とおいて、$u > 0$ のときの $\log_e (1 + u)$ の振る舞いを調べよう。ハーモニック・ナンバーを調べていたときも似たようなことをやった。なだらかな《西の丘》のグラフを書いてみよう。

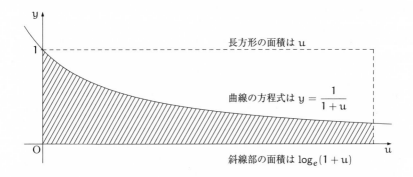

したがって、$u > 0$ に対して、斜線部の面積よりも長方形の面積が大きいことから、

$$\log_e (1 + u) < u$$

が言える。

$u = \frac{1}{t}$ だから、

$$\log_e \left(1 + \frac{1}{t} \right) < \frac{1}{t}$$

したがって、次の式を得る。

$$\log_e \frac{1}{x^n} = n\log_e\left(1 + \frac{1}{t}\right) < \frac{n}{t}$$

《西の丘》の評価は以上。

《西の丘》の上界

$$\log_e \frac{1}{x^n} < \frac{n}{t} \qquad t > 0$$

ただし、$t = \frac{x}{1-x}$ とする。

10.7.5　旅の終わり

さあ、もう一度《分かれ道》に戻るよ。急げ急げ。

《東の森》と《西の丘》を使って $\log_e P_n$ を評価すると、次のようになる。

$$\log_e P_n < \frac{n}{t} + \frac{\pi^2}{6}t \qquad\qquad t > 0$$

もう少しだ。上の評価の右辺に出てきた式に $g(t)$ と名前を付け、関数 $g(t)$ の $t > 0$ における最小値を求めよう。この最小値で $\log_e P_n$ の頭を抑えることができるからだ。

$$g(t) = \frac{n}{t} + \frac{\pi^2}{6}t$$

$$g'(t) = -\frac{n}{t^2} + \frac{\pi^2}{6} \qquad\qquad \text{微分した}$$

方程式 $g'(t) = 0$ を解くと $t = \pm\frac{\sqrt{6n}}{\pi}$ だから、$t > 0$ の範囲を考えて以下の増減表を得る。

t	0	$\cdots$	$\dfrac{\sqrt{6n}}{\pi}$	$\cdots$
$g'(t)$		$-$	0	$+$
$g(t)$		$\searrow$	最小	$\nearrow$

よって最小値は、以下のようになる。

$$g\left(\frac{\sqrt{6n}}{\pi}\right) = \frac{\sqrt{6}\,\pi}{3} \cdot \sqrt{n}$$

わかりやすいようにグラフを描くと以下のようになる。方程式 $g'(t) = 0$ を解いたのは、このグラフで接線が水平になる地点を探すためだ。

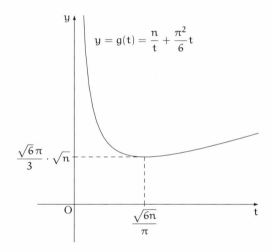

クライマックス。いま関心があるのは n だから、ややこしい定数はまとめて K という名前にしておく。

$$\log_e P_n < K \cdot \sqrt{n} \qquad \text{ただし } K = \frac{\sqrt{6}\,\pi}{3}$$

最初に《始めの曲がり角》で対数を取ったよね。今度は対数の逆を取る。曲がり角を戻れば、家が見える。

$$P_n < e^{K \cdot \sqrt{n}} \qquad \text{ただし } K = \frac{\sqrt{6}\,\pi}{3}$$

はい、これで一仕事おしまい。

長い旅だったけれど、これで家に到着したよ。——お帰りなさい。

分割数 P_n の上界の一つ

$$P_n < e^{K \cdot \sqrt{n}} \qquad \text{ただし } K = \frac{\sqrt{6}\,\pi}{3}$$

$\log_e P_n$ **の上界** $\dfrac{\sqrt{6}\pi}{3}\cdot\sqrt{n}$ **を求める旅の地図**

$$\boxed{\log_e P_n}$$

$$\Big\downarrow \leqq$$

$$\underbrace{\log_e \frac{1}{x^n}}_{《西の丘》} + \underbrace{\sum_{k=1}^{n}\left(\log_e \frac{1}{1-x^k}\right)}_{《東の森》}$$

$$\Big\downarrow$$

$$《西の丘》 \quad \longleftarrow \quad 《分かれ道》 \quad \longrightarrow \quad 《東の森》$$

$$\Big\downarrow {\scriptstyle <} \qquad\qquad\qquad\qquad\qquad\qquad\qquad\qquad \Big\downarrow {\scriptstyle <}$$

$$\frac{n}{t} \quad \longrightarrow \quad \frac{n}{t}+\frac{\pi^2}{6}t \quad \longleftarrow \quad \frac{\pi^2}{6}t$$

$$\Big\downarrow {\scriptstyle 最小値}$$

$$\boxed{\dfrac{\sqrt{6}\pi}{3}\cdot\sqrt{n}}$$

10.7.6　テトラちゃんの振り返り

　僕は、テトラちゃんと共に、ミルカさんの長い旅を楽しんでいた。自分で確認したいところも何点かあったけれど、まずは、何だか長い旅を終えて……数式を追えてほっとした気分だった。

　テトラちゃんを見ると、彼女は真面目な顔で黙り込んでいる。

　「ねえ、テトラちゃん、もしかして落ち込んでる？」と僕は小声で聞いた。

　「いいえ！　とんでもない。落ち込んでなんかいませんよ」とテトラちゃんは元気に笑った。「ミルカさんの導出の中に、あたしにわからないところは

たくさんありました。でも、落ち込みません。だって、わかるところだって、いくつかありましたから」

　テトラちゃんは頷きながら続けて言う。

　「……何だか、すごく頭使った気がします。長い旅でした。まだ飲み込めないところはいろいろあるんですが、大きな流れはとらえました。それから、たくさんの武器が出てきたのもおもしろかったです。手持ちの武器を駆使するのがすごいと思いました」

- 有限和を無限和にして不等式を作る
- 便利な形に変形する代わりに、上界の評価を少し甘くする
- 積を和にしたいから対数を取る
- 無限級数の和の公式を使う
- 困ったときのテイラー展開
- 面倒なところは変数変換
- オイラー先生のバーゼル問題
- 最小値を求めるために微分して増減表……

　「武器を手に入れ、自分で磨き、そして問題に立ち向かう。そういうダイナミックな動きを感じました。決まり切った問題をただ解くのではなく、生き生きとした様子が伝わってきて……。《曲がり角》に《分かれ道》、それから《東の森》、《西の丘》……そういうものを、あたしも発見したいっ！　もっと学びたいっ！　……って思いました。ミルカさん、ありがとうございます。あたしは、その一つ一つの武器をまだうまく使えません。使う以前に、手に入れるところからやらなくちゃですね……。でも、がんばりますっ」

　テトラちゃんは、ぐっと拳を握りしめた。

10.8　さよなら、また明日

　僕たち三人は、帰り道もずっと議論を続けていた。さっきの上界が、フィボナッチ数列による上界よりも良くなるときの n はどれくらいだろう、とか。結局のところ、P_n は求まるんだろうか、とか。テトラちゃんが興奮気

味に疑問を投げかけ、それに僕が答える。ときどきミルカさんがコメントを
付ける——そんなやりとりだ。

やがて、いつもの帰り道を通り、いつもの駅に着いた。

普段なら、ミルカさんが一人ですたすた帰るところだが、今日はテトラ
ちゃんが彼女について行こうとする。

「あれ？ テトラちゃん、何でそっち行くの？」

「へっへー。今日はミルカさんと一緒に本屋さんに行くんですう」

あ、そう……ずいぶん仲がいいね。

「ではお先に。また明日」ミルカさんが言った。

「先輩！ また明日も数学しましょうね！」

テトラちゃんは大きな声でそう言うと、ミルカさんと並んで歩き出した。

去っていく、二人。

一人のこる、僕。

あ、あれ——ずっとおしゃべりしてきて、急に一人になるというのは……
何だか、ちょっと、さびしいような。

僕たちはいま、同じ高校に通っている。でも、いつか僕たちはそれぞれの
道に分かれていく。いくら共有しても、僕たちの時空間には限りがある。終
わりが来る。僕は胸が痛くなる。

……向こうでは、テトラちゃんがミルカさんに耳打ちしている。やがて、
二人はこちらを振り向いた。

何かな？

テトラちゃんは、右手を高く上げて、ぶんぶん振り回す。

ミルカさんは、静かに右手を挙げる。

タイミングをあわせて、二人は指を振る。

「いーち、いーち、にーい、さーん……」テトラちゃんの声。

あ。フィボナッチ・サイン。しかも二人分。

　僕は苦笑する。

　そうだ。確かに限りはあるだろう。確かに終わりは来るだろう。でも、だからこそ、力いっぱい学ぼう。力いっぱい進もう。僕たちのコトバ、数学を楽しみながら。

　《数学は、時を越える》——のだから。

　僕は、大きく広げた両手を高く挙げ、二人の数学ガールに応える。

　ミルカさん。
　テトラちゃん。
　また明日、いっしょに数学しよう！

　　　　　　そこで、わたしたちは、ここでこの物語を結ぶことにいたしましょう。
　　　　　　　けれどもわたしたちは、あの人たちがみな、
　　　　　　　永久にしあわせにくらしたと、心からいえるのです。
　　　　　　とはいえ、あの人たちにとって、ここからが、じつは、
　　　　　　　ほんとうの物語のはじまるところなのでした。
　　　　　　この世にすごした一生も、ナルニアでむかえた冒険のいっさいも、
　　　　　　　本の表紙と扉にあたるにすぎませんでした。
　　　　　　　　——C. S. ルイス『さいごの戦い』（瀬田貞二訳）

エピローグ

――春。

「せんせーい！」

少女が一人、職員室に飛び込んできた。

「先生、ほら見て見て。学年章がⅡになったよっ」

「そりゃそうだ。新学期だからね。……で、レポートは？」

「はーい、持ってきましたとも――今回は、チカラワザ。P_{15} イコール 176 だから、1000 より小さい。証明終わり。先生、どう？」

少女はノートを広げて見せる。

「はい、正解――なるほど、全部書き上げたんだね」

「頭で解けないときは、手で解くしかないっしょ。それにしても、176 と 1000 じゃ落差あり過ぎ！ ……ところで先生、分割数の一般項 P_n を表す式はあるんですか？」

「まあ、いちおうあるよ」

解答 X （分割数の一般項 P_n を表す式）

$$P_n = \frac{1}{\pi\sqrt{2}} \sum_{k=1}^{\infty} A_k(n) \sqrt{k} \frac{d}{dn} \left(\frac{\sinh \frac{C\sqrt{n - \frac{1}{24}}}{k}}{\sqrt{n - \frac{1}{24}}} \right)$$

ただし、$C = \pi\sqrt{\frac{2}{3}}$ とする。

「……先生、このとんでもない式は、何ですか？」

「驚きだよね。これは 1937 年に Hans Rademacher が示した式だ」

「へーえ……いや、待ってください。$A_k(n)$ って何ですか。定義されてませんよ」

「お、気づいたな。その質問は数式をちゃんと読もうとした証拠だね。$A_k(n)$ というのは、先生も一言では説明できないけれど、1 の 24 乗根が出てくる、ある種の有限和になる。詳しくは論文にチャレンジ」

「ぐ、そう来ましたか……」

「ともかく、整数の分割には不思議な《宝物》がまだまだたくさん隠れている」

「先生、数学はさておき……この写真は、先生の彼女？ 場所は、ええと、ヨーロッパかな？」

「こらこら、勝手に人の手紙をいじるな」

「あれれー、こっちの手紙は別の女性から？ この写真も……日本じゃないなあ。どこだろ」

「おい、持ってくな」

「先生、もてもてっすね！」少女は、くふふふっと笑う。

「別に、そんなんじゃないよ。彼女たちは——二人とも先生の大事な友達。高校時代から、いっしょに数学の世界を旅してるんだ」

「へーえ。先生にも高校生のころがあったのかあ」

「あたりまえだ。ほら、もう帰った帰った」
「新作もらったら、引き上げまあす」

カードを渡すと、少女は両手で受け取る。
「あれ、先生……今回は二枚？」
「うん、こっちはきみの分。もう一枚は彼の分だよ」
「あ、はーい。お騒がせしました！」
少女は、にこっと微笑んで指をぴぴぴっと振る。
手を広げて応えると、彼女は満足げに職員室を出ていった。

春か――。
職員室の窓いっぱいに広がる桜を見て、僕はあのころを思い出す。

これ以上なお手を広げて
いっそう実り豊かな果実を摘む作業については、
読者の努力をまちたいと思う。
――オイラー [25]

あとがき

結城浩です。

数学への《あこがれ》——それは、男の子が女の子に対して感じる気持ちと、どこか似ているような気がします。

難しい数学の問題を解こうとする。なかなか答えは見つからない。手がかりすら見つからない。でも、その問題はなぜか魅力的で、忘れられない。何か素敵なものが隠されているに違いない。

あの子の気持ちを知りたい。僕のことを好きだろうか。答えはわからない。もどかしい。あの子の姿が、いつも心に浮かぶ。

本書は、そんな気持ちをあなたに伝えることができたでしょうか。

私は、本書の元になった物語を 2002 年ごろから書き始め、Web サイトで公開してきました。それを読んだ多くの方が、本当に熱心な応援メッセージを私に送ってくださいました。あのメッセージがなかったら、『数学ガール』を本にしようとは思わなかったでしょう。あらためて感謝します。ありがとうございます。

本書は LaTeX 2_ε と Euler フォント (AMS Euler) を使って組版しました。オイラーの名前を冠した Euler フォントは、Hermann Zapf による数式用のフォントで、字の上手な数学者が手書きしたようにデザインされているそうです。

組版では、奥村晴彦先生の『LaTeX 2_ε 美文書作成入門』に助けられました。感謝します。

図版の一部は、大熊一弘さん（tDB さん）が開発した、初等数学プリント作成マクロ emath を利用しました。感謝します。

原稿を読み、貴重なコメントを送ってくださった以下の方々に感謝します。

青木久雄さん、 青木峰郎さん、 上原隆平さん、 植村光秀さん、 金矢
八十男さん（ガスコン研究所)、 川嶋稔哉さん、 田崎晴明さん、 前
原正英さん、 三宅喜義さん、 矢野勉さん、 山口健史さん、 吉田有子
さん。

　読者さんたち、私の Web サイトに集う友人たち、いつも私のために祈っ
てくれているクリスチャンの友人たちに感謝します。
　本書が完成するまで辛抱強く支えてくれた、野沢喜美男編集長に感謝しま
す。また本書の企画時に大きな後押しをしてくれた中島綾子さんに感謝し
ます。
　最愛の妻と二人の息子に感謝します。特に、原稿を読んでコメントしてく
れた長男に感謝します。
　我らの師、レオンハルト・オイラー先生に本書を捧げます。
　本書を読んでくださり、ありがとうございます。またいつか、どこかでお
会いできるといいですね。

結城　浩
2007 年、オイラー生誕 300 年の春に
http://www.hyuki.com/girl/

参考文献と読書案内

この「参考文献と読書案内」では、以下のような分類をしていますが、これはあくまで目安に過ぎません。ご注意ください。

- 読み物
- 高校生向け
- 大学生向け
- 大学院生・専門家向け
- Web ページ

読み物

[1] G. Polya, 柿内賢信訳, 『いかにして問題をとくか』, 丸善株式会社, ISBN4-621-03368-9, 1954 年.
数学教育を題材にしつつ、どうやって問題というものを解いていくかを解説した、歴史的な名著です。学ぶ人の必読書といえるでしょう。

[2] 芳沢光雄, 『算数・数学が得意になる本』, 講談社現代新書, ISBN4-06-149840-1, 2006 年.
小学校算数、中学校数学、高校数学の「つまずき」が多数紹介してある本です。方程式と恒等式、絶対値など、算数や数学を学ぶ人がひっかかりやすい点が読みやすく整理してあります。

[3] 結城浩, 『プログラマの数学』, ソフトバンククリエイティブ, ISBN4-7973-2973-4, 2005 年.

　　　　プログラミングに役立つ「数学的な考え方」を学ぶ入門書です。論
　　　　理、数学的帰納法、順列・組み合わせ、背理法についても解説して
　　　　います。`http://www.hyuki.com/math/`

[4] Douglas R. Hofstadter, 野崎昭弘他訳, 『ゲーデル, エッシャー, バッ
　　ハ——あるいは不思議の環』, 白揚社, ISBN4-8269-0025-2, 1985 年.
　　　　ゲーデル、エッシャー、バッハという三人をモチーフに、自己言
　　　　及、再帰性、知識表現、人工知能などについて述べられている読み
　　　　物です。ミルカさんとエィエィの無限上昇の無限音階は、第 20 章
　　　　の終わりにある「シェパード音階」を参考にしました。なお、『20
　　　　周年記念版』が白揚社から出版されています（2005 年）。

[5] Douglas R. Hofstadter, 竹内郁雄他訳, 『メタマジック・ゲーム——科
　　学と芸術のジグソーパズル』, 白揚社, ISBN4-8269-0043-0, 1990 年.
　　　　Scientific American 誌の連載記事に追記してまとめたもので、ルー
　　　　ビックキューブの解法から核の問題まで、広範囲な話題を扱って
　　　　います。なお、『20 周年記念版』が白揚社から出版されています
　　　　（2005 年）。

[6] Marcus du Sautoy, 冨永星訳, 『素数の音楽』, 新潮社, ISBN4-10-
　　590049-8, 2005 年.
　　　　多くの数学者が素数の問題に取り組み、そこに「音楽」を聞き取る
　　　　様子を描いた読み物です。特にゼータ関数のゼロ点と素数定理を
　　　　めぐる物語が印象的です。

[7] E. A. Fellmann, 山本敦之訳, 『オイラー その生涯と業績』, シュプリ
　　ンガー・フェアラーク東京, ISBN4-431-70928-2, 2002 年.
　　　　オイラーの伝記です。さまざまな分野でオイラーがどのように活
　　　　躍したか、また周囲の人たちとどのような関わりを持っていたかが
　　　　描かれています。

[8] 神奈川大学広報委員会編, 『17 音の青春 2006——五七五で綴る高校生
　　のメッセージ』, NHK 出版, ISBN4-14-016142-6, 2006 年.
　　　　「神奈川大学全国高校生俳句大賞」を元にした高校生の俳句作品集
　　　　です。$5 + 7 + 5 = 17$ も素数ですね。

高校生向け

[9] 中村滋, 『フィボナッチ数の小宇宙』, 日本評論社, ISBN4-535-78281-4, 2002 年.

初等的な内容から専門的な定理まで、フィボナッチ数の魅力をまとめている本です。

[10] 宮腰忠, 『高校数学 + α：基礎と論理の物語』, 共立出版, ISBN978-4-320-01768-9, 2004 年.

高校数学から一部大学の数学まで、コンパクトにまとめてある本です。Web ページでも内容を読むことができます。

http://www.h6.dion.ne.jp/~hsbook_a/

[11] 栗田哲也, 福田邦彦, 坪田三千雄, 『マスター・オブ・場合の数』, 東京出版, ISBN4-88742-028-5, 1999 年.

場合の数についての高校生向け参考書です。カタラン数 C_n が登場する興味深い問題もいくつか出てきます。『数学ガール』の第 7 章で、道のたどり方に対応させてカタラン数の一般項を求める方法は、この本を参考にしました。

[12] 志賀浩二, 『数学が育っていく物語 1　極限の深み』, 岩波書店, ISBN4-00-007911-5, 1994 年.

数列、極限、そして冪級数まで解説した本です。数式を読むだけではなく、先生と生徒の対話を通してその背景を学ぶことができます。薄い本ですが、深い内容を扱っています。

[13] 奥村晴彦ほか, 『Java によるアルゴリズム事典』, 技術評論社, ISBN4-7741-1729-3, 2003 年.

さまざまなアルゴリズムをプログラミング言語 Java で実装した事典です。分割数を求めるための漸化式を参考にしました。

[14] William Dunham, 黒川信重＋若山正人＋百々谷哲也訳, 『オイラー入門』, シュプリンガー・フェアラーク東京, ISBN4-431-71079-5, 2004 年.

数学の各分野でオイラーが行った仕事をトピックごとに集めた本です。オイラーが独特のアイディアを出す様子がドラマティック

に描かれています。『数学ガール』では、本書の第 3 章「オイラー
と無限級数」および第 4 章「オイラーと解析的数論」を特に参考に
しました。

[15] 小林昭七,『なっとくするオイラーとフェルマー』, 講談社, ISBN4-06-154537-X, 2003 年.

数論のおもしろい話題を集めた本です。オイラーの最初の証明以
外の、$\zeta(2)$ の値を求める方法も解説してあります。

[16] George E. Andrews, Kimmo Eriksson, 佐藤文広訳, 『整数の分割』,
数学書房, ISBN4-8269-3103-4, 2006 年.

分割数をテーマにした本です（表紙では著者が George W.
Andrews となっていますが George E. Andrews の誤りです）。
著者は整数の分割における第一人者で、分割数の初歩から最新情報
までていねいに解説しています。また、無限級数と無限積の収束に
ついて、本書の巻末付録に簡潔にまとめています。『数学ガール』
第 10 章で、ミルカさんが行うフィボナッチ数列による上界の証明
は、本書 p. 29, 定理 3.1 の証明によるものです。

[17] 黒川信重,『オイラー、リーマン、ラマヌジャン』, 岩波書店, ISBN4-00-007466-0, 2006 年.

オイラー、リーマン、ラマヌジャンという三人をモチーフに、ゼー
タの世界の不思議さが語られています。

[18] 吉田武,『オイラーの贈物』, ちくま学芸文庫, ISBN4-480-08675-7,
2001 年.

たった一つの数式 $e^{i\pi} = -1$ を独学で理解できるように、数学の基
礎から積み上げていく本です。数式がたくさん出てくる文庫本と
いうのは珍しいですね。

[19] 吉田武,『虚数の情緒 — 中学生からの全方位独学法』, 東海大学出版
会, ISBN4-486-01485-5, 2000 年.

数学と物理を中心に、基礎から手を動かすのをいとわずに積極的
に学んでいくという大著です。圧倒されるような面白さがありま
す。『数学ガール』第 2 章、方程式と恒等式の話は本書を参考にし
ました。

大学生向け

[20] 金谷健一, 『これなら分かる応用数学教室—最小二乗法からウェーブレットまで』, 共立出版, ISBN 4-320-01738-2, 2003 年.

　　　高校数学のレベルから、データ解析に必要な数学を学んでいく教科書です。ところどころで行われる、先生と学生の対話が内容の理解を助けています。『数学ガール』では、ローマ文字とギリシア文字の話題を参考にしました。

[21] Ronald L. Graham, Donald E. Knuth, Oren Patashnik, 有澤誠 + 安村通晃 + 萩野達也 + 石畑清訳, 『コンピュータの数学』, 共立出版, ISBN4-320-02668-3, 1993 年.

　　　和を求めることをテーマにした離散数学の本です。D および Δ の演算子、下降階乗冪、数列のたたみ込み、母関数を使って数列の一般項を求める方法は本書を参考にしました。また『数学ガール』で扱った題材の多くは、本書でより深く、詳しく解説されています。

[22] Donald E. Knuth, 有澤誠他訳, 『The Art of Computer Programming Volume 1 日本語版』, 株式会社アスキー, ISBN4-7561-4411-X, 2004 年.

　　　アルゴリズムのバイブルと呼ばれている歴史的な教科書です。1.2.8 節で、閉じた式発見のための有効な道具として母関数が紹介されています。また 2.3.2 節では、微分を数式処理する方法が紹介されています。その他にも調和数、二項定理、和の計算など『数学ガール』と関連の深い話題が出てきます。

[23] Donald E. Knuth, "The Art of Computer Programming, Volume 4, Fascicle 3: Generating All Combinations And Partitions", Addison-Wesley, ISBN0-201-85394-9, 2005 年.

　　　組み合わせと分割に関するさまざまなアルゴリズムを紹介し、数学的に解析している本です。7.2.1.4. Generating all partitions の節、特に The number of partitions の小節（p. 41）を参考にしました。

[24] Jir'i Matousek, Jaroslav Nesetril, 根上生也 + 中本敦浩訳, 『離散数学へ

の招待（下）』, シュプリンガー・フェアラーク東京, ISBN4-431-70897-9, 2002 年.

　　離散数学の興味深い問題を集めた本です。『数学ガール』の第 10 章で、ミルカさんが求めた良い上界は、本書の定理 10.7.2 の証明（p. 129）を参考にしました。

[25] Leonhard Euler, 高瀬正仁訳, 『オイラーの無限解析』, 海鳴社, ISBN4-87525-202-1, 2001 年.

　　レオンハルト・オイラー自身が書いた無限級数の本です。無限積や無限和を縦横無尽に駆使する計算の楽しみを、オイラー自身の文章で味わうことができます。オイラーが考えた、e や π といった表記も登場します。オイラーが具体的な数式を、ばりばりと計算している様子は、まさに時を越えて私たちにみずみずしいアイディアを示してくれます。

大学院生・専門家向け

[26] Richard P. Stanley, "Enumerative Combinatorics", Volume 1, ISBN0-521-66351-2, 1997 年.
　　組み合わせの数学についての教科書です。

[27] Richard P. Stanley, "Enumerative Combinatorics", Volume 2, ISBN0-521-78987-7, 1999 年.
　　組み合わせの数学についての教科書です。特に、カタラン数マニア（Catalania）向けに、カタラン数の応用例が数多く紹介されています（pp. 219–229）。

[28] 松本耕二, 『リーマンのゼータ関数』, 朝倉書店, ISBN4-254-11731-0, 2005 年.
　　リーマンのゼータ関数について書かれている本です。14 世紀フランスのニコル・オレームによる、調和級数が発散することの証明と、オイラーによる $\zeta(\sigma)$ の無限積表示・素数の無限性の証明など

を参考にしました。

[29] 黒川信重, 『ゼータ研究所だより』, 日本評論社, ISBN4-535-78344-6, 2002 年.

ゼータについてのさまざまなトピックを紹介している本です。難しい数学の話題のはずなのですが、なぜかファンタジーに満ちていて、読んでいるとさわやかな気分になる不思議な本です。

[30] Hans Rademacher, A Convergent Series for the Partition Function $p(n)$, Proc. London Math. Soc. 43, pp. 241–254, 1937 年.

分割数の一般項 P_n を示した論文です。

Web ページ

[31] http://www.research.att.com/~njas/sequences/, Neil J. A. Sloane, "The On-Line Encyclopedia of Integer Sequences".

数列の百科事典です。数をいくつかを入力すると、それに関連した数列を提示してくれます。

[32] http://scienceworld.wolfram.com/biography/Euler.html

オイラーの簡単な紹介が書かれているページです。オイラーに関するミルカさんの台詞は、このページで引用されていた文を元にしています。

"He calculated just as men breathe, as eagles sustain themselves in the air" (by François Arago)

"Read Euler, read Euler, he is our master in everything" (by Pierre Laplace)

[33] http://www.gakushuin.ac.jp/~881791/mathbook/, 田崎晴明, 『数学：物理を学び楽しむために』.

物理を学ぶ人のための数学の教科書が PDF ファイルとして公開されているページです。掛け合い漫才のような収束の話題を参考にしました。

[34] http://mathworld.wolfram.com/CatalanNumber.html, Eric W. Weisstein et al., "Catalan Number." From MathWorld — A Wolfram Web Resource.

カタラン数について書かれているページです。漸化式、二項係数との関係、またカタラン数が登場する例が紹介されています。

[35] http://mathworld.wolfram.com/Convolution.html, Eric W. Weisstein, "Convolution." From MathWorld — A Wolfram Web Resource.

積分バージョンのたたみ込みについて書かれているページです。

[36] http://www.hyuki.com/girl/, 結城浩, 『数学ガール』.

数学と少女が出てくる読み物を集めているページです。『数学ガール』の最新情報はここにあります。

僕たちは好きで学んでいる。
先生を待つ必要はない。授業を待つ必要はない。
本を探せばいい。本を読めばいい。
広く、深く、ずっと先まで勉強すればいい。
——『数学ガール』[36]

索引

●結城浩の著作

『C 言語プログラミングのエッセンス』，ソフトバンク，1993（新版：1996）
『C 言語プログラミングレッスン　入門編』，ソフトバンク，1994（改訂第 2 版：1998）
『C 言語プログラミングレッスン　文法編』，ソフトバンク，1995
『Perl で作る CGI 入門　基礎編』，ソフトバンクパブリッシング，1998
『Perl で作る CGI 入門　応用編』，ソフトバンクパブリッシング，1998
『Java 言語プログラミングレッスン（上）（下）』，ソフトバンクパブリッシング，1999
　　（改訂版：2003）
『Perl 言語プログラミングレッスン　入門編』，ソフトバンクパブリッシング，2001
『Java 言語で学ぶデザインパターン入門』，ソフトバンクパブリッシング，2001
　　（増補改訂版：2004）
『Java 言語で学ぶデザインパターン入門　マルチスレッド編』，
　　ソフトバンクパブリッシング，2002
『結城浩の Perl クイズ』，ソフトバンクパブリッシング，2002
『暗号技術入門』，ソフトバンクパブリッシング，2003
『結城浩の Wiki 入門』，インプレス，2004
『プログラマの数学』，ソフトバンクパブリッシング，2005
『改訂第 2 版 Java 言語プログラミングレッスン（上）（下）』，
　　ソフトバンククリエイティブ，2005
『増補改訂版 Java 言語で学ぶデザインパターン入門　マルチスレッド編』，
　　ソフトバンククリエイティブ，2006
『新版 C 言語プログラミングレッスン　入門編』，ソフトバンククリエイティブ，2006
『新版 C 言語プログラミングレッスン　文法編』，ソフトバンククリエイティブ，2006
『新版 Perl 言語プログラミングレッスン　入門編』，ソフトバンククリエイティブ，2006
『Java 言語で学ぶリファクタリング入門』，ソフトバンククリエイティブ，2007
『数学ガール／フェルマーの最終定理』，ソフトバンククリエイティブ，2008

数学ガール
_{すうがく}

2007 年　6 月 30 日　初版発行
2008 年　8 月　1 日　第 7 刷発行

著　者：結城　浩
発行者：新田光敏
発行所：ソフトバンク クリエイティブ株式会社
　　　　　〒107-0052　東京都港区赤坂 4-13-13
　　　　　　　　営業　03(5549)1201
　　　　　　　　編集　03(5549)1234
印　刷：東京書籍印刷株式会社
装　丁：米谷テツヤ
カバー・本文イラスト：たなか鮎子

Printed in Japan　　　　　　　　　　　　ISBN978-4-7973-4137-9